IMPRESS NextPublishing
OnDeck Books
生成AIと
Excel VBAで
作成する
ロールプレイング
ゲーム
たかぶん／近田 伸矢 著
世界に1つだけの
オリジナルRPGを作ろう！
ステラ
LV 25
HP 134
MP 111
モスビーストに
137ポイントの ダメージをあたえた！
インプレス

JN208547

はじめに

Microsoft Excelは、多くのビジネスシーンで利用される万能なツールです。データの集計や統計分析、グラフの作成など、さまざまな業務において欠かせない存在となっており、Excelは、その直感的な操作性と強力な機能で、多くのユーザーに愛されています。おそらく、あなたも一度は触れたことがあるでしょう。

しかし、Excelにはもっとユニークで創造的な利用法があることをご存知でしょうか？　そう、Excelを使って「ゲーム」を作成することができるのです。ビジネスツールとしてのExcelの枠を超え、その豊富な機能を駆使してゲームを作り上げることができるのです。Excelでゲームを作成するというアイデアは、ひとつの挑戦であり、新たな可能性の扉を開くものです。

本書は、そんなユニークな挑戦をサポートするために執筆されました。表計算ソフトExcelを使ってレトロ風RPGを作成するノウハウを徹底解説しています。世の中には数多くのExcelの参考書がありますが、ゲーム作成をテーマとした書籍は非常に珍しいので、本書は貴重な書籍であると自負しております。

本書を手に取ることで、あなたはExcelを使って世界に1つだけのオリジナルRPGを作成する手法を学ぶことができます。必要なのはExcelだけ、他のツールやアプリケーションをインストールする必要は一切ありません。あなたが普段使っているExcelが、そのままゲーム作成のプラットフォームになるのですから、これほど簡単かつ斬新な方法は他にないと言ってもよいでしょう。

想像してみてください。あなた自身がExcelで作り上げたオリジナルゲームが完成し、それをインターネット上で公開した途端、多くの人々から大きな反響を呼ぶ様子を。Excelでゲームを作るという一見すると奇想天外なアイデアが、実際に多くの人々に感動を与える瞬間を。本書をじっくりと読み進めていただければ、その夢の実現は決して遠いものではありません。

まずは本書で紹介しているサンプルゲームを実際に動かしてみましょう。きっと、「Excelで本当にゲームが作れるんだ！」という驚きと感動を体感できるはずです。そして次はあなた自身が、Excelを使ってオリジナルゲームを作成する番です。本書のノウハウを駆使して、あなた独自のクリエイティブなゲームを作り上げてください。

本書の内容が、皆様のゲーム作成の一助となり、Excelの新たな可能性を発見する手助けとなれば、著者としてこれ以上の喜びはありません。あなたの創造力が羽ばたくきっかけとなることを心から願っています。

2025年3月　たかぷん　近田伸矢

本書の読み方

本書は、Microsoft Excelを使用してレトロ風なRPGを作成してみたいと考えている方向けの書籍です。本書を読み進めるにあたり、Excelの基本操作や機能を理解している必要はありますが、サンプルゲームを題材にVBAの基礎からRPG作成のノウハウまで順を追って学ぶことができます。また、生成AIを活用したシナリオの創作やゲーム素材の作成手順も知ることができます。

■本書の動作環境と注意事項

本書の制作にあたり、サンプルゲームと補助ツールの動作を確認した環境は以下の組み合わせになります。

・Windows 10 ＋ Excel 2019
・Windows 11 ＋ Excel for Microsoft 365 MSO

本書各項目における操作に関しては、すべて検証を行っておりますが、操作ミスや環境の違いなどの原因によりWindowsやExcelが不安定になるなどトラブルが起きる可能性もあります。上記の動作環境と異なる場合、または本書発行後に機能や操作方法、画面などが変更された場合、本書の掲載内容どおりに操作できない可能性があります。あらかじめご了承ください。

■サンプルファイルについて

本書では、以下3つのサンプルファイルを用意しています。

1．サンプルRPG……解説の題材となっているサンプルゲーム
2．セルドット作成ツール……第4章で使用
3．BMP変換・縮小ツール……第4章で使用

サンプルファイルは以下のサイトにアクセスし、ダウンロードしてご利用ください。

https://rpg.teardrop-smile.com/
ユーザーID：rpg
パスワード：sam

■本書におけるAI生成画像およびMicrosoft Copilotの利用について

本書では、自作ゲームの制作例として、Windows 11に搭載されたMicrosoft Copilot（以下「Copilot」といいます）を利用した画像生成の方法を紹介しています。

本書で紹介するCopilotを用いて生成された画像は、読者の皆様が個人的にゲーム開発などの目的で利用でき、Microsoftも作成された画像の所有権を主張していません。しかしながら、Copilotおよ

びその基盤技術であるMicrosoft Designerの利用規約は常に更新される可能性があります。Copilotで生成された画像を商用目的で利用する際には、必ず最新の利用規約をご確認いただき、ご自身の責任においてご判断ください。

目次

はじめに ………… 2
本書の読み方 ………… 3

第1章　Excel VBAでRPGを作る魅力 ………… 9
1-1　本書の対象読者層 ………… 9
1-2　なぜExcel VBAでゲームが作れるのか ………… 9
1-3　Excel VBAで作ることのメリット ………… 10
1-4　本章の最後に著者の紹介 ………… 11

第2章　Excel VBAの基礎知識 ………… 13
2-1　VBAの開発環境 ………… 13
2-1-1　VBEを起動しよう ………… 13
2-1-2　標準モジュールを挿入しよう ………… 14
2-1-3　VBEの画面構成 ………… 14
2-2　Excelのオブジェクト構造 ………… 16
2-2-1　主要なExcelオブジェクト ………… 16
2-2-2　オブジェクト操作の重要性 ………… 16
2-3　プロシージャ ………… 17
2-3-1　プロシージャの種類 ………… 17
2-3-2　プロシージャの呼び出し方 ………… 17
2-4　VBA変数とデータ構造 ………… 18
2-4-1　基本データ型 ………… 18
2-4-2　オブジェクト型変数 ………… 19
2-4-3　配列 ………… 20
2-4-4　コレクション ………… 21
2-5　VBAの基本文法 ………… 22
2-5-1　ステートメント ………… 22
2-5-2　メソッドとプロパティ ………… 23
2-5-3　Excel VBAの基本構文 ………… 23
2-6　Win32 APIによる機能拡張 ………… 25
2-6-1　Win32 APIの構成 ………… 25
2-6-2　APIの呼び出し方 ………… 26

第3章　ゲームプログラムの特徴……27
3-1　ゲーム実行中は常に動いている「恒常ループ」……27
3-2　プレイヤーの操作を司る「キー入力判定」……28
3-3　ゲームを盛り上げる「音楽と効果音」……30
3-3-1　mciSendString関数の基本……30
3-3-2　mciSendString関数の応用……33
3-4　プログラムの高速化……35

第4章　RPGの素材データを作ろう……36
4-1　セルドットとは？　セルをドットに見立てたグラフィック表現……36
4-1-1　セルドットの仕様（解像度）……36
4-1-2　セルドットの仕様（最大表示色数）……37
4-2　画像ファイルからセルドットへの変換……38
4-2-1　BMPファイルをセルドットへ変換する……38
4-2-2　Excelの同時発色数への対応……38
4-2-3　「セルドット作成ツール」のコード解説……38
4-2-4　「セルドット作成ツール」を使ってみよう……43
4-3　「ペイント」自動操作で画像ファイル形式やサイズを一括変換……43
4-3-1　「ペイント」を使ってみよう……44
4-3-2　マクロによる「ペイント」の自動操作……44
4-3-3　BMP変換・縮小ツール……45
4-4　Win32 API「GDI+」を利用してBMPに変換しよう……48
4-4-1　「ペイント」利用とGDI+利用のメリット・デメリット……48
4-4-2　GDI+を使用した画像変換の解説……48
4-4-3　GDI+を使用して他の画像形式に変換する方法……56
4-5　フリー素材を活用しよう……58
4-5-1　キャラクターとマップチップを用意しよう……58
4-5-2　BGMと効果音を用意しよう……61
4-6　生成AIでゲームシナリオを作成しよう……62
4-6-1　生成AIとは……62
4-6-2　MicrosoftのCopilotの特長……62
4-6-3　Copilotを使ってみよう……62
4-7　生成AIでゲームデータを用意しよう……68
4-7-1　アイテムデータを作ろう……68
4-7-2　魔法データを作ろう……70
4-7-3　モンスターデータを作ろう……72
4-8　生成AIでモンスター画像を描画しよう……73
4-8-1　画像生成のポイント……73
4-8-2　モンスター画像を生成してみよう……73

第5章　マップの作成とデータ管理 …… 76
5-1　マップチップの設計と実装 …… 76
5-2　設計図となるマップデータの作成 …… 80
5-3　マップの描画方法 …… 89
5-4　マップ間の移動と場面転換 …… 93

第6章　画面書き換えによるスクロールの実装 …… 98
6-1　キャラクター移動のロジック …… 98
6-2　背景とキャラクターの重ね合わせ …… 103

第7章　メインコマンドとメッセージウィンドウの実装 …… 111
7-1　メインコマンド実装のロジック …… 111
7-1-1　メインコマンドの描画方法 …… 111
7-1-2　コマンドメニューの選択 …… 112
7-2　メッセージウィンドウにおけるテキスト描画のロジック …… 115
7-2-1　セルドット文字の管理方法 …… 115
7-2-2　セルドット文字を指定するテキストデータの作成 …… 116
7-2-3　テキスト描画のロジックとプログラム …… 120
7-3　NPCとの対話システム …… 128
7-4　インベントリ管理のテクニック …… 131
7-4-1　アイテムの追加や削除などの操作方法 …… 131
7-4-2　どうぐコマンドの実装 …… 135
7-4-3　アイテムリストの描画処理 …… 139
7-5　アイテム取得と使用法 …… 141
7-5-1　宝箱の管理とアイテム取得システムの実装 …… 141
7-5-2　アイテムの使用処理の実装 …… 143

第8章　イベントシステムの実装 …… 147
8-1　RPGにおけるイベントの種類 …… 147
8-2　ショップイベントの実装 …… 148
8-2-1　店員とのやり取りのロジック …… 149
8-2-2　道具屋と武器防具屋システムの実装 …… 150
8-3　重要イベントの管理 …… 154
8-4　セーブ&コンティニューの仕組み …… 156
8-4-1　セーブ機能の実装 …… 156
8-4-2　コンティニュー機能の実装 …… 159

第9章　ターン制戦闘システムの実装 …… 166
9-1　戦闘プログラムの構造 …… 166
9-2　エンカウントメカニズム …… 168
9-3　戦闘コマンドの実装 …… 172
9-4　各アクションの発動 …… 174
9-4-1　敵の行動決定 …… 174
9-4-2　先制と不意打ちの判定 …… 175
9-4-3　先攻後攻の判定 …… 177
9-4-4　アクション発動の制御 …… 178
9-4-5　プレイヤー側のアクション発動処理 …… 181
9-4-6　敵側のアクション発動処理 …… 191
9-5　戦闘終了後の処理 …… 193
9-5-1　戦闘の終了条件 …… 193
9-5-2　経験値とレベルアップの管理 …… 194
9-5-3　固定敵戦後の処理 …… 197
9-5-4　プレイヤー敗北時の処理 …… 199
9-6　戦闘中の画面エフェクト …… 201

第10章　タイトル画面とエンディング、名前入力システムの実装 …… 208
10-1　タイトル画面の実装 …… 208
10-2　エンディングの実装 …… 210
10-3　名前入力システムの設計 …… 212

第11章　ゲームの完成、テスト …… 224
11-1　ゲームのデバッグ方法 …… 224
11-1-1　ステップ実行 …… 224
11-1-2　ブレークポイントとStopステートメント …… 225
11-1-3　イミディエイトウィンドウ …… 226
11-1-4　ローカルウィンドウ …… 228
11-2　テストプレイの実施 …… 230
11-3　フィードバックの取得方法 …… 231

第1章　Excel VBAでRPGを作る魅力

Excelは世界中のオフィスや教室で広く利用されている表計算ソフトウェアですが、Excel VBA（Visual Basic for Applications）を活用すれば、Excelの基本的な機能を遥かに超える創造的な活動が可能になります。この技術を活用し、自分だけのドラゴンクエスト風オリジナルRPGを作成することは、まさにExcel VBAの隠された可能性を解き放つ挑戦といってよいでしょう。この章では、Excel VBAを用いてRPGゲームの開発に適している理由とその魅力について詳しく解説し、あなた自身が実際にオリジナルRPGを作成する過程をガイドしていきます。

1-1　本書の対象読者層

本書は、以下のような幅広い読者層を対象としています

・オリジナルのRPGゲームを作成してみたいと考えているが、どのプラットフォームやツールを使用すればよいかわからない人。
・日常業務でExcelを使用しているが、そのマクロ機能を使ってゲームを作るという新たな可能性に興味がある人。
・UnityやUnreal Engineなどの専用ゲーム開発環境の導入はハードルが高いと感じている人。
・Excel VBAのさらなる可能性を知りたい、またはVBAを使った新しいプロジェクトに挑戦したい人。

本書を通じて、読者の皆さんはExcel VBAを使用してオリジナルRPGを作成するための基本的なスキルを身につけることができます。また、プログラミングの基礎を学びながら、創造的なゲーム制作の楽しさを実感することもできるでしょう。Excelという慣れ親しんだ環境の中で、新たな冒険に出発する準備をしましょう。

1-2　なぜExcel VBAでゲームが作れるのか

多くの人々がExcelを日々の業務や学習に用いていますが、この表計算ツールには見た目以上の機能が隠されています。Excel VBAにより、Excelはただのデータ分析ツールから、創造的なプロジェクトを実現するための強力なプラットフォームへと変貌します。特に、ドラゴンクエスト風のRPGゲームの制作は、Excel VBAの魅力を最大限に引き出すプロジェクトの一例と言えるでしょう。では、なぜExcel VBAがゲーム開発、特にRPG制作に適しているのでしょうか？

Excel VBAは、Excel内で動作するプログラミング言語であり、ユーザーがカスタム関数を作成したり、データの自動処理を行ったりすることを可能にします。しかし、その真価は、動的なユーザーインターフェースの作成や複雑なアルゴリズムの実装にあります。RPGゲーム開発におけるキャラ

クター統計の管理、インベントリシステム、戦闘メカニズムといった要素は、Excelの表計算機能とVBAのプログラミング能力を組み合わせることで効率的に、かつ直感的に実装できます。

そして、Excelのセルは、ゲーム内でのマップやアイテム、キャラクターの位置などを視覚的に表現するのに最適な「タイル」や「ドット」となり得ます。セルの背景色を高速に書き換えることで、コンピューターグラフィックスを表現するわけです。VBAを駆使することで、セルに命を吹き込み、ユーザーのアクションに反応して情報を更新したり、ゲーム内でのイベントを発生させたりすることが可能になります。条件分岐、ループ、変数の操作などのプログラミングの基本概念をフルに活用し、RPGのルールやゲームロジックを自在にコーディングできます。

Excel VBAでRPGを制作する過程は、プログラミングスキルの向上はもちろん、ゲームデザイン、ストーリーテリング、キャラクターデザインなど、ゲーム制作に関わる多岐にわたる知識を学ぶ絶好の機会です。Excelの直感的なインターフェースを利用することで、複雑で専門的な開発環境を導入することなく、アイデアを形にする過程を楽しむことができます。加えて、完成したゲームはExcelファイルとして簡単に共有できるため、友人や家族、オンラインコミュニティとの間で遊びやフィードバックを共有することも容易です。

本書では、Excel VBAを使ってオリジナルのRPGゲームを制作することの可能性とプロセスを深く掘り下げ、ゲーム制作における具体的な技術やアプローチについて詳細に解説していきます。Excel VBAでのゲーム開発は、単に新しいスキルを学ぶだけでなく、ゲームデザインとプログラミングの世界を探求し、自分だけの物語を創造するという魅力的な冒険であり、それ自体がレベルアップやスキルを獲得できるRPGと言ってもよいでしょう。

1-3　Excel VBAで作ることのメリット

Excel VBAでRPGゲームを開発することが、なぜ多くの開発者や趣味のプログラマーにとって魅力的な選択肢なのか、そのメリットを深堀りしていきましょう。

■アクセシビリティ

Excelは多くのコンピューターで利用できる身近なツールです。この普及度により、新しいプログラミング言語や専用のゲーム開発環境を学ぶ際の障壁が低くなります。VBA（Visual Basic for Applications）もExcelとともに提供されるため、追加のソフトウェアや開発環境を設定する必要がなく、すぐにゲーム制作を始めることができます。

■直感的なデータ管理

RPGゲーム開発においては、キャラクターのステータスやアイテム、敵の情報など、膨大な量のデータを管理する必要があります。Excelのワークシートや表計算機能は、これらのデータを整理し、視覚的にも直感的に管理できる最適な環境を提供します。VBAを使用することで、これらのデータに基づいた複雑な計算や条件分岐も簡単に実装可能です。

■豊富なリソースとサポート

VBAは長年にわたり使われてきた成熟したプログラミング言語であり、インターネット上には豊富なチュートリアル、フォーラム、コミュニティが存在します。これらのリソースを利用することで、開発の際に直面する問題に対するサポートを容易に得ることができます。また、ゲーム制作に特化したVBAのサンプルコードも多数公開されており、開発プロセスを加速させることができます。

■柔軟性と拡張性

Excel VBAを使用したゲーム開発は、基本的なテキストベースのRPGから始めて、グラフィックスやサウンドを組み込んだ複雑なゲームまで、幅広いスタイルのゲームを制作することが可能です。また、Excelの既存の機能とVBAのプログラミング能力を組み合わせることで、ユニークなゲームメカニズムやインタラクティブな要素を実現することができます。

■シェアしやすさ

Excelファイル形式でゲームを配布することにより、プレイヤーは特別なソフトウェアをインストールすることなく、簡単にゲームを体験することができます。これは、特に非プログラマーやゲーム開発初心者にとって、作品を周囲の人々と共有しやすくする大きな利点です。

Excel VBAでのゲーム開発は、技術的なスキルの向上、創造性の発揮、そしてコミュニティとの繋がりを深めるという、多面的なメリットを提供します。自分だけのオリジナルRPGを創り出す過程で、これらのメリットを最大限に活かしていきましょう。

1-4 本章の最後に著者の紹介

本書籍は、Excel VBAを使ってゲーム開発を行っている私たち、たかぶんと近田伸矢の2人による共著です。

たかぶんは、ドラゴンクエストを忠実にExcelに移植した「ドラエク」の作者であり、その作品の解説動画はYouTubeで20万回以上再生され、Excelを使ったゲーム開発の新たな地平を開きました。使用された技術と創造性は、Excelというプラットフォーム上でのRPG開発に革新的なアプローチをもたらし、広く注目を集めることとなりました。ドラエクの誕生により従来のゲーム開発における常識が覆り、Excel VBAを使って高度なRPGを開発できることが証明されたのです。

近田伸矢は、たかぶんの愛読書でもある『Excel VBAアクションゲーム作成入門』(インプレス)の著者の1人です。Excelゲーム開発のパイオニアとして活動、パックマンやスペースインベーダーを忠実にセルドットで再現した作品は、Excelの機能を限界まで引き出し、それを使って魅力的でダイナミックなゲーム体験を提供することに成功し、国境を越えて話題となりました。最近では、Officeアプリから ChatGPTなどの生成AIを利用するアドインを作成するプログラミング術の解説本『生成AIをWord&Excel&PowerPoint&Outlookで自在に操る超実用VBAプログラミング術』(インプレス)も執筆しています。

私たちは、Excel VBAによるゲーム開発という共通の情熱を持ち合わせており、RPG作成というテーマで意気投合、本書を共著として執筆することになりました。本書ではExcel VBAを用いたゲーム開発の技術的側面はもちろん、生成AIの活用など創造性を刺激するアプローチも紹介しています。読者の皆さんにとって、本書がExcel VBAの可能性を最大限に引き出し、オリジナルRPG制作への挑戦と、Excelを用いたゲーム開発領域の拡大に寄与できれば幸いです。

第2章　Excel VBAの基礎知識

Excelを使用したRPG開発には、「VBA」が欠かせません。VBAは、Microsoft Officeアプリケーション内でプログラミングするための言語であり、総じて「マクロ」と呼ばれることもあります。VBAはRPG開発では特にゲームのロジックやデータ管理を効率化する強力なツールとなります。

本章では、VBAの基本的な機能、操作方法、文法について詳しく解説します。環境設定からプログラムの基本構造、専門用語まで、しっかりと理解することが目標です。この基礎知識を身につけることで、第3章以降でのRPGゲーム開発の具体的な手法へとスムーズに進むことが可能になります。さあ、Excel VBAを用いたゲーム開発の魅力的な世界へ、一緒に第一歩を踏み出しましょう。

2-1　VBAの開発環境

VBAプログラミングへようこそ！　このセクションでは、VBAの開発環境を詳しく解説します。まず、VBAの統合開発環境であるVBE（Visual Basic for Applications Editor）の起動方法から紹介し、標準モジュールの追加、コードの書き方、管理方法の基本について説明します。さらに、VBEの画面構成を紹介し、効率的かつ使いやすいコーディング環境の設定方法を学びます。それでは、最初の第一歩、VBA開発環境の基本をしっかりとマスターしましょう。

2-1-1　VBEを起動しよう

リボンの［開発］タブにある［Visual Basic］をクリックします（メニューに［開発］タブが表示されていない場合は、［ファイル］＞［オプション］＞［リボンのユーザー設定］から、［開発］にチェックを入れるか、もしくはショートカットでAlt＋F11キーを押しましょう）。

■VBEが立ち上がる

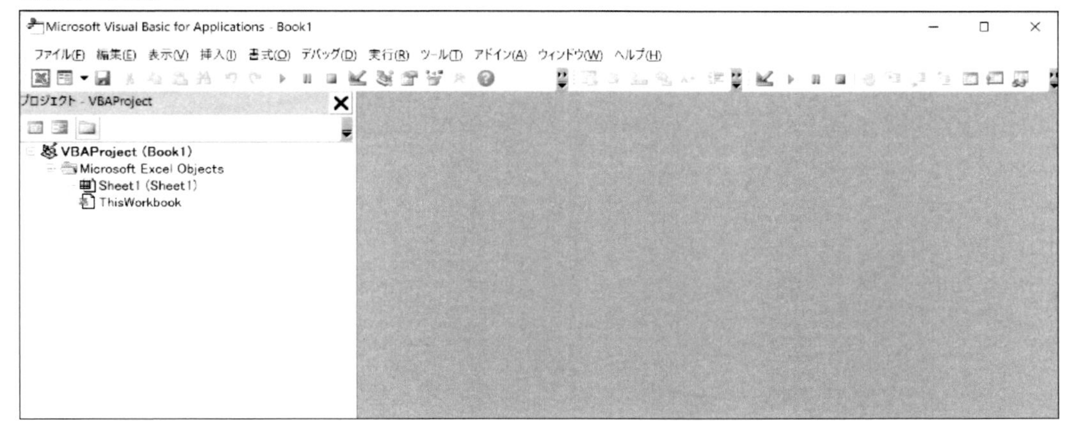

2-1-2　標準モジュールを挿入しよう

標準モジュールは、VBAでマクロのコードを記述する重要な部品です。これをプロジェクトに追加することにより、コードをモジュール単位で効率的に管理でき、プログラムの可読性と保守性が向上します。プロジェクトを右クリックし、挿入しましょう。

■標準モジュールを選択

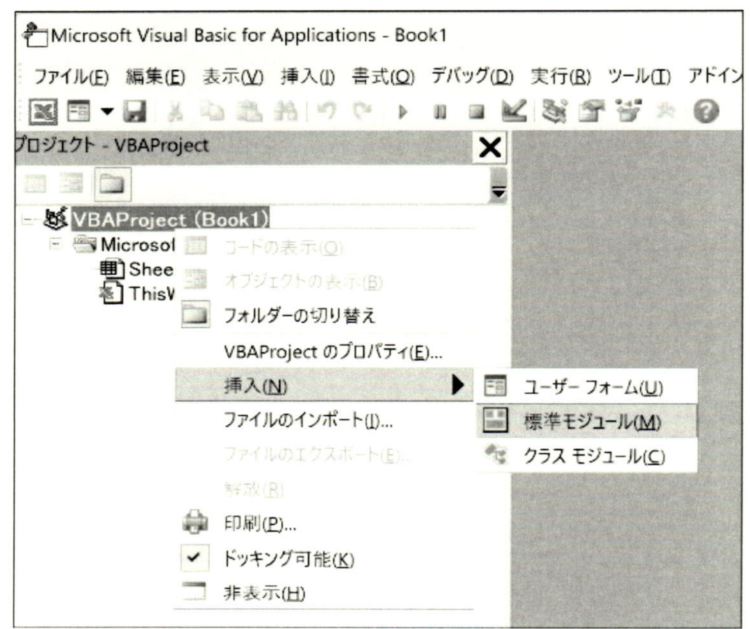

■標準モジュールが挿入され、コードを書くことができるようになった

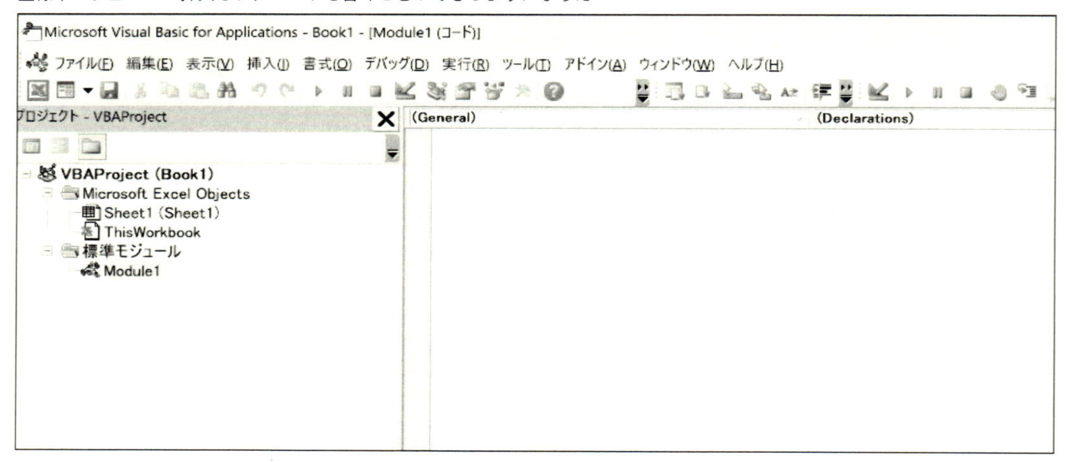

2-1-3　VBEの画面構成

VBEは、VBAでプログラムを記述、デバッグ、そして実行するための統合開発環境です。このエ

ディターは複数のカスタマイズ可能なウィンドウで構成されており、プログラミング作業をサポートします。各ウィンドウは特定の機能を持ち、ドラッグして位置やサイズの調整が可能です。効率的な作業のために、自分に合ったウィンドウ配置を見つけて設定することをおすすめします。

■さまざまなWindowを表示させることができる

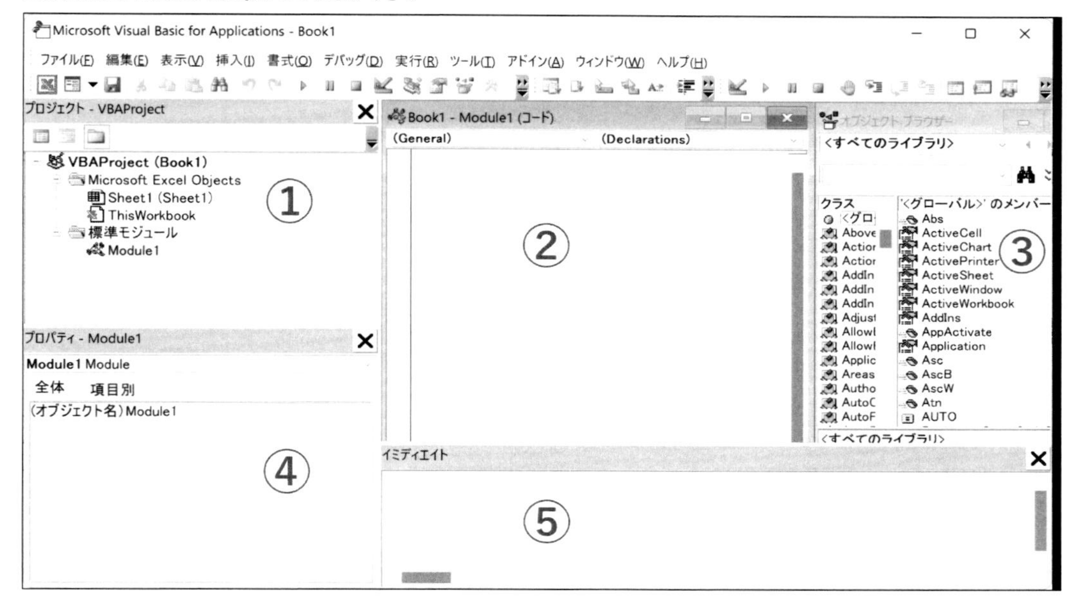

①プロジェクトエクスプローラー

プロジェクト内のワークシートやモジュールなどの各オブジェクトをツリー形式で表示し、選択が可能です。このウィンドウを通じてプロジェクトの全体構造を一望できます。

②コードウィンドウ

VBAコードを記述する主要なエリアです。選択したモジュールやシートに応じたコードが表示されます。コードの編集や追記を行うことができ、エラーが発生した場合は該当箇所がハイライト表示され、対応するエラーメッセージが提供されます。

③オブジェクトブラウザー

VBAで使用可能なオブジェクトとそのメソッド（操作）やプロパティ（特性）を一覧表示する便利なツールです。各オブジェクトの詳細が階層構造でわかりやすく表示されます。

④プロパティウィンドウ

プロジェクトエクスプローラーで選択したオブジェクトのプロパティを表示・設定するウィンドウです。オブジェクトのさまざまな設定をカスタマイズできます。

⑤イミディエイトウィンドウ

小規模なコードを即座にテストし、その動作を確認できる場所です。プログラミング中に直接コードを入力して結果を見ることができるため、デバッグに非常に有効です。

2-2 Excelのオブジェクト構造

Excel VBAでは「オブジェクト」という概念が重要です。オブジェクトとは、Excelの機能や要素をプログラムから操作するためのインターフェースのことを指します。オブジェクトを指定することで、Excelの各要素を直接制御することが可能になります。

2-2-1 主要なExcelオブジェクト

■ワークブック（Workbook）

Excelファイル全体を表し、1つのワークブック内には複数のワークシートが含まれます。

■ワークシート（Worksheet）

ワークブックの中の1ページに相当し、セルやグラフ、図形などのオブジェクトが配置されています。

■セル（Cell）

ワークシート上の個々のデータを入力する基本的な単位です。VBAではセルを直接参照し、データの読み書きや書式設定が行えます。

■レンジ（Range）

1つまたは複数のセルを指定するためのオブジェクトです。Rangeオブジェクトは、セルの範囲を指定して、範囲内のセル群に対して操作を一括で適用することが可能です。

本書で作成するRPGでは、直接操作することはありませんが、シェイプやチャート（グラフ）もオブジェクトの1つです。

2-2-2 オブジェクト操作の重要性

ワークブックとワークシートはExcel操作の基盤であり、これらの上でセルやレンジを使用して具体的なデータ処理を行います。特に、セルやレンジを正確に指定して操作することは、データの入力、計算、および書式設定を効率的に実行するために重要です。

VBAプログラミングでRPGを作成する際は、これらのオブジェクト間の関係を理解し適切に管理することが必要となります。正確なオブジェクトの操作は、効率的なコードの記述に直結し、全体のパフォーマンス向上に寄与するからです。第3章以降で具体的に解説するRPG作成に備え、Excelのオブジェクト構造をしっかりと理解しましょう。

2-3　プロシージャ

Excel VBAでゲームを作るためには、「プロシージャ」という概念を理解することが重要です。プロシージャとは、特定の動作やタスクを実行するためのプログラムコードの集合（固まり）であり、ゲームの各機能は、プロシージャを単位として、処理を行います。

2-3-1　プロシージャの種類

Excel VBAには2つのプロシージャがあります。

■Subプロシージャ

特定のアクションを実行するために使用するプロシージャです。たとえば、RPGでキャラクターを移動する処理や、ステータスを更新する処理などで使用します。

◆例：

```
Sub UpdateCharacterStatus()
    ' キャラクターステータス更新のコード
    MyHP＝MyHP-10
    MyMP＝MyMP-10
End Sub
```

■Functionプロシージャ（関数）

計算を行い、その結果を返すために使います。たとえば、敵から受けたダメージを計算してその結果をゲームに反映させる場合に使用します。Subプロシージャと異なり、結果を返す戻り値があることが特長です。

◆例：

```
Function CalculateDamage() As Integer
    CalculateDamage = (攻撃力 - 防御力) * 2
End Function
```

呼び出すことで、ダメージ値が返ってきます。

2-3-2　プロシージャの呼び出し方

プロシージャはモジュールに記述し、RPGゲーム内で特定のイベントやアクションに応じて呼び出します。たとえば、プレイヤーが方向キーを押して移動する際、呼び出されたサブプロシージャが画面をスクロールさせ、プレイヤーの位置を更新する処理を行うように設計します。その際、壁にぶつかって移動できないなどの判定は、Functionプロシージャ化するのが効率的です。

このように、ゲームに必要な処理をプロシージャとして部品化し、これらをゲーム中で再利用することで、RPGの開発を効率的に行うことができます。プログラム処理を適切なパーツとしてプロシージャ化することはコードの重複を減らし、メンテナンス性や可読性の向上にも寄与する必須テクニックと言ってよいでしょう。

2-4　VBA変数とデータ構造

プログラミングの世界では、データを一時的に保存するための容器として「変数」を使用します。Excel VBAにおいても、さまざまなタイプの変数が提供されており、それぞれに独自の特性があります。このセクションでは、Excel VBAにおける主要な変数の種類とデータ形式について詳しく解説します。

Excel VBAでゲーム開発を行う上で欠かせないのが、基本データ型（数値や文字列など）、オブジェクト型（Excelオブジェクトへの参照など）、配列（同一種類のデータを複数格納する構造）、そしてコレクション（キーとアイテムのペアを管理する高度なデータ構造）です。これらを効果的に利用することで、キャラクターの属性やアイテムのリストなど、RPG開発に必要なデータを効率よく扱うことができます。

これらの変数とデータ構造の基本から応用までを学んでいき、実践的なRPG開発の基盤を築いていきましょう。

2-4-1　基本データ型

「基本データ型」とは、プログラム内で扱うさまざまなデータの「型」や「形」で、その変数がどのような形式のデータを格納するのかを明示的に示すもので、その変数の使用開始時に宣言します。Excel VBAでRPGを開発する際、各変数に適切なデータ型を割り当てて宣言することが非常に重要です。VBAでよく使われる基本データ型は次のとおりです

データ型	説明、格納する値	例
Integer	整数（-32,768から32,767の範囲）	1, 20, -5
Long	整数（-2,147,483,648から2,147,483,647の範囲）	
Single	小数点を含む数値（約7桁の精度）	1.23, -4.56
Double	小数点を含む数値（15桁の精度）	
String	テキストや文字列	"Hello", "VBA"
Boolean	真（True）か偽（False）の2つの値のみを持つ論理型	True, False
Date	日付や時刻を格納（1900年1月1日から9999年12月31日までの範囲）	
Variant	任意のデータ型を格納できる特殊なデータ型。VBAは格納データに合わせて型を自動的に変更しますが、特定のデータ型と比べて効率や処理速度が劣ることもあります。	

■基本データ型変数の宣言

変数を宣言するには、まずDimキーワードを使用し、次に変数名を記述します。その後、Asキーワードを用いてデータ型を指定します。たとえば、キャラクターのレベルを表す整数型の変数は以下のように宣言します。

```
Dim characterLevel As Integer
```

このようにデータ型を明確にすることにより、各変数が異なる種類のデータとその精度を扱うことが明確となり、プログラムの効率や正確性の向上に寄与します。また、予期しないエラーの発生を減らすことができ、特に多様な変数を扱うRPG開発においては非常に重要になります。

【コラム】Option Explicitで変数の宣言し忘れを防ごう

VBAでは、変数の名前と型を宣言しなくても変数を使用できます。しかし、メンテナンス性や可読性、また保守の面で悪影響を及ぼすため、使用する変数はきちんと宣言すべきです。

VBAにはOption Explicitという設定が用意されており、これをモジュールの冒頭に記述すると、コード実行時に、宣言していない変数が登場した時点でエラーが表示されます。プログラムを組む際は必ずモジュールの冒頭にOption Explicitを記述するようにしましょう。

VBEのオプションからの設定の可能です。VBEの［ツール］メニューの［オプション］→［編集］タブの［変数の宣言を強制する］にチェックマークを付けて［OK］をクリックします。するとモジュールの先頭にOption Explicitが自動的に記述されます。

■［ツール］→［オプション］→［編集］→［変数の宣言を強制する］→［OK］で設定可能

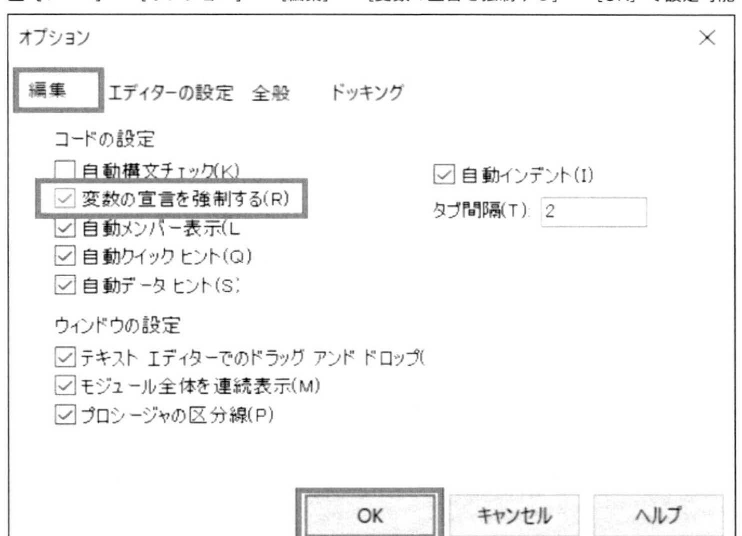

2-4-2　オブジェクト型変数

Excel VBAにおいてRPG開発を行う際、単に数値や文字列を扱うだけではなく、「オブジェクト」を操作することが頻繁にあります。ExcelなどのOfficeアプリケーションの操作では特に、これらのオブジェクトが中心的な役割を果たします。オブジェクトを格納するための「オブジェクト型変数」は、以下のような特徴があります。

■階層構造

Excelにおいては、「Application（アプリケーション）」が最上位にあり、その下に「Workbook（ワークブック）」、さらに「Worksheet（ワークシート）」が位置しています。この階層的構造を理解することで、効果的にオブジェクトを操作することができます。

■メソッドとプロパティ

オブジェクトは、その機能（メソッド）と属性（プロパティ）を通じて操作されます。たとえば、WorkbookオブジェクトのOpenメソッドでファイルを開き、Saveメソッドで保存します。たとえば、Nameプロパティを用いてファイル名を取得することができます。

■オブジェクト型変数の宣言

オブジェクト型変数を宣言する方法は、他の基本データ型と同様です。Dimキーワードを使い、変数名の後にAsキーワードとオブジェクト型を指定します。たとえば、Excelのワークシートを参照する変数を以下のように宣言します。

```
Dim ws As Worksheet
```

オブジェクト型変数を活用することで、Excel上でのRPGのマップデータやキャラクター情報の管理など、複雑な操作を簡潔に実行することが可能になり、開発プロセスを大幅に効率化できます。

2-4-3　配列

配列は、複数のデータを1つの変数名で管理することができる特殊なデータ構造で、通常の変数と異なり、1つの名前で複数の値を格納することが可能です。ゲーム内のさまざまな情報（たとえば、敵の種類、アイテムの種類、クエストのリストなど）を扱う際に役立ちます。

■同一型のデータを一括管理

配列を使用すると、たとえばRPGの各キャラクターのステータスやアイテムリストなど、同じ型の多くのデータを効率的に管理できます。これにより、コードの複雑さが減少し、読みやすくなります。

■インデックス番号によるアクセス

配列の各要素はインデックス番号（添え字）によって参照できるため、プログラムからアクセスしやすくなります。たとえば、キャラクターのリストから特定のキャラクターのHPを参照したい場合、そのキャラクターのインデックス番号を使って値を取得できるため、共通のコードで、他のキャラクターに対して処理することが可能となります。

■配列の宣言

配列を使用するためには、他の変数同様、まずDimキーワードを用いて配列を宣言します。以下は、Excel VBAでRPGの特定の敵キャラクター5体のHPを格納し、それぞれ表示するコード例です。

```
Sub SimpleArrayExample()
    ' 5体の敵キャラクターのHPを格納する配列を宣言
    Dim enemyHP(1 To 5) As Integer
    Dim i As Integer
    ' インデックスを使用して配列にデータを格納
    enemyHP(1) = 150
    enemyHP(2) = 200
    enemyHP(3) = 180
    enemyHP(4) = 220
    enemyHP(5) = 170
    ' 各敵キャラクターのHPを表示
    For i = 1 To 5
        MsgBox "敵キャラクター " & i & " のHPは: " & enemyHP(i) & " です。"
    Next i
End Sub
```

この例では、enemyHP配列を使用して各敵キャラクターのHPを効率的に管理しています。配列を利用することで、データの操作が単純化され、RPGの開発をスムーズに行うことができます。

2-4-4　コレクション

RPG開発では、多くの情報を効果的に管理する方法が必要です。VBAが提供する「コレクション」は、オブジェクトやデータを柔軟に順序付けて格納するための強力なデータ構造です。これにより、複雑なデータも一元管理が容易になります。

■動的なサイズ

コレクションは、実行時にサイズの変更が可能で、アイテムの追加や削除が簡単に行えます。これは、ゲーム中にキャラクターやアイテムが動的に変化する場面で特に有用です。

■キーを使用したアクセス

コレクション内の各アイテムは一意のキー（ワード）によって参照されます。キーによるアクセスは、特定のアイテムを迅速に見つけ出す際に便利で、効率的なプログラミングを支援します。

■さまざまなデータ型を格納

コレクションは、異なるデータ型やオブジェクトを同一コレクション内に格納することが可能です。これにより、キャラクターのステータスやアイテムの属性など、多様な情報を1つのコレクションで管理できます。

■コレクションの宣言

コレクションを使用するためには、Collectionクラスのインスタンスを新たに作成し、それを活用します。以下のコードは、RPGのさまざまなアイテムをコレクションで管理する例です。

```
Sub ManageGameItems()
    Dim items As New Collection  ' アイテム用のコレクションを作成
    ' アイテムの追加
    items.Add Item:="Sword", Key:="item1"
    items.Add Item:="Shield", Key:="item2"
    items.Add Item:="Potion", Key:="item3"

    ' キーを使って特定のアイテムを取得
    Dim selectedItem As String
    selectedItem = items("item1")

    MsgBox "選択されたアイテム: " & selectedItem
End Sub
```

この例では、異なるキーを持つ複数のアイテムをコレクションに追加し、その中から1つを選択して表示しています。これにより、アイテムの管理が直感的かつ柔軟に行え、ゲーム中のインベントリシステムなどに適用できます。コレクションは、アイテムやキャラクター情報などの複雑なデータセットを扱う際に非常に有効な変数となります。

2-5 VBAの基本文法

RPG開発において、ゲームの動作やデータ管理に必要なプログラムを効率的に書くために、Excel VBAの基本文法を理解しておくことが重要です。このセクションでは、VBAの基本的な書き方やルール、それを具体的なRPG開発に適用する方法を解説します。

2-5-1 ステートメント

ステートメントは、VBAにおけるプログラミング命令を指します。これはコンピューターに対する具体的な指示を表し、一連のステートメントでプログラムが形成されます。たとえば、プレイヤーのキャラクターに経験値を追加する際、以下のようなステートメントを使用します。

```
' ステートメントでプレイヤーの経験値を更新
Sub UpdateCharacterStats()
    Dim playerExp As Integer
    playerExp = 100
    playerExp = playerExp + 50  ' 経験値を加算
    MsgBox "プレイヤーの経験値は現在 " & playerExp & " です。"
```

```
    Range("B1").Value = playerExp  ' Excelのセルに経験値を表示
End Sub
```

2-5-2　メソッドとプロパティ

メソッドとプロパティは、オブジェクト指向プログラミングの中核を成す概念です。VBAでRPGを作成する際に、この2つの概念を正しく理解して使い分けることが重要となります。

■メソッド

オブジェクトが実行可能なアクション。たとえば、ワークシートを新規作成するAddメソッドがこれにあたります。

■プロパティ

オブジェクトの特性や状態を表します。たとえば、セルの内容を表すValueプロパティがこれにあたります。

◆メソッドとプロパティを使用したコード例

```
Sub CreateNewDungeon()
    Dim ws As Worksheet (オブジェクト変数を宣言)
    ' 新しいワークシートを追加 (メソッドで指示)
    Set ws = ThisWorkbook.Worksheets.Add
    ' ワークシートの名前を設定 (プロパティを操作)
    ws.Name = "Dungeon1"
    ' モンスター情報をセルに設定 (プロパティを操作)
    ws.Cells(1, 1).Value = "Monster: Dragon"
    MsgBox "新しいダンジョンが作成されました: " & ws.Name
End Sub
```

2-5-3　Excel VBAの基本構文

RPG開発においてゲームのロジックやデータ操作を行うためには、Excel VBAの基本構文を習得する必要があります。このセクションでは、すでに解説した変数や配列の仕様も含め、VBAの基本的なコード構造とそのゲーム開発への適用方法を解説します。

■変数の宣言と代入

ゲームの状態やプレイヤー情報を保存するためには、変数を使用してデータを格納します。VBAで変数を宣言するにはDimキーワードを使い、初期値を代入して使用開始します。

```
Dim playerHealth As Integer
playerHealth = 100  ' プレイヤーの初期健康状態
```

■条件分岐（If文）

ゲームの決定点で条件に応じて異なるアクションを取る必要がある場合、If文を使用します。

```
Dim playerAge As Integer
playerAge = 20
If playerAge >= 18 Then
    MsgBox "キャラクターは成人です。"
Else
    MsgBox "キャラクターは未成年です。"
End If
```

■ループ（ForNext文）

ゲームの敵キャラクターやアイテムを一定数生成する際には、For文を使って繰り返し処理を行います。

```
Dim i As Integer
For i = 1 To 5
    MsgBox "新しい敵が出現しました: 敵 " & i
Next i
```

■ループ（Do Loop文）

ゲーム内で条件が満たされるまでループを続けたい場合には、Do Loop文を使用します。特にゲーム作成においては、このDoLoop文をメインプロシージャとして使用します。

```
Dim j As Integer
j = 1
Do While j <= 5
    MsgBox "プレイヤーの現在のレベル: " & j
    j = j + 1
Loop
```

■配列

プレイヤーのインベントリや敵キャラクターのリストなど、複数の類似データを管理するには配列が便利です。

```
Dim inventory(2) As String
inventory(0) = "剣"
inventory(1) = "盾"
inventory(2) = "回復薬"
MsgBox "インベントリの2番目のアイテム: " & inventory(1)
```

■サブルーチン

ゲーム内で何度も使われるコードは、サブルーチンとして再利用可能にします。

```
Sub DisplayLevelUp()
    MsgBox "レベルが上がった！"
End Sub
```

■関数（Functionプロシージャ）

特定の計算を行い、その結果を返す必要がある場合には、戻り値のある関数として定義します。

```
Function CalculateDamage(attack As Integer, defense As Integer) As Integer
    CalculateDamage = attack - defense
End Function
```

これらの基本構文をマスターすることで、より複雑なゲームロジックを設計し、効果的にRPGを構築することが可能になります。第3章以降で、これらの基本構文を使用して具体的なゲーム機能を開発する方法を詳しく解説していきます。

2-6　Win32 APIによる機能拡張

RPG開発では時にシステムレベルの操作やVBA標準機能ではカバーしきれない拡張機能が必要になることがあります。これを実現するために、Win 32APIの利用が非常に有効です。

API（Application Programming Interface）とは、アプリケーションがオペレーティングシステムや他のサービスと直接通信するための手段のことです。Win32 APIは、Microsoft Windowsが提供する広範な機能へのアクセスを可能にする関数群です。これにより、Windowsのディープな機能を直接利用したり、VBAだけでは実現できない操作を行うことが可能になります。

2-6-1　Win32 APIの構成

Win32 APIは関数、データ構造、定数などから構成され、ウィンドウ操作、ファイルの読み書き、システム情報の取得など、幅広いタスクを実行するために使用されます。RPGゲーム作成においては、ユーザーのキー入力判定、BGMや効果音、ミリ秒単位の処理制御などさまざまな場面でWin32 APIの関数を利用します。

■DLL（Dynamic Link Library）

Win32 APIの関数は、DLLファイルに格納されています。これらのファイルは、関数の実装やリソースを保持し、VBAプロジェクトから直接呼び出すことができます。たとえば、ユーザーインターフェース関連の関数が含まれるuser32.dllやシステム操作に関連する関数が含まれるkernel32.dllなどがあります。

2-6-2　APIの呼び出し方

VBAからWin32 APIを利用するには、モジュールの先頭でDeclareステートメントを使ってAPI関数を宣言する必要があります。この宣言には、使用するDLLの名前と関数が格納されているDLL名が含まれます。以下は、VBAからWin32 APIを使用してSleep関数を呼び出すための宣言と使用例です。

```
Declare Sub Sleep Lib "kernel32" (ByVal dwMilliseconds As Long)
```

宣言後、次のようにVBA内でSleep関数を使用して、たとえば3秒間プログラムの実行を停止させることができます。

```
Sub PauseExecution()
    Sleep 3000  ' 3000ミリ秒、つまり3秒間プログラムを一時停止
    MsgBox "3秒後に再開しました。"
End Sub
```

Sleep関数はプログラムの実行を指定した時間（ミリ秒単位）一時停止させるのに便利です。特にRPGゲーム開発において、アニメーションのタイミング調整やイベント間の遅延を実現する際に役立ちます。

第3章では、プレイヤーのキー入力を検出する方法と、背景音楽や効果音を再生するためにWin32 APIを使用する具体的な手順を詳しく解説しています。Win32 APIを使用することで、ユーザー体験が向上するRPGを作成することができるでしょう。

第3章　ゲームプログラムの特徴

ゲームプログラムであろうと一般的な事務処理用プログラムであろうと、Excel VBAで使用する命令構文は同じです。しかし、ゲームプログラムにはゲームプログラム特有の考え方や処理方法があり、それらはビジネスアプリケーションであまり使われることがありません。

この章では、ゲームプログラムならではの技術やテクニックについて解説していきます。いずれもゲーム作成では必須の技術なので、しっかりと身につけていきましょう。

3-1　ゲーム実行中は常に動いている「恒常ループ」

多くの事務処理用プログラムは、一連の処理が行われると自動的にプログラムが終了します。たとえば、「計算」というボタンを押せば社員全員の給与計算が瞬時に行われ、計算結果が出力されればプログラムの実行は止まります。

ところが、ゲームプログラムというのは基本的にビジネスアプリケーションのような終了がありません。ゲームを実行している間、プログラムは常に何らかの処理を行っているのです。

たとえば、プレイヤーが一切操作していない間も、プログラムは常にユーザーの操作情報を監視しています。また、ゲーム内容にもよりますがプレイヤーがミスをしてゲームオーバーになった後は、再びタイトル画面を表示させる必要があります。

このように絶え間なく動き続けるプログラムのことを本書では恒常ループと呼び、ゲーム作成においては非常に重要なテクニックです。サンプルゲームではMainプロシージャが恒常ループ部分であり、ゲーム終了フラグがONになるまでループを抜けることはありません。

◆標準モジュール＞MainModule＞Mainプロシージャ参照

```
Do Until GameFlag 'ゲーム終了フラグ（変数GameFlag）がTrueになるまで繰り返す
    Sheets("Main").CommandButton1.Activate 'セルへの誤入力防止のためボタンにフォーカス
    Select Case GameMode
        Case 4 '移動中
            Call KeyInput
        Case 5 '移動時コマンドモード
            Call MoveCmd
        Case 9 'プレイヤー敗北時
            Call PlayerDefeat
        Case 10 'エンディング
            Call Ending
    End Select

    If GetAsyncKeyState(Esc_Key) <> 0 Then
```

```
        Call mciSendString("close all", vbNullString, 0, 0)
        GameFlag = True 'Escキーを押した場合は強制終了なのでTrueにする
    End If

    Call KeyRelease
    Call Sleep(1)
    Call ResetMes
Loop
```

Mainプロシージャは文字通りゲームの骨格となるルーチンで、恒常的にループをしながらゲームの状態を監視しています。ゲーム終了フラグを表す変数GameFlagがTrueにならない限り、Do〜Loopを抜けることはありません。

また、ループをしながらそれぞれの役割を持ったプロシージャを呼び出しているのもポイントで、これが骨格となるルーチンと呼ばれる理由です。

具体的には、GameModeという変数で現在の状態を管理し、Select Caseステートメントで振り分けながらそれぞれのサブルーチンを呼び出しています。Mainプロシージャが木の幹、そこから呼び出されるサブルーチンが枝とイメージすればわかりやすいでしょう。

【コラム】無限ループに注意！

Do〜Loopで繰り返し処理を行う場合、終了条件を正しく設定しないと永遠に処理が止まらなくなってしまいます。いわゆる「無限ループ」と呼ばれる状態ですがこの状態はパソコン、特にCPUやメモリにとってあまりよい状態とは言えません。

繰り返す処理が単純な計算であればそれほど影響はありませんが、たとえばセル範囲をコピー＆ペーストするような処理だと、延々とコピーが繰り返されて次第にメモリが圧迫されます。

Do〜Loopを使用する際は終了条件を正しく設定し、必ずループを抜けられるようにしておきましょう。もし記述ミスで無限ループに陥った場合は、Escキーを押すことでプログラムを中断できます。

また、繰り返し処理を行っている間はCPUにある程度の負荷がかかっています。これを回避するため、サンプルゲームではWin32 APIのSleep関数を利用しています（先ほどのプログラム内でCall Sleep(1)と記述している部分）。

Sleep関数が呼び出されると、引数で指定した時間だけCPUを休止させることができます。ループを組む際は必ずSleepを入れてCPUを休ませるようにしましょう。

3-2　プレイヤーの操作を司る「キー入力判定」

ゲームというのは、そのほとんどがプレイヤーに何らかの操作を要求します。たとえば、ゲームを開始するにはスタートコマンドを選択しますし、ゲームが始まればキャラクターを移動させたり、使用するアイテムを選んだりするでしょう。

ということは、ゲーム作成において操作に関するプログラムは不可欠なものであり、非常に重要な処理といえます。

本書はパソコンにインストールされたExcelを前提としていますので、操作デバイスはRPGと相性がよいキーボードを使用します。ただ、Excel VBAにはキー入力を調べる命令や関数がないため、第2章で解説したWin32 APIを利用しなければなりません。

キーボードから入力されたキーを取得するためには、Win32 APIのGetAsyncKeyState関数を使用します。第2章で触れたとおり、APIを利用するためにはモジュールの先頭でAPI関数を宣言しなくてはいけません。

GetAsyncKeyState関数の宣言は、以下のように記述します。

◆標準モジュール＞MainModule＞Declarations（宣言部）参照

```
Declare PtrSafe Function GetAsyncKeyState Lib "User32.dll" _
(ByVal vKey As Long) As Long
```

GetAsyncKeyState関数は、特定のキーが押されたかどうかを判定できる関数です。キーは引数で指定し、そのキーが押されていれば0以外の数値を返します。

キーボードの各キーにはキーコードと呼ばれる番号が割り当てられており、引数で指定する際はこれを利用します。以下は、サンプルゲームで使用しているキーコードです。

キー	キーコード
カーソルキー[←]	37
カーソルキー[↑]	38
カーソルキー[→]	39
カーソルキー[↓]	40

キー	キーコード
C	67
X	88
Z	90
Esc	27

たとえば、カーソルキーの↑が押されたかどうかをIf文で判定する場合は、以下のように記述します。

```
If GetAsyncKeyState(38) <> 0 Then
    ～何らかの処理～
End If
```

では、実際のプログラムを見てみましょう。サンプルゲームでは、カーソルキーで主人公を上下左右に移動できます。正確には背景をスクロールさせて主人公が移動しているように見せているのですが、方向キーごとに処理を振り分けているのがわかるでしょう。

なお、キーコードの指定は数値ではなく、Left_Keyなどのように宣言部で設定した定数を使用しています。

◆標準モジュール＞MainModule＞KeyInputプロシージャ参照

```
If GetAsyncKeyState(Left_Key) <> 0 Then
    If MapChipData(Player.MapY, NextLeft) >= CanWalkChipV Then
        KeyPush = 6
        Player.MapX = NextLeft '主人公の座標Xを-1
    Else '左隣が障害物で進めない場合
```

```
        KeyPush = 16
    End If
    Player.Direction = 6
ElseIf GetAsyncKeyState(Right_Key) <> 0 Then
    If MapChipData(Player.MapY, NextRight) >= CanWalkChipV Then
        KeyPush = 4
        Player.MapX = NextRight '主人公の座標Xを+1
    Else '右隣が障害物で進めない場合
        KeyPush = 14
    End If
    Player.Direction = 4
ElseIf GetAsyncKeyState(Up_Key) <> 0 Then
    If MapChipData(NextUp, Player.MapX) >= CanWalkChipV Then
        KeyPush = 2
        Player.MapY = NextUp '主人公の座標Yを-1
    Else '上隣が障害物で進めない場合
        KeyPush = 12
    End If
    Player.Direction = 2
ElseIf GetAsyncKeyState(Down_Key) <> 0 Then
    If MapChipData(NextDown, Player.MapX) >= CanWalkChipV Then
        KeyPush = 0
        Player.MapY = NextDown '主人公の座標Yを+1
    Else '下隣が障害物で進めない場合
        KeyPush = 10
    End If
    Player.Direction = 0
End If
```

3-3 ゲームを盛り上げる「音楽と効果音」

ゲームにおいてBGMや効果音というのは、なくてはならない大切な要素です。もしストーリーを盛り上げる音楽がなかったら、あるいは攻撃がヒットしたときの効果音がなかったら、そのゲームは味気ないものになるでしょう。ですから、音楽と効果音を制御する処理もゲーム作成にとっては必須です。

3-3-1 mciSendString関数の基本

前節のキー入力判定と同様、サウンドに関する命令もExcel VBAにはありません。そのためWin32 APIのmciSendString関数を利用します。

まず、モジュールの先頭部分に記述する宣言文は以下になります。この宣言をすることで、mciSendString関数を使用可能となります。

◆標準モジュール＞MainModule＞Declarations（宣言部）参照

```
Declare PtrSafe Function mciSendString Lib "winmm.dll" Alias "mciSendStringA" _
  (ByVal lpstrCommand As String, ByVal lpstrReturnString As String, ByVal
uReturnLength As Long, ByVal hwndCallback As LongPtr) As Long
```

mciSendString関数を使ってサウンド処理を行う流れは次のとおりです。

1．使用する音声ファイルをオープンする
2．開いてある音声ファイルを再生する
3．使用後の音声ファイルをクローズする

1. 使用する音声ファイルをオープンする

目的のサウンドを鳴らすには、あらかじめメモリ上に音声ファイルを開いておく必要があります。そのために使用するコマンドが「open」で、書式は以下のとおりです。

```
Call mciSendString("open 音声ファイルのパス alias 音声ファイルの呼び名", vbNullString,
0, 0)
```

音声ファイルのパスとは、そのファイルが置かれている場所のことです。通常、Excelでゲームを作成する場合は、本体のExcelファイルと音声ファイルを同一のフォルダーにまとめて入れることが多いです。

■図3.1：Excelファイルと音声ファイルを同一のフォルダーに入れる

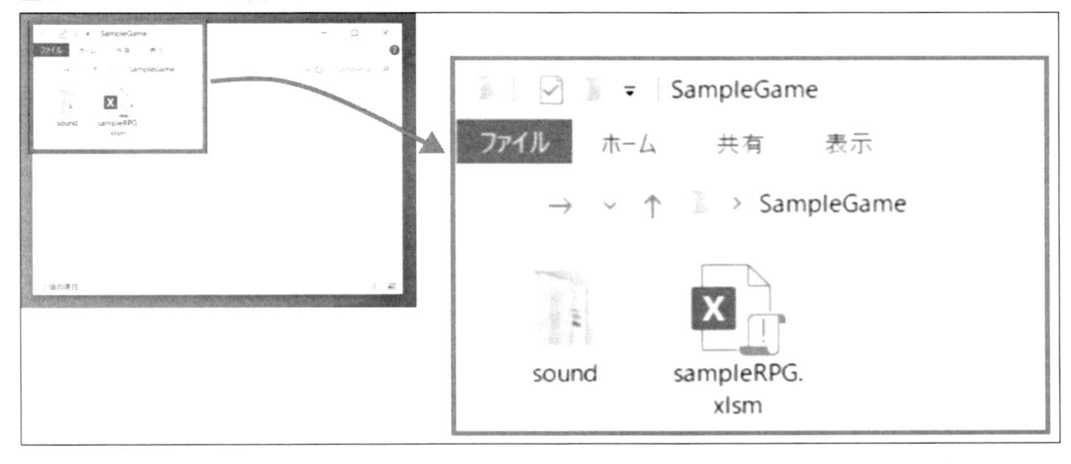

■図3.2：さらにsoundフォルダーはbgmとseフォルダーに分かれ、その中に各音声ファイルが含まれている

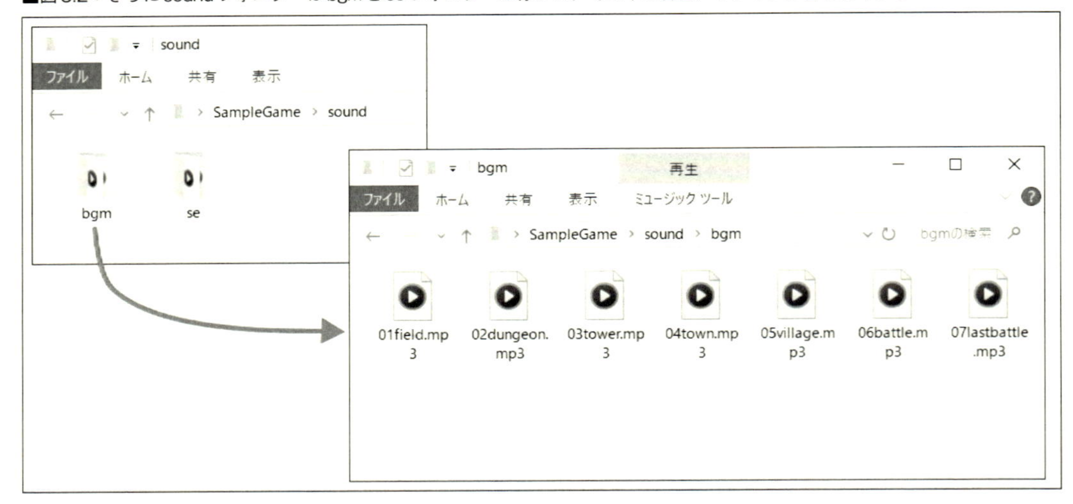

図3.1～3.2の階層構成でExcelファイルと音声ファイルが同じフォルダーに入っている場合、「01field.mp3」のパス指定は次のようになります。

```
"""" & ActiveWorkbook.Path & "\sound\bgm\01field.mp3" & """"
```

サンプルゲームではSettingプロシージャで変数を用意し、この変数を用いて各BGMのパス指定を行っています。

◆標準モジュール＞MainModule＞Settingプロシージャ参照

```
'サウンドパスの設定
BGMPath1 = """" & ActiveWorkbook.Path & "\sound\bgm\01field.mp3" & """"
BGMPath2 = """" & ActiveWorkbook.Path & "\sound\bgm\02dungeon.mp3" & """"
BGMPath3 = """" & ActiveWorkbook.Path & "\sound\bgm\03tower.mp3" & """"
BGMPath4 = """" & ActiveWorkbook.Path & "\sound\bgm\04town.mp3" & """"
BGMPath5 = """" & ActiveWorkbook.Path & "\sound\bgm\05village.mp3" & """"
BGMPath6 = """" & ActiveWorkbook.Path & "\sound\bgm\06battle.mp3" & """"
BGMPath7 = """" & ActiveWorkbook.Path & "\sound\bgm\07lastbattle.mp3" & """"
```

alias（エイリアス）とは“一時的な仮の名前”のようなもので、複数ある音声ファイルを識別するためにopenコマンドと同時に設定します。音声ファイルごとの呼び名を決めるイメージといえばわかりやすいでしょう。

以上を踏まえて、フィールド曲である「01field.mp3」をオープンする記述は以下のようになります。

```
Call mciSendString("open " & BGMPath1 & " alias field", vbNullString, 0, 0)
```

パスは変数BGMPath1で指定、エイリアスはフィールド曲なので「field」に設定、さらにそれぞれを&演算子で結合します。なお、後半のvbNullString, 0, 0は定型的な記述として覚えてしまってよいでしょう。

2. 開いてある音声ファイルを再生する

メモリ上に開いた音声ファイルを再生するには、「play」コマンドを使用します。書式は以下のとおりです。

```
Call mciSendString("play エイリアス オプション命令", vbNullString, 0, 0)
```

playコマンドは、指示する際にいろいろなオプションを付けることができます。たとえば、町からフィールドに出たとき、フィールド曲は必ず頭から始まってほしいはずです。また、フィールドを歩いている間は、曲を延々と繰り返してほしいはずです。

こうした“再生の仕方”を指示するのがオプション命令であり、0秒からの再生は「from 0」、曲の繰り返しは「repeat」というコマンドを追加します。

先ほどのフィールド曲を、オプション命令付きで再生する場合は次のように記述します。

```
Call mciSendString("play field from 0 repeat", vbNullString, 0, 0)
```

3. 使用後の音声ファイルをクローズする

再生が終了したら、オープンした音声ファイルをクローズする必要があります。これを行わないと、音声ファイルのデータがいつまでもメモリ上に残ってしまい、OSの動作にも悪影響を及ぼしかねないからです。

音声ファイルを閉じるには、「close」コマンドを使用します。書式は以下のとおりです。

```
Call mciSendString("close エイリアス オプション命令", vbNullString, 0, 0)
```

なお、オプション命令のallを付加することで、開いている音声ファイルすべてをクローズすることができます。先ほどのフィールド曲単体をクローズする場合と、すべての音声ファイルをクローズする場合の記述例を以下に示します。

```
Call mciSendString("close field", vbNullString, 0, 0)
Call mciSendString("close all", vbNullString, 0, 0)
```

3-3-2　mciSendString関数の応用

サンプルゲームでは主人公がレベルアップしたとき、ファンファーレが鳴り終わるまでは次の処理に進みません。図3.3のように、ファンファーレが停止してから「主人公はレベルが上がった！」と表示され、次の処理へと続きます。

つまり、ファンファーレが鳴り終わるまでは、意図的に処理を待機させる必要があるのです。

■図3.3：レベルアップのファンファーレ再生中は次の処理に進まない

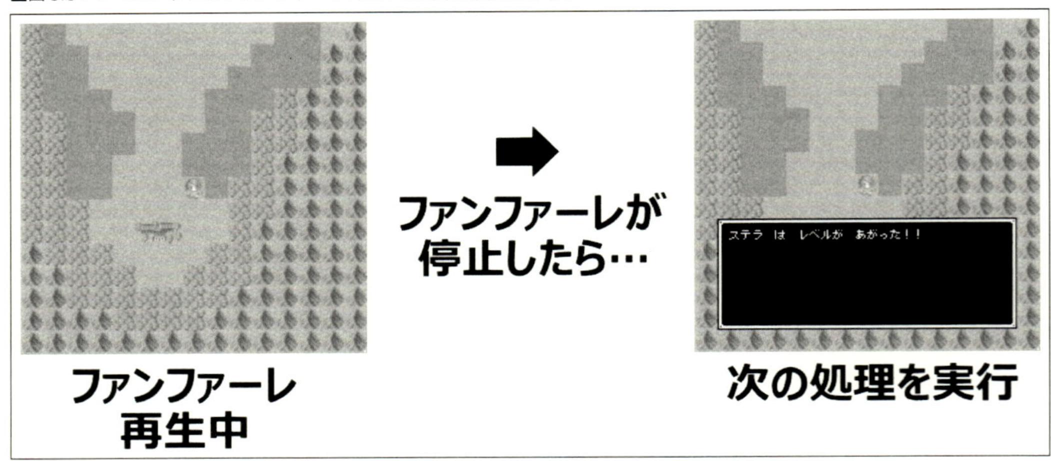

mciSendString関数には、エイリアスの現在の状態を調べることができる「status」コマンドが備わっています。statusコマンドを利用することで、サウンドが停止したかどうかを判定することができるわけです。

statusコマンドを使用するには、現在の状態を格納するための固定長文字列変数をあらかじめ宣言しておきます。サンプルゲームでは、最大255文字を格納できるStrStatusという変数を用意しており、記述は以下のとおりです。

◆標準モジュール＞MainModule＞LevelUpプロシージャ参照

```
Dim StrStatus As String * 255 'サウンドの現在の状態を格納する固定長文字列変数を宣言
```

この固定長文字列変数をmciSendString関数に引数として渡すことにより、エイリアスの現在の状態を取得することができます。書式は次のとおりです。

```
Call mciSendString("status エイリアス mode", 固定長文字列変数, 255, 0)
```

もしエイリアスが再生中であれば「playing」、終了していれば「stopped」、一時停止中なら「paused」が固定長文字列変数に格納されます。

サンプルゲームでは、ファンファーレが停止したかどうかの判定をDo～Loopに組み込むことで、処理の進行を待機させています。

◆標準モジュール＞MainModule＞LevelUpプロシージャ参照

```
Dim StrFlag As Boolean: StrFlag = False
Dim StrStatus As String * 255 'サウンドの現在の状態を格納する固定長文字列変数を宣言
～中略～
'ファンファーレSE再生
    Call mciSendString("play levelup from 0", vbNullString, 0, 0)
    'SEが鳴り止むまで待つためのループ
    Do Until StrFlag
        '現在の状態を取得
        Call mciSendString("status levelup mode", StrStatus, 255, 0)
        If Left(StrStatus, 7) = "stopped" Then '停止しているかどうかの判定
            StrFlag = True '停止していればループを抜ける
        End If
        Call Sleep(1)
        Call ResetMes
    Loop
```

【コラム】64ビット版Excel VBAでWin32 APIを利用する際の注意点

本書を執筆時点で、Excelには32ビット版と64ビット版が存在します。64ビット版Excel VBAでWin32 APIを利用する際は、DeclareステートメントにPtrSafeを付与しないとエラーが発生するので注意が必要です。

それと併せて、一部のAPIでは引数のデータ型をLongPtrで宣言する必要があります。64ビット版Excelでは、新たな変数の型としてLongLongが追加されました。このLongLongと従来のLong型両方に対応できるのがLongPtrです。

APIの宣言をする際には特定のポインターやハンドルに対し、LongPtrで引数の型を設定する必要があります。

3-4 プログラムの高速化

ビジネスアプリケーションに比べて、ゲームプログラムの実行速度はとてもシビアです。もし画面の表示に時間がかかったり、キーを押してから反応するまで数秒も待たされたら、それはよいゲームとはいえないでしょう。ですからプログラムの無駄な部分はできるだけ省き、少しでも処理が軽くなるよう心がける必要があります。

ただ、セルドット方式のExcelゲームで処理に時間がかかるのは、ほとんどが画面の描画に関する部分です。変数を使った計算や条件分岐など、ゲームを制御する処理にかかる時間はごくわずかです。そのため改善に注力すべき部分は描画処理であり、ここを見直すことで劇的な速度向上が見込めます。

「7-4-3 アイテムリストの描画処理」で、アイテム名を単語単位で描画する方法を解説しています。1文字ずつ描画するよりも圧倒的に速いこの手法は、セルドット方式のExcelゲームにおいて高速化の基本です。

第4章　RPGの素材データを作ろう

RPGが多くのプレイヤーを引きつける理由の1つは、その鮮やかなビジュアルと深いストーリーテリングにあります。この章では、RPGの魅力であるビジュアル素材データの作成方法に焦点を当て、Excelならではのグラフィック表現である「セルドット」手法を取り上げ、BMPファイルをセルドットに変換するマクロを解説します。

また、美しいビジュアルを効率的に生み出すためのテクニックも詳細に解説します。Excelのマクロで Windowsの標準ソフト「ペイント」を自動操作し、画像ファイルの形式やサイズを一括で変更し、セルドットに変換できるようにする方法や、利用可能なフリー素材の選び方とその活用方法を紹介します。さらには、最先端の技術である生成AIを利用したゲームシナリオの作成、ゲームデータの準備、そしてモンスター画像の描画方法まで、実際に本書で作成するRPGの素材データを作っていきます。

これらの技術や手法をマスターすることで、読者の皆さんがRPGの世界をExcelワークシート上でより鮮明かつ効率的に表現できるようになります。本章を通じて、具体的かつ実践的な素材データ作成スキルを身につけていきましょう。

4-1　セルドットとは？　セルをドットに見立てたグラフィック表現

セルドットとは、画像の各セルをドット、すなわちピクセルとして扱い、セルの背景色を高速に変更することで、ユニークなグラフィックスタイルを創出する手法です。これにより、ワークシート上でピクセルアートのようなグラフィックを表現することができます。このセクションで、セルドットがどのようにして独特の視覚効果を生み出すのか、その基本的な概念と視覚的特徴、制限について詳しく見ていきましょう。

4-1-1　セルドットの仕様（解像度）

セルドットのグラフィック性能は、Excelのワークシート仕様に大きく依存します。ワークシートは最大で1,048,576行と16,384列のセルを持ち、これにより縦1,048,576ドット×横16,384ドットの広大なグラフィック領域を作ることができます。しかし、それらすべてを画面に一度に表示することはできず、表示できる範囲はセルの大きさ、縮小率、そして列の幅や行の高さによって決まります。

たとえば、セルを小さくし、縮小率を最小限の10%に設定することで、画面上に表示するドット数をPCの画面解像度に近づけることができますが、背景色の書き換えに非常に長い時間がかかるため、高解像度のフルHDを完全に表示することは現実的ではありません。通常、描画速度と解像度のバランスを考えると、クラシックなゲーム機で使われる256×256ドット程度が適切となります。

表示されていないセル範囲は、いわゆる予備のVRAM（ビデオRAM）として機能し、非表示領域で背景色を書き換えてから、それを表示領域に迅速にコピーすることで高速な画面描画を実現します。

■セルの列幅を行の高さと合わせ、セルを正方形サイズにする

■その後、ワークシートの表示縮小率を10%にすると、全体が表示される

4-1-2　セルドットの仕様（最大表示色数）

Excelでは、ワークシートのセル背景色に1,600万色（32ビット内の24ビットカラー）を使用できますが、実際には全色を同時に表示することはできません。これは、セルの書式設定やスタイルの種類に制限があるためで、最大で表示できる色数は65,490色となります。これをゲーム機のスペック表現で例えるなら、「1,600万色中65,490色を同時発色」となり、セルドット方式はRPGのグラ

フィック描画において十分な表現力を持っていると言えるでしょう。

4-2　画像ファイルからセルドットへの変換

このセクションでは、手動でセルの背景色を1つ1つ変更するのではなく、Excelのマクロを使用して画像ファイルをセルドットに自動変換する方法を解説します。具体的には、画像ファイルを読み込み、その色データを基に、Excelの同時発色数制限を考慮しつつ、セルの背景色を設定するマクロの作成手順を紹介します。さらに、画像形式の変換やサイズ調整もマクロで自動化する方法を解説し、さまざまな画像ファイルを効率的にセルドットに変換できるようにします。

4-2-1　BMPファイルをセルドットへ変換する

BMPファイル形式（ビットマップ画像ファイル形式）は、デジタル画像を保存するための1つのファイル形式で、Microsoft Windowsの初期から使われているため、広く普及しています。BMP形式は、画像のピクセルデータを圧縮されていない生のビットマップデータとして保存します。このため、ファイルサイズは大きくなりますが、画質の劣化がないため、画質が重要な用途で利用されています。

このBMPファイルの特性は、Excelマクロを使用して画像データを読み込み、セルドットに変換する際に有利となります。BMPファイルのデータ構造がシンプルであるため、Excelマクロで画像データを解析しやすく、プログラムにより容易に各ピクセルの色を取得できるからです。ピクセル単位の色を取得できれば、それをセルの背景色として設定することでセルドットが完成します。

4-2-2　Excelの同時発色数への対応

Excelでのセルの書式スタイル設定は、背景色を含め最大65,490種類までという制限がありますが、ゲーム画面でセルの背景色のみを書式として使用したとしても、他のワークシートではフォントや枠線などの追加書式が必要になることあるため、色の設定には65,490色より余裕を持たせる必要があります。

BMPファイルでは、各画素がRGBでそれぞれ256階調（合計1,677万色）を持っていますが、それらを32階調に減色することで、32,768色に抑えることが可能です。この減色された32,768色は、1677万色と比較しても大きな違いはなく、たとえば、空の描写など細かい色の表現が必要な場面で、わずかにざらつく程度であり、RPGのグラフィックにおいては十分な表現力を保つことができます。この減色処理は、BMPファイルを読み込む際のマクロで自動的に行うようにします。

4-2-3　「セルドット作成ツール」のコード解説

それでは、実際にBMPファイルのバイナリーデータを直接解析し、Excelのワークシート上でセルドットに変換するマクロを見ていきましょう。

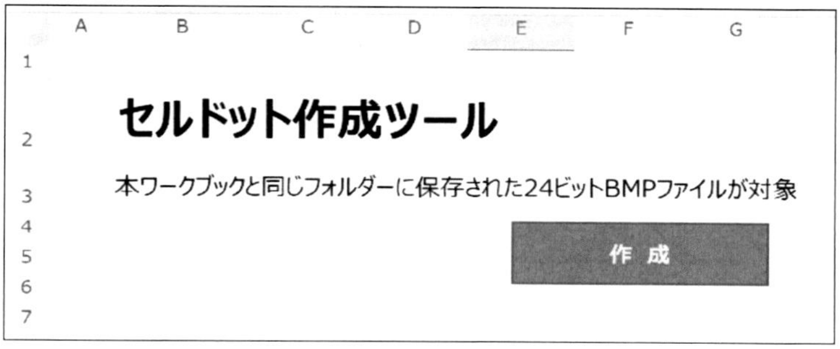

A B C D E F G

セルドット作成ツール

本ワークブックと同じフォルダーに保存された24ビットBMPファイルが対象

作 成

```
Option Explicit
Option Base 1

Sub FileOpen()

'------------------------
'初期設定
'------------------------
    Dim x, y, XP, YP, i As Long
    Dim DWcount As Byte
    Dim count, count2 As Long
    Dim R() As Long
    Dim G() As Long
    Dim B() As Long

    Dim FileName As Variant     '対象ファイルのパス
    Dim DataBuf() As Byte      'ファイルのバイナリー収容配列

    '現在のワークブックのディレクトリに移動し、新しいワークブックを開始します。
    ChDir ThisWorkbook.Path
    Workbooks.Add

    'セルの幅、高さ、テキストの配置とフォントサイズを設定し、ウィンドウのズームを調整
    With Cells
        .ColumnWidth = 24 * 0.104
        .RowHeight = 24 * 0.75
        .HorizontalAlignment = xlCenter
        .VerticalAlignment = xlCenter
        .Font.Size = 18
    End With
    ActiveWindow.Zoom = 10
```

```
'-----------------------------
'ファイルの探索と処理の準備
'-----------------------------
    '本ワークブックが保存されているフォルダーに存在するBMPファイルを順に取得
    Dim buf As String
    buf = Dir(ThisWorkbook.Path & "\*.bmp")

    If buf = "" Then
        MsgBox "BMPファイルがありません"
        Exit Sub
    End If

    Dim ws As Worksheet, pic As Picture, chrt As ChartObject, n As Long

'-----------------------------
'ファイルの数だけループ
'-----------------------------
    Do While buf <> ""

        'BMPファイルの数をカウント
        n = n + 1
        '画面の更新を停止
        Application.ScreenUpdating = False
        FileName = ThisWorkbook.Path & "\" & buf
        '初期シートをコピーし、シート名をBMPファイル名に変更
        Worksheets(1).Copy After:=Sheets(Worksheets.count)
        ActiveSheet.Name = Left(buf, Len(buf) - 4)
        [A1].Select
        'BMPファイルのサイズに応じてデータバッファを準備
        If FileLen(FileName) > 0 Then
            ReDim DataBuf(1 To FileLen(FileName)) As Byte
        Else
            Exit Sub
        End If

'-----------------------------
'画像データの解析
'-----------------------------
        '画像ファイルをバイナリーで開き、データをバッファに読み込む
        Open FileName For Binary As #1
```

```
    Get #1, , DataBuf
Close #1

'ファイルフォーマットのビット数から24ビット以外を除外
If DataBuf(29) <> 24 Then
    MsgBox "24bitのBMPのみ対応です"
    Exit Sub
End If

'BMPファイルから画像の幅（XP）と高さ（YP）を抽出
XP = DataBuf(20) * 256 + DataBuf(19)
YP = DataBuf(24) * 256 + DataBuf(23)

'画像データが4バイトの倍数になるよう調整するためのカウント（DWcount）を計算
Select Case ((XP * 3) Mod 4)
    Case 0
        DWcount = 0
    Case 1
        DWcount = 3
    Case 2
        DWcount = 2
    Case 3
        DWcount = 1
End Select

'画像サイズに合わせてRGB配列をリサイズ
ReDim R(1 To YP, 1 To XP) As Long
ReDim G(1 To YP, 1 To XP) As Long
ReDim B(1 To YP, 1 To XP) As Long

'画像データからRGB値を抽出しRGB配列に格納
For y = YP To 1 Step -1
    For x = 1 To XP
        count = (y - 1) * (XP * 3 + DWcount)
        count2 = (x - 1) * 3 + 54
        B(YP + 1 - y, x) = DataBuf(count + count2 + 1)
        G(YP + 1 - y, x) = DataBuf(count + count2 + 2)
        R(YP + 1 - y, x) = DataBuf(count + count2 + 3)
    Next x
Next y
```

```
'----------------------------
'セル背景色の変更
'----------------------------
        '画像のRGBデータをセルの背景色としてExcelに適用
        With ActiveSheet
            For x = 1 To XP
                For y = 1 To YP
                    '減色処理
                    R(y, x) = 減色(R(y, x))
                    G(y, x) = 減色(G(y, x))
                    B(y, x) = 減色(B(y, x))
                    Cells(y, x).Interior.Color = RGB(R(y, x), G(y, x), B(y, x))
                Next y
            Next x
        End With

        '次の画像へ
        buf = Dir()
    Loop

'----------------------------
'完了処理
'----------------------------
    '画面の更新を反映
    Application.ScreenUpdating = True

    '完了メッセージの表示
    If n > 0 Then
        MsgBox n & "枚の画像をExcelドット絵に変換しました"
    Else
        MsgBox "Excelドット絵に変換できる画像がありませんでした"
    End If

End Sub
```

次の関数は、画像をセルドット形式で表示する際に、Excelが扱う色数の限界に合わせて、使用する色数を減少させます。

```
Function 減色(Color As Long) As Long
    '入力されたカラー値を8で割り、256色を32段階に縮小し、1を加えて値を少し上げる
    Color = Int(Color / 8) + 1
```

```
        '縮小後の値を8倍して、色値を8～256の範囲に調整
        Color = Color * 8
        '色値が8の場合は、これを0に設定して完全な黒（色なし）に寄せる
        If Color = 8 Then Color = 0
        '最終的な色値を0～256の範囲で8の倍数として返す
        '0、16、24、32、48・・・256（8のみが存在しない）
        減色 = Color
    End Function
```

4-2-4 「セルドット作成ツール」を使ってみよう

使い方は簡単、「セルドット作成ツール」ワークブックと同じフォルダーにBMPファイルを保存し、「作成」ボタンを押すだけです。存在する24ビットBMPファイルの数だけ、セルドットとなったワークシートが作成されます。

■マップチップBMPを読み込み、セルドットが作成された

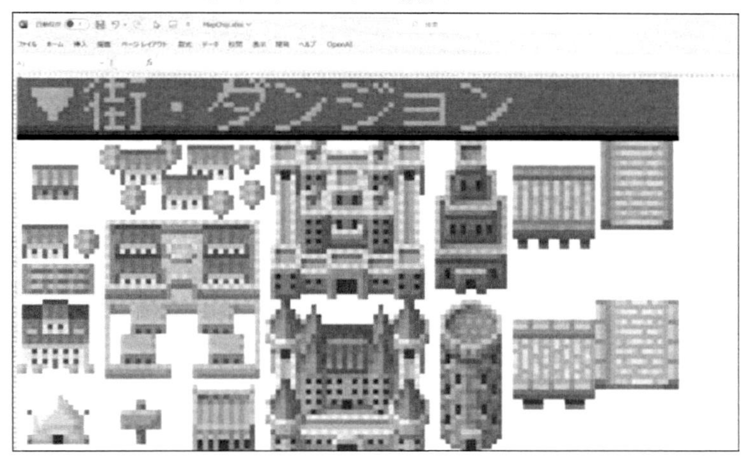

4-3 「ペイント」自動操作で画像ファイル形式やサイズを一括変換

「セルドット作成ツール」は、BMPファイルから自動でセルドットを作成できますが、対象となるファイルは24ビットのBMPファイルのみとなっています。PNGやJPEGなど他の形式の画像ファイルをセルドットに変換したい場合はどうすればよいでしょう。

このセクションでは、Excelマクロを活用して、Windowsの「ペイント」アプリを制御することで、画像のフォーマット変更やサイズ調整を一括で行う方法を紹介します。具体的なマクロの設定方法から実行までのプロセスを、ステップバイステップで解説し、作業の自動化による時間節約と精度向上のテクニックを解説します。

4-3-1　「ペイント」を使ってみよう

Windowsに標準で備わっているアプリケーション「ペイント」はさまざまな基本的な画像編集機能を提供しています。たとえば、画像のリサイズ、回転、クロップ（切り取り）、色の編集などが可能です。「ペイント」アプリはシンプルなユーザーインターフェースを持っているため、初心者でも簡単に操作ができ、必要な画像編集を手早く行うことができます。

PNGやJPEGなどの画像ファイルを「ペイント」アプリで開き、BMPとして保存することで、「セルドット作成ツール」の対象とすることができます。

4-3-2　マクロによる「ペイント」の自動操作

Excel VBAを使用して、「ペイント」アプリを自動で操作するマクロを作成することができます。具体的なステップと方法は次のとおりです。

ステップ1：シェル関数を使用

VBAのシェル関数を用いて「ペイント」アプリを開くコードを書きます。次のコードは「ペイント」アプリを開く基本的な例です

```
Sub OpenPaint()
    Shell "mspaint.exe", vbNormalFocus
End Sub
```

ステップ2：SendKeysを使った制御

「ペイント」アプリが開いたら、SendKeysメソッドを使用してキーボード入力をシミュレートし、自動で操作します。たとえば、画像を開いたり、サイズ変更のダイアログを開いたり、変更を保存するなどの操作が可能です。

```
Sub EditImage()
    shell "mspaint.exe", vbNormalFocus
    Application.Wait (Now + TimeValue("0:00:02")) 'ペイント起動待ち
    SendKeys "^o", True 'ファイルを開く
    Application.Wait (Now + TimeValue("0:00:03"))
    SendKeys "C:\data\VBA\執筆2\RPG作成入門\画像\image\OIG4.jpg" & "{ENTER}", True
    Application.Wait (Now + TimeValue("0:00:05"))
    SendKeys "^w", True 'リサイズと傾斜ダイアログを開く
    Application.Wait (Now + TimeValue("0:00:05"))
    SendKeys "%S{TAB 2}%P{TAB}{BACKSPACE}", True 'サイズをパーセントで指定
    Application.Wait (Now + TimeValue("0:00:03"))
    SendKeys "50{ENTER}", True '傾斜を50%に変更
    Application.Wait (Now + TimeValue("0:00:03"))
```

```
    SendKeys "^s", True '変更を保存
End Sub
```

このようにして、Excelのマクロを活用して「ペイント」アプリを自動操作し、画像ファイルの形式やサイズを一括で変換する自動化が可能です。SendKeysはキーボード入力をエミュレートする便利な機能ですが、アクティブなウィンドウが変わることで予期せぬアプリケーションへの入力が発生したり、システムのパフォーマンスが低下すると、SendKeysの動作が不安定になることもあります。

特に、コード内のApplication.Wait (Now + TimeValue("0:00:01"))のようなタイミング調整は重要で、意図したとおりに動作するように試行錯誤が必要であり、どんな環境でも確実に動作する保証はありません。このため、多くのユーザーが利用するアプリケーション開発での使用は不向きな仕組みですが、今回のように個人で限定する用途の場合に、Sendkeysを活用して作業効率を向上させることが適切な使い方と言えます。

4-3-3　BMP変換・縮小ツール

それでは、実際に複数のBMP以外の画像ファイルを「ペイント」アプリで開き、サイズを変更してからBMPファイルとして保存するマクロ「BMP変換・縮小ツール」を見ていきましょう。

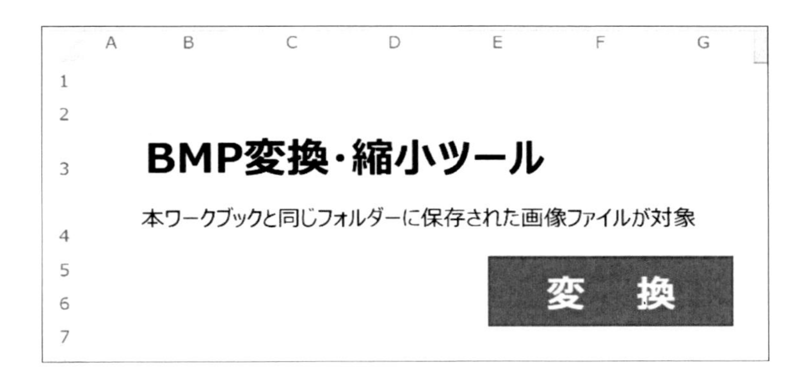

このマクロは特定のフォルダー内のPNGファイルを見つけ、それぞれをWindowsの「ペイント」アプリを使って24ビットのBMPファイルに変換し、必要に応じて画像のサイズを縮小する機能を持っています。「ペイント」アプリの立ち上げ、画像を開く、縮小設定、そしてBMPとして保存するまでの一連のプロセスを自動化しています。必要に応じ、ファイル形式や縮小率を変更するとよいでしょう。保存先のフォルダーは前回の保存先となるため、コードを実行する前に、一度手動で画像の保存を実行しておきましょう。

また、「ペイント」アプリのバージョンによって、次のコードが正常に動作しない場合もあります。その場合は、使用している「ペイント」アプリ上で、手動による変換操作を確認し、そのとおりにキー操作を送れるようコードを変更してください。

```
Sub ConvertPNGto24BitBMP()
    ' 必要なオブジェクトの宣言
    Dim fs As Object
    Dim folder As Object
    Dim file As Object
    Dim sourceFolder As String
    Dim shell As Object
    Dim i As Long
    Dim SmallF As Boolean

    ' 縮小変換フラグ設定 (True:縮小する, False:縮小しない)
    SmallF = True

    ' 変換元のフォルダーパスを設定
    sourceFolder = ThisWorkbook.Path

    ' FileSystemObjectとShellオブジェクトの初期化
    Set fs = CreateObject("Scripting.FileSystemObject")
    Set shell = CreateObject("WScript.Shell")

    ' 指定されたソースフォルダーを開く
    Set folder = fs.GetFolder(sourceFolder)

    ' フォルダー内の各ファイルに対して処理を行う
    For Each file In folder.Files
        ' ファイル拡張子がPNGの場合のみ処理
        If LCase(fs.GetExtensionName(file.Name)) = "png" Then
            ' ペイントアプリケーションをファイルで開く
            shell.Run "mspaint """ & file.Path & """"
            Application.Wait Now + TimeValue("0:00:02")

            ' 画像を縮小する場合の処理
            If SmallF Then
                ' リサイズ画面を開く
                shell.SendKeys "^w", True
                ' サイズ変更画面までタブを移動
                For i = 1 To 4
                    shell.SendKeys "{TAB}", True
                Next i
                ' 現在のサイズを削除し、50%に設定
                shell.SendKeys "{DELETE}", True
```

```
            shell.SendKeys "5", True
            shell.SendKeys "{ENTER}", True
            Application.Wait Now + TimeValue("0:00:01")
        End If

        ' 名前を付けて保存メニューを開く
        shell.SendKeys "%f", True
        Application.Wait Now + TimeValue("0:00:01")
        ' 保存メニュー内を下に移動して名前を付けて保存を選択
        For i = 1 To 5
            shell.SendKeys "{DOWN}", True
        Next i
        ' BMPとして保存を選択
        shell.SendKeys "{RIGHT}", True
        Application.Wait Now + TimeValue("0:00:01")
        shell.SendKeys "{DOWN}", True
        shell.SendKeys "{DOWN}", True
        shell.SendKeys "{ENTER}", True
        Application.Wait Now + TimeValue("0:00:03")
        shell.SendKeys "{ENTER}", True
        Application.Wait Now + TimeValue("0:00:02")

        ' ペイントを閉じる
        shell.SendKeys "%{F4}", True 'Alt + F4 を送信してペイントを閉じる
        Application.Wait Now + TimeValue("0:00:01")
    End If
  Next

  ' 作成したオブジェクトの解放
  Set fs = Nothing
  Set folder = Nothing
  Set file = Nothing
  Set shell = Nothing

  ' 処理完了のメッセージを表示
  MsgBox "完了しました"

End Sub
```

4-4 Win32 API「GDI+」を利用してBMPに変換しよう

前節では、VBAを使用してWindowsの「ペイント」アプリを自動操作し、PNG画像を24ビットBMP形式に変換する方法を解説しました。この方法は手軽に実装できますが、いくつかの制約や不便さも存在します。ここでは、より高度で効率的な方法として、GDI+を使用した画像変換の手法を紹介します。

4-4-1 「ペイント」利用とGDI+利用のメリット・デメリット

GDI+（Graphics Device Interface Plus）は、Windowsで画像やグラフィックスを扱うためのAPIです。.NET Frameworkでも使用されており、高度で高速な画像処理が可能です。

	「ペイント」アプリの制御	GDI+の利用
メリット	実装やコードの修正が容易 Windows標準の「ペイント」アプリを使用するため特別な設定が不要	高速で安定した処理 外部アプリに依存せず画像処理 サイズや画質の細かな制御が可能
デメリット	自動化が不安定（SendKeysに依存） 処理速度が遅い 他のアプリの影響を受けやすい	実装が複雑で難しい APIの理解や宣言が必要 学習コストが高い

「ペイント」アプリの制御は簡易的な処理や少数の画像に対して有効ですが、GDI+を利用する方法は大量の画像処理や高度な画像操作に適していると言えます。このメリットとデメリットを参考に、用途や必要な機能に応じて適切な方法を選択するとよいでしょう。

4-4-2 GDI+を使用した画像変換の解説

それでは、GDI+を使用してPNG画像を24ビットBMP形式に変換するコードを詳しく見ていきましょう。

```
Option Explicit
' GDI+ 関連の宣言
Private Declare PtrSafe Function GdiplusStartup Lib "gdiplus" (ByRef token As
LongPtr, ByRef inputbuf As GdiplusStartupInput, ByVal outputbuf As LongPtr) As
Long
Private Declare PtrSafe Function GdiplusShutdown Lib "gdiplus" (ByVal token As
LongPtr) As Long
Private Declare PtrSafe Function GdipCreateBitmapFromFile Lib "gdiplus" (ByVal
fileName As LongPtr, ByRef bitmap As LongPtr) As Long
Private Declare PtrSafe Function GdipSaveImageToFile Lib "gdiplus" (ByVal
image As LongPtr, ByVal fileName As LongPtr, ByRef clsidEncoder As Any, ByVal
encoderParams As LongPtr) As Long
Private Declare PtrSafe Function GdipDisposeImage Lib "gdiplus" (ByVal image As
```

```
LongPtr) As Long
Private Declare PtrSafe Function GdipGetImageWidth Lib "gdiplus" (ByVal image As
LongPtr, ByRef width As Long) As Long
Private Declare PtrSafe Function GdipGetImageHeight Lib "gdiplus" (ByVal image As
LongPtr, ByRef height As Long) As Long
Private Declare PtrSafe Function GdipGetImageGraphicsContext Lib "gdiplus" (ByVal
image As LongPtr, ByRef graphics As LongPtr) As Long
Private Declare PtrSafe Function GdipDrawImageRectI Lib "gdiplus" (ByVal graphics
As LongPtr, ByVal image As LongPtr, ByVal x As Long, ByVal y As Long, ByVal width
As Long, ByVal height As Long) As Long
Private Declare PtrSafe Function GdipCreateBitmapFromScan0 Lib "gdiplus" (ByVal
width As Long, ByVal height As Long, ByVal stride As Long, ByVal PixelFormat As
Long, ByVal scan0 As LongPtr, ByRef bitmap As LongPtr) As Long
Private Declare PtrSafe Function CLSIDFromString Lib "ole32" (ByVal lpsz As
LongPtr, ByRef pCLSID As Any) As Long
Private Declare PtrSafe Function GdipSetInterpolationMode Lib "gdiplus" (ByVal
graphics As LongPtr, ByVal interpolationMode As Long) As Long

Private Type GdiplusStartupInput
    GdiplusVersion As Long
    DebugEventCallback As LongPtr
    SuppressBackgroundThread As Long
    SuppressExternalCodecs As Long
End Type

Private Type GUID
    Data1 As Long
    Data2 As Integer
    Data3 As Integer
    Data4(7) As Byte
End Type

' ピクセルフォーマットの定数
Private Const PixelFormat24bppRGB As Long = &H21808
' インターポレーションモードの定数
Private Const InterpolationModeHighQualityBicubic As Long = 7
Sub ConvertPNGto24BitBMP()
    ' 必要なオブジェクトの宣言
    Dim fs As Object
    Dim folder As Object
    Dim file As Object
```

```
    Dim sourceFolder As String
    Dim SmallF As Boolean

    ' GDI+関連の変数
    Dim GdiPlusToken As LongPtr
    Dim StartupInput As GdiplusStartupInput
    Dim clsidBMPEncoder As GUID
    Dim img As LongPtr
    Dim newImg As LongPtr
    Dim graphics As LongPtr
    Dim width As Long
    Dim height As Long
    Dim newWidth As Long
    Dim newHeight As Long

    ' 縮小変換フラグ設定 (True:縮小する, False:縮小しない)
    SmallF = True
    ' 変換元のフォルダーパスを設定
    sourceFolder = "C:\data\VBA\執筆２\RPG作成入門\画像\取り込み\BMP変換テスト\"
    ' FileSystemObjectの初期化
    Set fs = CreateObject("Scripting.FileSystemObject")
    ' GDI+の初期化
    StartupInput.GdiplusVersion = 1
    GdiplusStartup GdiPlusToken, StartupInput, 0
    ' 指定されたソースフォルダーを開く
    Set folder = fs.GetFolder(sourceFolder)
    ' BMPエンコーダのCLSIDを取得
    CLSIDFromString StrPtr("{557cf400-1a04-11d3-9a73-0000f81ef32e}"),
clsidBMPEncoder
    ' フォルダー内の各ファイルに対して処理を行う
    For Each file In folder.Files
        ' ファイル拡張子がPNGの場合のみ処理
        If LCase(fs.GetExtensionName(file.Name)) = "png" Then
            ' 画像を読み込む
            If GdipCreateBitmapFromFile(StrPtr(file.Path), img) = 0 Then
                ' 画像の幅と高さを取得
                GdipGetImageWidth img, width
                GdipGetImageHeight img, height

                ' リサイズの計算
                If SmallF Then
```

```
                newWidth = width * 0.5
                newHeight = height * 0.5
            Else
                newWidth = width
                newHeight = height
            End If
            ' 新しいビットマップを作成 (24ビットBMP形式)
            If GdipCreateBitmapFromScan0(newWidth, newHeight, 0,
PixelFormat24bppRGB, 0, newImg) = 0 Then
                ' グラフィックスコンテキストを取得
                GdipGetImageGraphicsContext newImg, graphics
                ' 高品質のインターポレーションモードを設定
                GdipSetInterpolationMode graphics, InterpolationModeHigh
QualityBicubic
                ' 元の画像を新しいビットマップに描画
                GdipDrawImageRectI graphics, img, 0, 0, newWidth, newHeight
                ' 保存パスを設定
                Dim savePath As String
                savePath = fs.BuildPath(fs.GetParentFolderName(file.Path),
fs.GetBaseName(file.Name) & ".bmp")
                ' 画像をBMPとして保存
                GdipSaveImageToFile newImg, StrPtr(savePath),
clsidBMPEncoder, 0
                ' リソースの解放
                GdipDisposeImage newImg
            End If
            ' 元の画像を解放
            GdipDisposeImage img
        End If
    End If
Next
' GDI+の終了
GdiplusShutdown GdiPlusToken
' 作成したオブジェクトの解放
Set fs = Nothing
Set folder = Nothing
Set file = Nothing

' 処理完了のメッセージを表示
MsgBox "完了しました"
```

```
End Sub
```

それでは、コードを詳しく解説していきます。

1. 参照の設定とAPIの宣言

GDI+関連のAPI関数とデータ型を宣言しています。これらの関数はWindowsのgdiplus.dllライブラリから呼び出され、画像の読み込み、変換、保存などを行います。

- GdiplusStartupとGdiplusShutdown……GDI+の初期化と終了を行います。
- GdipCreateBitmapFromFile……ファイルから画像を読み込みます。
- GdipSaveImageToFile……画像をファイルに保存します。
- GdipDisposeImage……使用した画像リソースを解放します。
- GdipGetImageWidthとGdipGetImageHeight……画像の幅と高さを取得します。
- GdipCreateBitmapFromScan0……新しいビットマップ画像を作成します。
- GdipGetImageGraphicsContext……グラフィックスコンテキストを取得します。これにより画像に描画が可能になります。
- GdipDrawImageRectI……画像を描画します。
- GdipSetInterpolationMode……画像のリサイズ時の補間方法を設定します。
- CLSIDFromString……画像エンコーダのCLSID（Class Identifier）を取得します。

データ型の宣言

- GdiplusStartupInput……GDI+の初期化時に必要な情報を格納します。
- GUID……CLSIDを格納するための構造体です。

2. 定数の定義

- PixelFormat24bppRGB……24ビットRGB形式を指定するための定数です。
- InterpolationModeHighQualityBicubic……高品質なバイキュービック補間を指定します。リサイズ時の画質を高めます。

3. メインのサブルーチンConvertPNGto24BitBMP

このサブルーチンで、PNG画像を24ビットBMPに変換する処理を行います。

(a) 変数の宣言

- fs……ファイルシステム操作を行うためのFileSystemObjectです。
- folder, file……対象となるフォルダーとファイルを操作するためのオブジェクトです。
- sourceFolder……変換対象のPNG画像が格納されているフォルダーのパスです。
- SmallF……リサイズを行うかどうかのフラグです。Trueの場合、画像を50%に縮小します。

(b) GDI+関連の変数

- GdiPlusToken……GDI+の初期化時に取得するトークンです。終了時に必要です。
- StartupInput……GDI+の初期化情報を格納します。
- clsidBMPEncoder……BMP形式で画像を保存するためのエンコーダのCLSIDを格納します。
- img, newImg……元の画像と新しい画像のハンドルです。
- graphics……描画操作を行うためのグラフィックスコンテキストです。
- width, height, newWidth, newHeight……画像の幅と高さ、およびリサイズ後の幅と高さを格納します。

(c) GDI+の初期化

```
StartupInput.GdiplusVersion = 1
GdiplusStartup GdiPlusToken, StartupInput, 0
```

GDI+を使用する前に必ず初期化が必要です。
GdiplusVersionを1に設定して、GdiplusStartup関数を呼び出します。

(d) BMPエンコーダのCLSIDを取得

```
CLSIDFromString StrPtr("{557cf400-1a04-11d3-9a73-0000f81ef32e}"), clsidBMPEncoder
```

BMP形式で画像を保存するためのエンコーダのCLSIDを取得します。
CLSIDは画像形式ごとに固有で、ここではBMPのCLSIDを指定しています。

(e) PNGファイルの処理ループ

```
For Each file In folder.Files
    ' ファイル拡張子がPNGの場合のみ処理
    If LCase(fs.GetExtensionName(file.Name)) = "png" Then
        ' 画像の読み込みと変換処理
    End If
Next
```

指定したフォルダー内のすべてのファイルをチェックし、拡張子がpngのファイルのみを処理します。

(f) 画像の読み込み

```
If GdipCreateBitmapFromFile(StrPtr(file.Path), img) = 0 Then
    ' 画像が正常に読み込めた場合の処理
End If
```

GdipCreateBitmapFromFile関数を使用して、PNG画像をメモリ上に読み込みます。
正常に読み込めた場合は戻り値が0になります。

(g) 画像の幅と高さの取得

```
GdipGetImageWidth img, width
GdipGetImageHeight img, height
```

元の画像の幅と高さを取得し、リサイズ後のサイズ計算に使用します。

(h) リサイズの計算

```
If SmallF Then
    newWidth = width * 0.5
    newHeight = height * 0.5
Else
    newWidth = width
    newHeight = height
End If
```

SmallFがTrueの場合、幅と高さを50%に縮小します。
Falseの場合は元のサイズを維持します。

(i) 新しいビットマップの作成

```
If GdipCreateBitmapFromScan0(newWidth, newHeight, 0, PixelFormat24bppRGB, 0,
newImg) = 0 Then
    ' 新しい画像が正常に作成できた場合の処理
End If
```

GdipCreateBitmapFromScan0関数を使用して、新しいビットマップ画像を作成します。
PixelFormat24bppRGBを指定して、24ビットのBMP形式になるように設定します。

(j) グラフィックスコンテキストの取得

```
GdipGetImageGraphicsContext newImg, graphics
```

新しく作成したビットマップに対して描画を行うため、グラフィックスコンテキストを取得します。

(k) インターポレーションモードの設定

```
GdipSetInterpolationMode graphics, InterpolationModeHighQualityBicubic
```

画像をリサイズする際の補間方法を設定します。

InterpolationModeHighQualityBicubicは高品質なバイキュービック補間で、画像の品質を高めます。

(l) 元の画像を新しい画像に描画

```
GdipDrawImageRectI graphics, img, 0, 0, newWidth, newHeight
```

GdipDrawImageRectI関数を使用して、元の画像を新しいビットマップに描画します。

これによりリサイズが行われます。

(m) 画像の保存

```
savePath = fs.BuildPath(fs.GetParentFolderName(file.Path),
fs.GetBaseName(file.Name) & ".bmp")
GdipSaveImageToFile newImg, StrPtr(savePath), clsidBMPEncoder, 0
```

保存先のパスを設定します。元のファイル名に.bmp拡張子を付けて同じフォルダーに保存します。

GdipSaveImageToFile関数を使用して、画像をBMP形式で保存します。

(n) リソースの解放

```
GdipDisposeImage newImg
GdipDisposeImage img
```

使用した画像リソースを解放します。これを行わないとメモリリークが発生します。

(o) GDI+の終了

```
GdiplusShutdown GdiPlusToken
```

処理が終了したら、必ずGDI+を終了させます。

4. 最後のメッセージ表示

```
MsgBox "完了しました"
```

処理が完了したことをユーザーに通知します。

本項では、GDI+を使用してPNG画像を24ビットBMP形式に変換する方法を詳しく解説しました。GDI+を使用した画像変換は、「ペイント」アプリケーションを自動操作する方法に比べて、高速で安定性が高く、他のアプリケーションの影響を受けません。また、リサイズや画質の調整など、細かな制御が可能です。一方で、コードが複雑になり、GDI+やWin32 APIに関する知識が必要となります。GDI+を理解し活用することで、画像処理の自動化や効率化が可能となります。特に大量の画像を処理する場合や、高品質なリサイズが必要な場合に有用です。

4-4-3　GDI+を使用して他の画像形式に変換する方法

前項では、GDI+を用いてPNG画像を24ビットBMP形式に変換する方法をご紹介しました。しかし、GDI+の強力な機能を活用すれば、JPEGやGIFなど、他のさまざまな画像形式にも変換することが可能です。本セクションでは、コードを修正して他の画像形式に変換する方法と、その際に必要なエンコーダのCLSID（クラス識別子）について詳しく解説します。

1. エンコーダとCLSIDとは？

GDI+では、画像をファイルに保存する際にエンコーダと呼ばれるコンポーネントを使用します。エンコーダは、特定の画像形式にデータを変換・保存する役割を担っています。各画像形式（JPEG、PNG、GIF、BMP、TIFFなど）には対応するエンコーダが存在し、そのエンコーダを指定することで、目的の画像形式で保存することができます。

エンコーダを指定するためには、そのCLSID（Class Identifier）が必要です。CLSIDはエンコーダを一意に識別するための識別子で、特定の画像形式に対応しています。

2. 主な画像形式と対応するCLSID一覧

以下が主要な画像形式のエンコーダのCLSIDです。

画像形式	CLSID
BMP	{557CF400-1A04-11D3-9A73-0000F81EF32E}
JPEG	{557CF401-1A04-11D3-9A73-0000F81EF32E}

GIF	{557CF402-1A04-11D3-9A73-0000F81EF32E}
TIFF	{557CF405-1A04-11D3-9A73-0000F81EF32E}
PNG	{557CF406-1A04-11D3-9A73-0000F81EF32E}

3. コードの変更例

以下、変更後のコードの一部を紹介します。このコードでは、変数outputFormatを追加し、変換先の画像形式を指定できるようにしています。

```
' 変数の宣言
Dim outputFormat As String
Dim clsidEncoder As GUID
' 変換先の画像形式を指定（例："jpg"、"gif"、"bmp"、"tiff"、"png"）
outputFormat = "jpg"  ' ★ここを変更して他の形式に変換できます
' エンコーダのCLSIDを取得
Select Case LCase(outputFormat)
    Case "jpg", "jpeg"
        CLSIDFromString StrPtr("{557CF401-1A04-11D3-9A73-0000F81EF32E}"), 
clsidEncoder
    Case "gif"
        CLSIDFromString StrPtr("{557CF402-1A04-11D3-9A73-0000F81EF32E}"), 
clsidEncoder
    Case "bmp"
        CLSIDFromString StrPtr("{557CF400-1A04-11D3-9A73-0000F81EF32E}"), 
clsidEncoder
    Case "tiff"
        CLSIDFromString StrPtr("{557CF405-1A04-11D3-9A73-0000F81EF32E}"), 
clsidEncoder
    Case "png"
        CLSIDFromString StrPtr("{557CF406-1A04-11D3-9A73-0000F81EF32E}"), 
clsidEncoder
    Case Else
        MsgBox "対応していない画像形式です。"
        Exit Sub
End Select

' 保存パスを設定（拡張子を変換先の形式に変更）
Dim savePath As String
savePath = fs.BuildPath(fs.GetParentFolderName(file.Path), 
fs.GetBaseName(file.Name) & "." & outputFormat)
' 画像を指定の形式で保存
```

```
GdipSaveImageToFile newImg, StrPtr(savePath), clsidEncoder, 0
```

画像形式によってピクセルフォーマットを調整する必要があるケースが存在することに注意が必要です。たとえば、GIF形式は256色（8ビットカラー）までしかサポートしていません。その場合は、適切なピクセルフォーマットに変更する必要があります。また、JPEG形式で保存する場合、圧縮品質を設定することもできます。高品質な画像が必要な場合や、ファイルサイズを小さくしたい場合は、エンコーダパラメータを使用して圧縮率を調整することが可能です。

このように、GDI+を使用することで、PNG画像を他の画像形式に柔軟に変換することが可能となります。エンコーダのCLSIDを適切に指定し、コードを修正することで、JPEGやGIF、TIFFなど、さまざまな形式で画像を保存できます。これにより、用途や要件に合わせた画像形式で保存することができ、画像処理の幅が大きく広がります。

4-5　フリー素材を活用しよう

フリー素材の活用は、RPG作成において、コストを抑えつつ高品質なビジュアルとオーディオを組み込むことができる有効な手段です。ゲーム開発においては、キャラクター、マップチップ、BGM、効果音などの各種素材が必要不可欠ですが、これらを一から作成するのは時間もコストもかかります。

本章では、フリー素材を提供している有用なサイトを紹介し、配布されているデータを、本書で作成するRPGに組み込む方法について解説していきます。

4-5-1　キャラクターとマップチップを用意しよう

■ぴぽや倉庫　https://pipoya.net/sozai/

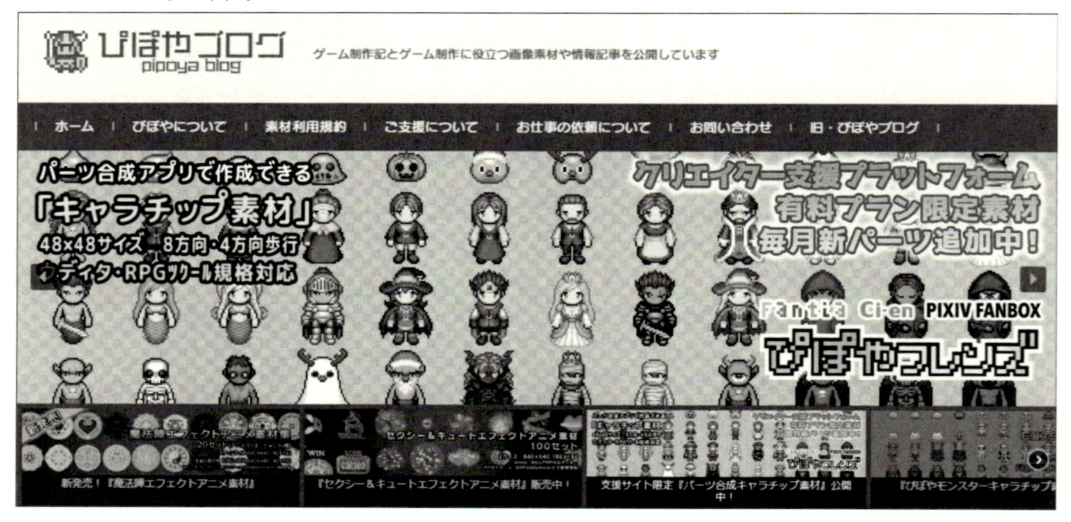

「ぴぽや倉庫」[1]は、無料素材として、キャラチップ、マップチップ、エフェクトなどを配布しているサイトです。配布データは商用利用も可で、利用報告も不要となっています。特にレトロな家庭用ゲーム機のようなグラフィックの素材が多く、本書で作成するRPGのデータとしてピッタリです。

配布している画像データはPNG形式となっているため、そのままでは「セルドット作成ツール」を使用することはできません。また、キャラクターのサイズは32×32ドットと、本章で想定している16×16ドットのキャラクターの2倍サイズとなっています。

これらの画像データを、「BMP変換・縮小ツール」を使用して、16×16ドットのBMPファイルに変換してから、「セルドット作成ツール」に読み込ませて、セルドットの素材データを作成しましょう。

■配布されているキャラクター素材（32×32ドットのPNGファイル）

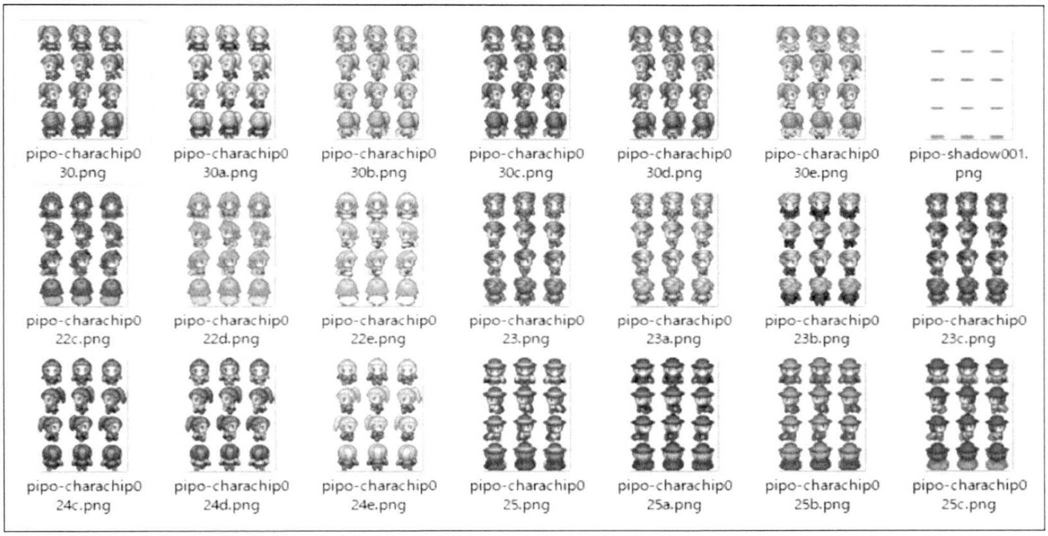

pipo-charachip030.png　pipo-charachip030a.png　pipo-charachip030b.png　pipo-charachip030c.png　pipo-charachip030d.png　pipo-charachip030e.png　pipo-shadow001.png

pipo-charachip022c.png　pipo-charachip022d.png　pipo-charachip022e.png　pipo-charachip023.png　pipo-charachip023a.png　pipo-charachip023b.png　pipo-charachip023c.png

pipo-charachip024c.png　pipo-charachip024d.png　pipo-charachip024e.png　pipo-charachip025.png　pipo-charachip025a.png　pipo-charachip025b.png　pipo-charachip025c.png

1.https://pipoya.net/sozai/

■「BMP 変換・縮小ツール」で、変換（16 × 16 ドットの BMP ファイル）

po-shadow004.bmp　pipo-shadow003.bmp　pipo-shadow002.bmp　pipo-shadow001.bmp　pipo-charachip030e.bmp　pipo-charachip030d.bmp　pipo-charachip030c.bmp

ipo-charachip029c.bmp　pipo-charachip029b.bmp　pipo-charachip029a.bmp　pipo-charachip029.bmp　pipo-charachip028e.bmp　pipo-charachip028d.bmp　pipo-charachip028c.bmp

ipo-charachip027c.bmp　pipo-charachip027b.bmp　pipo-charachip027a.bmp　pipo-charachip027.bmp　pipo-charachip026e.bmp　pipo-charachip026d.bmp　pipo-charachip026c.bmp

■「セルドット作成ツール」で、ワークシートに取り込み

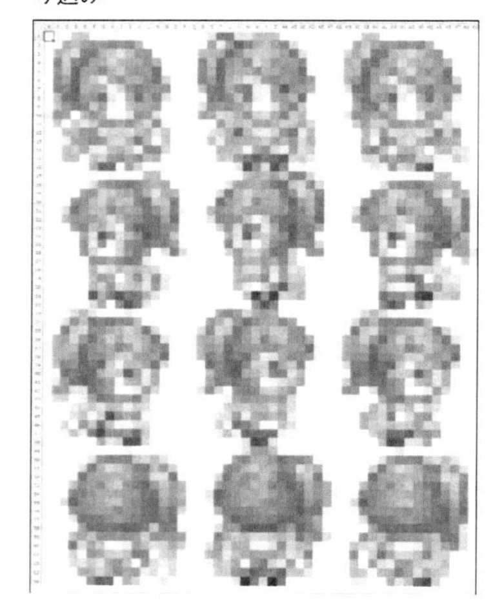

■「マップチップ」としてさまざまパーツが提供されている

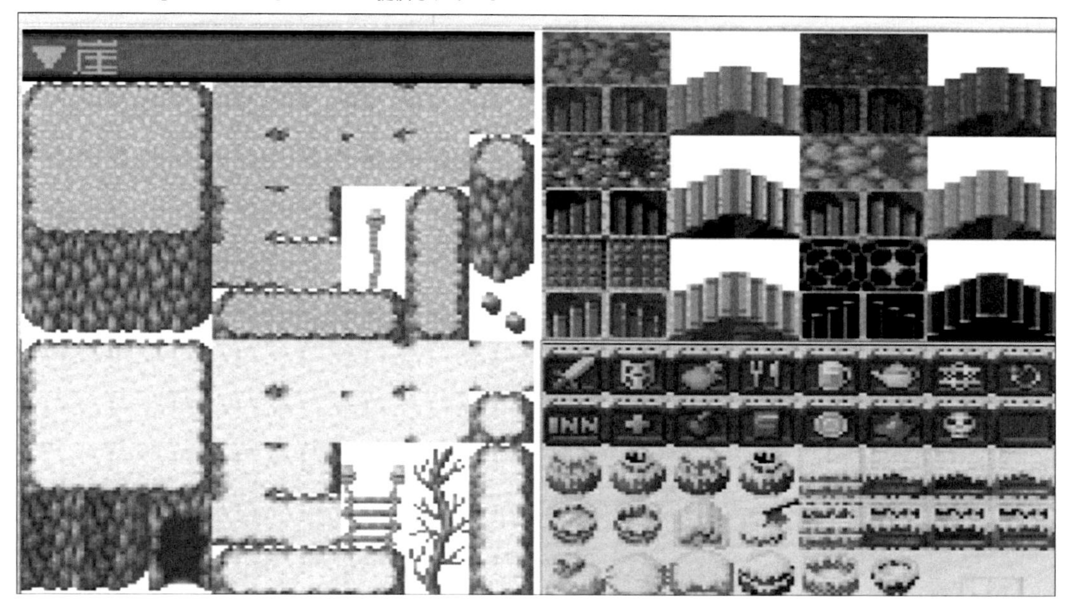

4-5-2　BGMと効果音を用意しよう

■イワシロ音楽素材　https://iwashiro-sounds.work

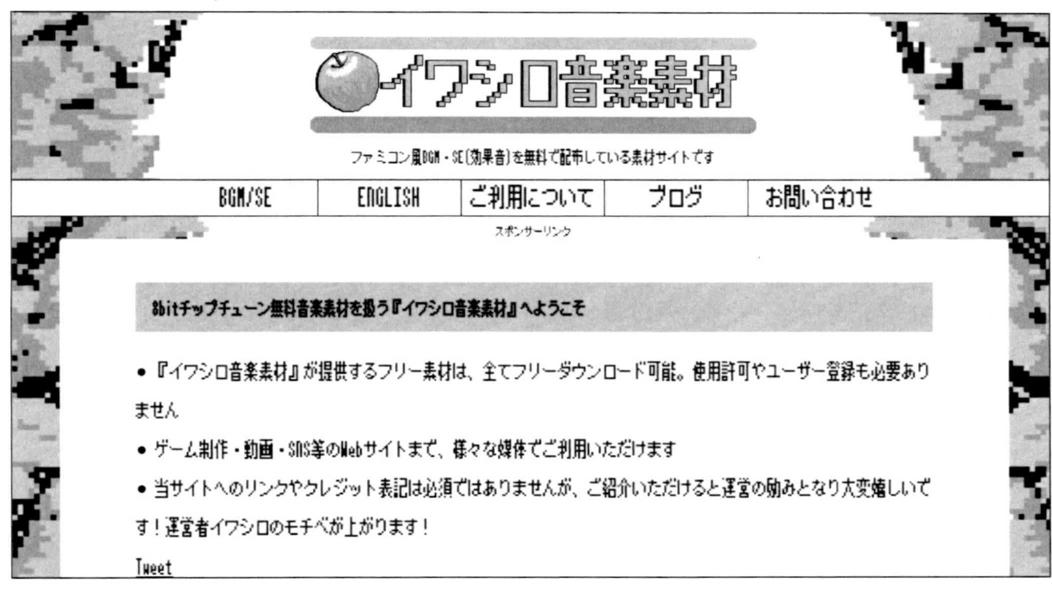

「イワシロ音楽素材」[2]は、ファミコン風フリーBGMや効果音を配布しているサイトです。RPGに

2.https://iwashiro-sounds.work

特化した素材もあり、本書でも活用させていただいています。商用利用も可となっていますが、作成したゲーム内での利用においては「音楽：イワシロ音楽素材」の表記が必要です。

4-6　生成AIでゲームシナリオを作成しよう

ゲーム開発においてシナリオはプレイヤーを引き込む要素の1つですが、魅力的な物語を作るのは容易ではありません。このセクションでは、生成AIを利用して効率的かつ創造的にゲームシナリオを作成する方法を紹介します。

AI技術を活用することで、従来の手法では想像もつかないようなユニークなアイデアやプロットを生み出し、ゲームの世界をより深く、豊かにすることができます。具体的な生成AIの活用手段と、初心者でもクリエイティブなビジョンの実現が可能となる手法を紹介します。

4-6-1　生成AIとは

生成AIとは、機械学習の手法を用いて新しいコンテンツを自動的に生成する技術で開発された大規模言語モデルです。この技術で作成されたAIは、大量のデータからパターンを学習し、その学習結果を基にしてテキスト、画像、音楽などの新しい作品を創出することができます。特にテキスト生成AIは、既存の文献やデータベースを分析し、その構造を理解することで、独自の物語や台本、記事を生成する能力を持っています。

ゲーム開発においても、生成AIを活用して多様なシナリオやストーリー、ゲームで使用する各種のデータを創り出すことが可能です。これにより、開発者は創造的なプロセスに集中でき、よりリッチで引き込まれるゲーム体験をプレイヤーに提供することができるようになります。

4-6-2　MicrosoftのCopilotの特長

生成AIの一例として広く知られているのはOpenAIのChatGPTです。これはテキストベースの応答を生成する高度なAIで、さまざまな質問に対して自然な言語で回答することができます。しかし、無償版のChatGPTには画像生成機能の利用に厳しい回数制限が設定されていて、ゲーム素材の作成には適していません。

そこで、ゲーム開発者にとって魅力的な選択肢となるのが、Microsoftが無償で提供しているCopilotです。Copilotでは、ChatGPTの最新版であるGPT-4oに加え、画像生成AIのDALL-E 3も利用できます。特に、DALL-E 3の利用回数制限が比較的緩やかであるため、より多くの画像を生成でき、ゲーム制作に活用しやすくなっています。

これにより、テキストだけでなくビジュアルコンテンツもAIを使って生成することができ、ゲームシナリオの作成だけでなく、キャラクター、背景、アイテムなどのビジュアルデザインも効率的に行うことが可能となります。本書ではこのCopilotを最大限に活用して、ゲームに必要なさまざまなデータを作成していきます。

4-6-3　Copilotを使ってみよう

Copilotの使用方法は非常にシンプルです。まず、WindowsのタスクバーにあるCopilotアイコンをクリックします。Microsoftアカウントの入力を促された場合は入力しログインしてください。

これにより、Copilotが起動し、対話が可能になります。このテキストボックスに生成を希望するコンテンツの種類や詳細を入力します。入力後、Copilotはその指示に基づき、多様なコンテンツを迅速に生成して提供してくれます。

今回は、RPGのゲームシナリオをCopilotに考えてもらいます。シンプルに次のように聞いています。

（自分）
ドラクエ風のRPGを作ります。ゲームシナリオを考えて

瞬時に次のような回答が返ってきました。

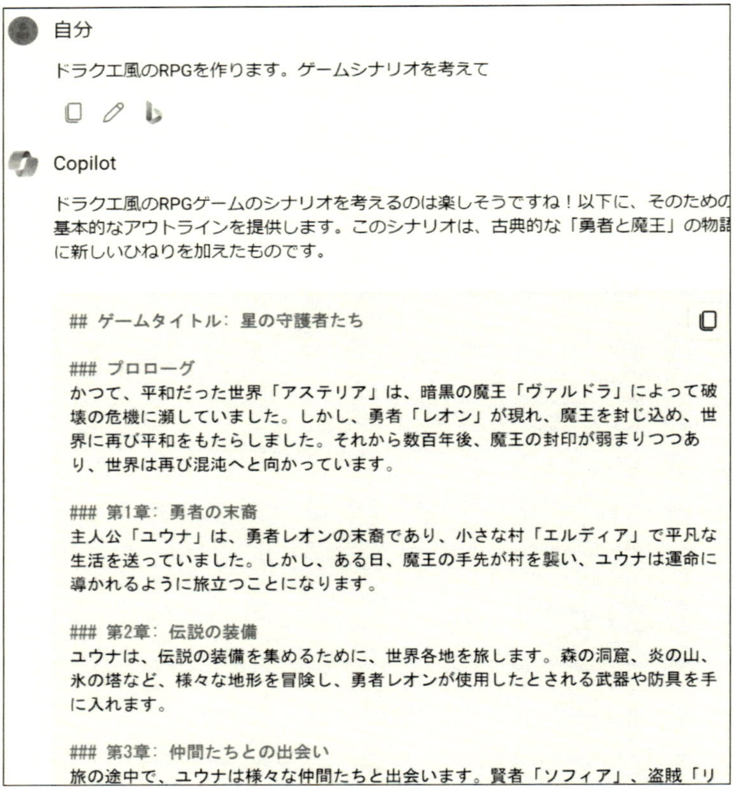

自分

ドラクエ風のRPGを作ります。ゲームシナリオを考えて

Copilot

ドラクエ風のRPGゲームのシナリオを考えるのは楽しそうですね！以下に、そのための基本的なアウトラインを提供します。このシナリオは、古典的な「勇者と魔王」の物語に新しいひねりを加えたものです。

```
## ゲームタイトル: 星の守護者たち

### プロローグ
かつて、平和だった世界「アステリア」は、暗黒の魔王「ヴァルドラ」によって破壊の危機に瀕していました。しかし、勇者「レオン」が現れ、魔王を封じ込め、世界に再び平和をもたらしました。それから数百年後、魔王の封印が弱まりつつあり、世界は再び混沌へと向かっています。

### 第1章: 勇者の末裔
主人公「ユウナ」は、勇者レオンの末裔であり、小さな村「エルディア」で平凡な生活を送っていました。しかし、ある日、魔王の手先が村を襲い、ユウナは運命に導かれるように旅立つことになります。

### 第2章: 伝説の装備
ユウナは、伝説の装備を集めるために、世界各地を旅します。森の洞窟、炎の山、氷の塔など、様々な地形を冒険し、勇者レオンが使用したとされる武器や防具を手に入れます。

### 第3章: 仲間たちとの出会い
旅の途中で、ユウナは様々な仲間たちと出会います。賢者「ソフィア」、盗賊「リ
```

(copilot)
ドラクエ風のRPGゲームのシナリオを考えるのは楽しそうですね！以下に、そのための基本的なアウトラインを提供します。このシナリオは、古典的な「勇者と魔王」の物語に新しいひねりを加えたものです。
ゲームタイトル: 星の守護者たち
プロローグ
かつて、平和だった世界「アステラリア」は、暗黒の魔王「ヴァルドラ」によって破壊の危機に瀕していました。しかし、勇者「レオン」が現れ、魔王を封じ込め、世界に再び平和をもたらしました。それから数百年後、魔王の封印が弱まりつつあり、世界は再び混沌へと向かっています。
第1章: 勇者の末裔
主人公「ユウナ」は、勇者レオンの末裔であり、小さな村「エルディア」で平凡な生活を送っていました。しかし、ある日、魔王の手先が村を襲い、ユウナは運命に導かれるように旅立つことになります。
第2章: 伝説の装備
ユウナは、伝説の装備を集めるために、世界各地を旅します。森の洞窟、炎の山、氷の塔など、様々な地形を冒険し、勇者レオンが使用したとされる武器や防具を手に入れます。
第3章: 仲間たちとの出会い
旅の途中で、ユウナは様々な仲間たちと出会います。賢者「ソフィア」、盗賊「リック」、騎士「ガレス」など、それぞれに固有の能力とバックストーリーを持つキャラクターたちが、ユウナの旅を支えます。
第4章: 魔王の城
仲間たちと力を合わせ、ついにユウナは魔王の城に辿り着きます。城内では、強力なモンスターや罠が待ち受けており、最終的には魔王ヴァルドラとの壮絶な戦いが繰り広げられます。
エピローグ
魔王を倒した後、ユウナと仲間たちは英雄として讃えられます。しかし、平和が戻ったアステラリアには新たな謎が残

されており、続編への伏線が張られています。
特徴
- クラシックなターン制バトルシステム
- 職業変更システムによるキャラクターの成長
- 謎解き要素のあるダンジョン
- 複数のエンディング

このシナリオは、ドラクエ風のRPGにふさわしい古典的な要素を含んでおり、プレイヤーに親しみやすい冒険の旅を提供します。また、キャラクターや世界観に深みを加えるために、章ごとにサブクエストやミニゲームを追加することもできます。このアウトラインを基に、さらに詳細なストーリーを展開していくことができますよ！

よい感じですが、本書で作成するRPGはパーティーではなく、ドラクエ１と同様、シングルプレイです。そこで、次のように説明を続けて入力します。

（自分）
いいですね。ターン制バトルは１対１を想定しています。よって仲間との冒険はナシです。また、森の洞窟、炎の山、氷の塔には、それぞれ伝説の兜、鎧、盾が隠されています。最後にもう一つのダンジョンから伝説の剣を見つけます。そのように変更したゲームシナリオにしてください

Copilotからは次のようにアイデアを書き換えてくれました

（Copilot）
もちろんです。１対１のターン制バトルを中心としたゲームシナリオを以下に示します。
ゲームタイトル: 星の遺産
プロローグ
かつて、世界「アステラリア」は四つの伝説の装備によって守られていました。しかし、暗黒の時代が訪れ、装備は世界各地に散らばり、忘れ去られてしまいました。今、新たなる脅威がこの世界に迫り、伝説の装備を集める勇者が必要とされています。
第１章: 勇者の目覚め
主人公「エイダン」は、小さな村「エルディア」で静かな生活を送っていましたが、ある日、神秘的な力に導かれ、伝説の兜を求めて森の洞窟へと足を踏み入れます。
第２章: 森の洞窟
森の洞窟を探索し、様々なモンスターとの戦いを経て、伝説の兜を手に入れます。兜はエイダンに特別な力を与え、次なる装備を探す旅へと導きます。
第３章: 炎の山
炎の山を登り、火を操る強敵との激闘の末、伝説の鎧を見つけ出します。鎧はエイダンの防御力を高め、冷酷な氷の塔への挑戦を可能にします。
第４章: 氷の塔
氷の塔を攻略し、凍てつく試練を乗り越え、伝説の盾を手に入れます。盾はエイダンの耐久力を増し、最後のダンジョンへの道を開きます。
第５章: 最後のダンジョン
最後のダンジョンでは、過去の勇者たちの魂が試練となって現れます。エイダンはこれらの試練を乗り越え、伝説の剣を手に入れることができるでしょうか。
第６章: 暗黒の魔王「ヴァルドラ」との対決
伝説の装備が揃うと、ダークネスキャッスルが地図に現れ、ヴァルドラとの最終決戦への道が開かれます。ヴァルドラを倒したエイダンは、アステラリアの新たな伝説となりました。
特徴
- １対１のターン制バトルシステム

- 伝説の装備による能力の強化
- 謎解き要素のあるダンジョン
- ストーリーに沿ったボス戦

このシナリオは、1対1のバトルに焦点を当て、プレイヤーが単独で伝説の装備を集める旅をすることを想定しています。各ダンジョンは独自のテーマと試練を持ち、プレイヤーに挑戦的で楽しい体験を提供します。また、各装備は主人公の能力を強化し、物語の進行に重要な役割を果たします。このアウトラインを基に、さらに詳細なストーリーを展開していくことができますよ！

Copilotが提供してくれた2種類のシナリオを組み合わせると、よい感じになりそうです。ストーリーやアイテム名に少し手を加え、さらに、ギミックやNPCを加えるように指示した結果、次のようにゲームシナリオが提供されました。

（Copilot）
第1章: 勇者の末裔
主人公「ユウナ」は、勇者レオンの末裔で、小さな村「エルディア」で平凡な生活を送っていました。エルディアの村の長「ミロス」はユウナに封印の危機を告げ、彼女は運命に導かれるように旅立つことになります。エルディアでユウナは、元戦士のNPC「ガーレック」と会話し、彼から初心者向けの戦闘技術を学びます。
第2章: 伝説の装備を求めて
ユウナの最初の目的地は「グリーンフォレスト」の洞窟です。洞窟では「モス・ビースト」と「エコー・バット」が待ち構えており、ユウナはこれらを倒して先へ進む必要があります。洞窟の奥で、「レオンの兜」を見つけ、特別な力を得ます。その後、商業都市「サンダリア」で新たな武器や防具を購入し、NPC「エリス」から地域の情報を得ます。
第3章: 炎の山
炎の山「マグマリア」では、火山の活動が激しく、ユウナは「ラヴァ・ジャイアント」と戦います。勝利後、彼女は「レオンの鎧」を見つけ、これが彼女の防御力を高めます。炎の山の麓にある修道院「フレイムハート」で、ユウナは回復と修行のために立ち寄ります。
第4章: 氷の塔
氷の塔「クリスタリア」では、塔の入口で「スノー・センチネル」と遭遇します。彼を倒すと塔内部へのアクセスが可能になり、凍てつく試練を乗り越えながら上へと進みます。塔の頂にある宝物庫で「レオンの盾」を手に入れます。
第5章: 最後のダンジョン
「時の迷宮」では、時間が逆行する部屋を通過するイベントが発生し、過去の勇者「レオン」の魂が現れます。ユウナは彼の試練をクリアすると、最下層で「レオンの剣」を手に入れます。ダンジョンの入口でタイムトラベラーのNPC「ゼオ」が彼女に歴史の知識を教えます。
第6章: 暗黒の魔王「ヴァルドラ」との対決
伝説の装備が揃うと、ダークネスキャッスルが地図に現れます。ヴァルドラとの最終決戦への道が開かれ、ヴァルドラを倒すためには、彼の守りを「レオンの剣」で突破する必要があります。戦いに勝利したユウナはアステラリアの新たな伝説となります。

この段階に到達すれば、AIの支援なしでも問題なく進めることができそうです。すでに公開されている既存の作品に登場する「エルディア」という村の名前を、これまたCopilotに聞いて言い換えてもらいます。

（自分）
小さな村であるエルディアという言葉と似たような響きと雰囲気を持つオリジナルなワードを10個考えて

（Copilot）
もちろんです！以下は、小さな村「エルディア」に似た響きと雰囲気を持つ10個のオリジナルなワードです：
セルディア：静かで美しい村の名前。自然と調和した場所。
エルディウッド：森に囲まれた小さな村。木々が村を包み込む。
エルディヴィル：村人たちが共に暮らすコミュニティ。温かい雰囲気が漂う。
エルディヘイブン：平和で安らぎの場所。村の人々が幸せに暮らす。
エルディホーム：村の住人たちが家族のように感じる場所。ほっとする場所。
エルディミスト：霧が立ち込める村。神秘的な雰囲気が漂う。
エルディヴィレッジ：小さな村の名前。農作業や手工芸が盛ん。
エルディハート：村人たちが心から愛する場所。愛情が溢れている。
エルディノース：山々に囲まれた村。自然の美しさが広がる。
エルディミル：小さな水車が回る村。水の音が心地よい。
これらのワードが、あなたの物語や世界観に役立てば幸いです！

Google検索などからエルディミルだとオリジナルとして問題なさそうです。村の名前を変更、ゲームが成立するように追加イベントやギミックを組み込んで、ゲームシナリオの品質を向上させます。生成AIが創作したシナリオを基に、次のような充実したシナリオが完成しました。

プロローグ
かつて平和だった世界「アステラリア」は、暗黒の魔王「ヴァルドラ」によって破壊の危機に瀕していました。しかし、勇者「レオン」が現れ、魔王を封じ込め、世界に再び平和をもたらしました。それから数百年後、魔王の封印が弱まりつつあり、世界は再び混沌へと向かっています。
第1章: 勇者の末裔
主人公「ユウナ」は、勇者レオンの末裔で、小さな村「エルディミル」で平凡な生活を送っていました。エルディミルの村の長「ミロス」はユウナに封印の危機を告げ、彼女は運命に導かれるように旅立つことになります。エルディミルでユウナは、元戦士のNPC「ガーレック」と会話し、彼から初心者向けの戦闘技術を学びます。
第2章: 伝説の装備を求めて
ユウナの最初の目的地は森「グリーンフォレスト」です。洞窟では「モス・ビースト」と「エコー・バット」が待ち構えており、ユウナはこれらを倒して先へ進む必要があります。洞窟の奥で、「レオンの兜」を見つけ、特別な力を得ます。その後、商業都市「サンダリア」で新たな武器や防具を購入し、NPC「エリス」から炎の山「マグマリア」の情報を得ます。
第3章: 炎の山
炎の山「マグマリア」では、火山の活動が激しく、歩くだけでHPが減少します。炎の山の中腹にある修道院「フレイムハート」で、ユウナは回復の修行を行い、HP減少するHPを少なくする力を得ると共に、武器防具を整えます。山頂でユウナは「ラヴァ・ジャイアント」と戦います。勝利後、彼女は「レオンの鎧」を見つけ、これが彼女の防御力を高めます。
第4章: 氷の塔
氷の塔「クリスタリア」では、麓の防具屋で高価で強力な剣と盾を買うことができます。塔の入口で「スノー・センチネル」と遭遇し、大量のゴールドを稼ぐことができます。彼を倒すと塔内部へのアクセスが可能になり、凍てつく寒さによりMPが減少する試練を乗り越えながら上へと進みます。塔の頂にある宝物庫で「レオンの盾」を手に入れます。
第5章: 最後のダンジョン
「時の迷宮」では、時間が逆行する部屋を通過するイベントが発生し、過去の勇者「レオン」の魂が現れます。ユウナは彼の試練をクリアすると、最下層で「レオンの剣」を手に入れます。
第6章: 暗黒の魔王「ヴァルドラ」との対決
伝説の装備が揃うと、ダークネスキャッスルが地図に現れます。ヴァルドラとの最終決戦への道が開かれ、ヴァルドラを倒すためには、レオンの兜、鎧、盾、を順番に道具として使い、ヴァルドラの防御力を下げる必要があります。戦いに勝利したユウナはアステラリアの新たな伝説となります。

4-7 生成AIでゲームデータを用意しよう

ゲーム開発において、モンスターやアイテムなどの要素の魅力的なデータ作成は重要な役割を担います。このセクションでは、生成AIを活用してこれらのデータを効率的に作成する手法を詳しく解説します。生成AIの使用により、手作業による時間のかかるデータ作成から解放され、多様でユニークなゲーム要素を迅速に生成できます。

まずは、アイテムデータの生成から始め、次にモンスターのデータ作成に進みましょう。具体的なプロンプトを例に挙げながら、開発の新たな可能性を探ります。生成AIを活用して、ゲームをより豊かで魅力的なものにしていきましょう。

4-7-1 アイテムデータを作ろう

ゲームで使用する武器や防具のデータも、生成AIに作ってもらうことができます。どのようなステータスがあるのかを指定することで、強さにふさわしい名前と数値を設定してくれます。

（自分）
町や村で買うことができる武器は５種類、兜、鎧、盾、それぞれ３種類、名前、強さ、値段（ゴールド）を表形式の一覧表にしてください。

（Copilot）
もちろんです！町や村で入手可能な武器、兜、鎧、縦の一覧表を作成いたします。以下は、それぞれのカテゴリにおける３つのアイテムの詳細です。

自分
町や村で買うことができる武器は5種類、兜、鎧、盾、それぞれ3種類、名前、強さ、値段（ゴールド）を表形式の一覧表にしてください。

Copilot
もちろんです！町や村で入手可能な武器、兜、鎧、盾の一覧表を作成いたします。以下は、それぞれのカテゴリにおける3つのアイテムの詳細です。

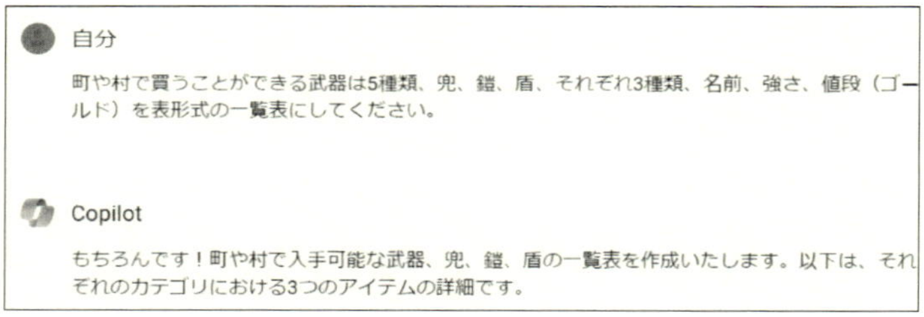

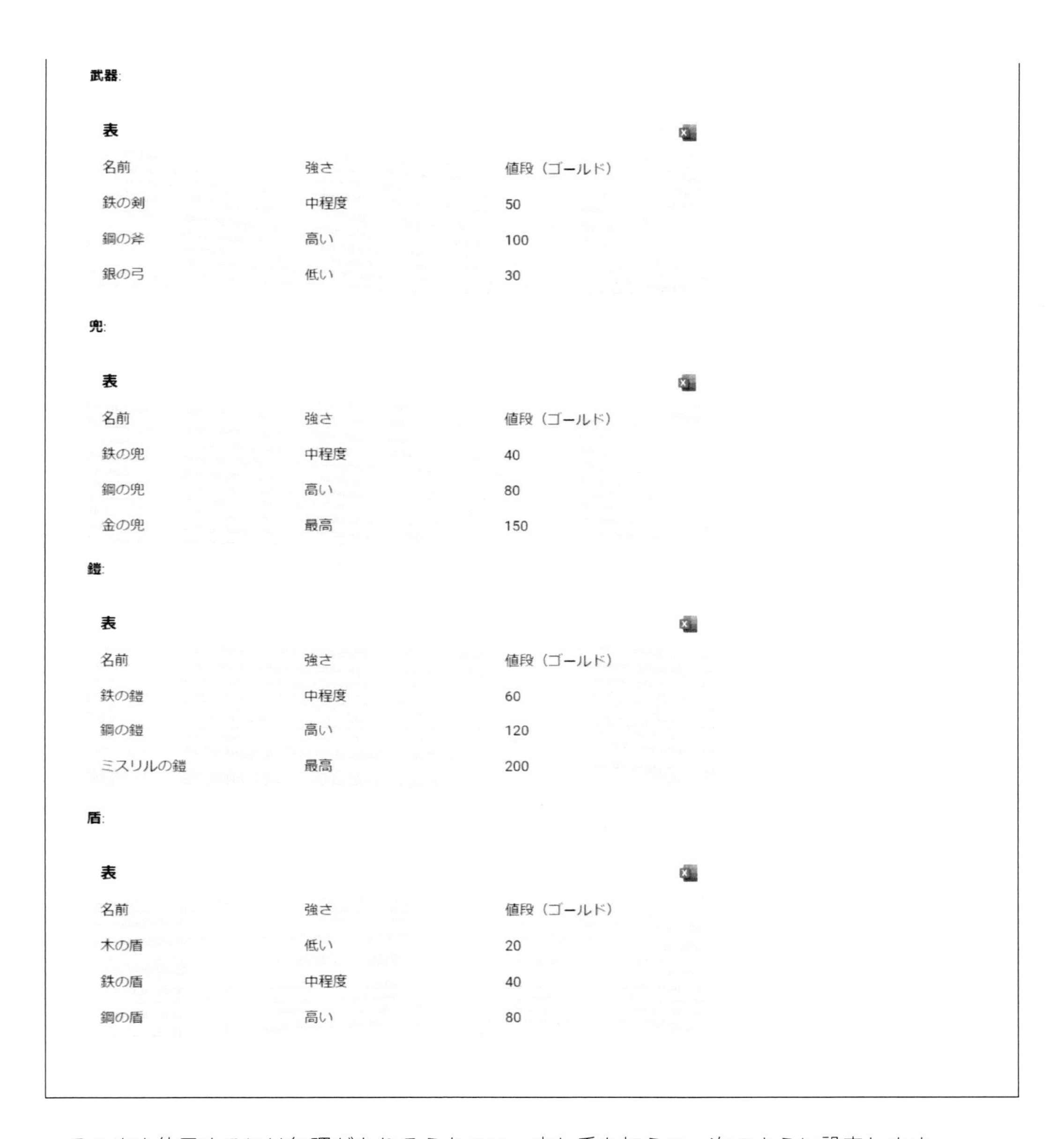
武器:

表

名前	強さ	値段（ゴールド）
鉄の剣	中程度	50
銅の斧	高い	100
銀の弓	低い	30

兜:

表

名前	強さ	値段（ゴールド）
鉄の兜	中程度	40
銅の兜	高い	80
金の兜	最高	150

鎧:

表

名前	強さ	値段（ゴールド）
鉄の鎧	中程度	60
銅の鎧	高い	120
ミスリルの鎧	最高	200

盾:

表

名前	強さ	値段（ゴールド）
木の盾	低い	20
鉄の盾	中程度	40
銅の盾	高い	80

そのまま使用するには無理がありそうなので、少し手を加えて、次のように設定します。

名前	強さ	値段(ゴールド)
きのぼう	10	100
どうのつるぎ	20	1000
てつのおの	30	2000
はがねのつるぎ	50	5000
レオンのつるぎ	80	ー
かわのぼうし	5	100
てつかぶと	15	1000
レオンのかぶと	30	ー
かわのよろい	10	100
てつのよろい	20	1000
はがねのよろい	30	3000
レオンのよろい	40	ー
かわのたて	10	500
てつのたて	20	2500
はがねのたて	30	5000
レオンのたて	40	ー

さらにシナリオに合わせて、入手できる先をまとめます。

入手場所	入手できるアイテム			
エルディミル	きのぼう	かわのぼうし、てつかぶと	かわのよろい	
グリーンフォレスト		レオンのかぶと		
商業都市サンダリア	どうのつるぎ		てつのよろい	かわのたて
炎の山マグマリア				
修道院フレイムハート	てつのおの		はがねのよろい	てつのたて
炎の山マグマリア山頂			レオンのよろい	
氷の塔クリスタリアの麓	はがねのつるぎ			はがねのたて
氷の塔クリスタリアの塔				レオンのたて
時の迷宮	レオンのつるぎ			
ダークネスキャッスル				

4-7-2　魔法データを作ろう

続いて、魔法の一覧を作成します。次のようにCopilotに指示します。

（自分）
RPGに登場する魔法の一覧を作成してください。魔法の名前、消費MP、効果を回答してください。攻撃系、攻撃補助系、回復系があります。一度行ったことがある場所に行ける魔法、塔やダンジョンから脱出できる魔法も加えてください。全部で20種類作って下さい。パーティー制ではないので、蘇生は不要です。

（Copilot）
以下は、RPGに登場するさまざまなタイプの魔法の一覧です。攻撃系、攻撃補助系、回復系、移動系、脱出系の魔法を含みます。各魔法は名前、消費MP（マジックポイント）、そして効果を示します。

攻撃系魔法

魔法名	**MP**	**効果**
パワーアップ	5	自身の攻撃力を一定時間増加させる
マジックブースト	7	自身の魔法攻撃力を一定時間増加させる
アジリティ	6	自身の回避率を一定時間増加させる

攻撃補助系魔法

魔法名	**MP**	**効果**
パワーアップ	5	自身の攻撃力を一定時間増加させる
マジックブースト	7	自身の魔法攻撃力を一定時間増加させる
アジリティ	6	自身の回避率を一定時間増加させる

回復系魔法

魔法名	MP	効果
ヒール	5	少量のHPを回復する
リフレッシュ	10	中量のHPを回復する
クレンズ	8	自身の全ての状態異常を回復する

移動・脱出系魔法

魔法名	**MP**	**効果**
テレポート	20	以前に訪れた任意の場所へ瞬時に移動する
エスケープ	15	塔やダンジョンから即座に脱出する

その他の魔法

魔法名	**MP**	**効果**
ライト	3	暗い場所を明るくする
サイレンス	12	敵を一定時間、魔法を使えなくする
フリーズ	15	敵一体を一定時間、行動不能にする
バリア	18	一定時間、自身への全てのダメージを軽減する
スパイクトラップ	10	敵が次に行動するときに追加ダメージを受ける罠を設置する
スターバースト	20	敵全体に光属性の大ダメージを与える
ウィンドシアー	7	敵一体に風属性の小ダメージを与え、次のターンの行動を遅らせる

これらの魔法はRPG内で様々な戦略を取る際の重要な要素となり、プレイヤーに多様な選択肢を提供します。

これら魔法やアイテムの何を採択し、あるいは修正して使用するかは、実際のゲームを作成しながら決めるとよいでしょう。なお、本書籍のサンプルゲームで使用しているデータは、「GameData」シートに格納しています。

4-7-3 モンスターデータを作ろう

続いて、生成AIを活用してモンスターデータを作っていきます。次のようにCopilotに指示します。

（自分）
次のシナリオに登場する20種類のモンスターの一覧表を作成してください。必要なステータスは、HP、MP、攻撃力、攻撃魔力、防御力、得られる経験値、落とすゴールドです。モンスターの特長と、出現場所を加えてください。シナリオにないモンスターは、出現場所はフィールドとしてください。モンスターの名前はなるべく平易にしてください。
（以下シナリオ略）

（Copilot）
以下は、シナリオに沿った20種類のモンスターの一覧です。各モンスターにはHP、MP、攻撃力、攻撃魔力、防御力、得られる経験値、落とすゴールド、特長、そして出現場所が記載されています。

名前	HP	MP	攻撃力	攻撃魔力	防御力	経験値	ゴールド	特長	出現場所
モス・ビースト	120	10	25	5	20	50	15	毒攻撃で敵を弱体化	グリーンフォレストの洞窟
エコー・バット	85	15	20	0	15	30	12	超音波攻撃で一時的に敵を混乱させる	グリーンフォレストの洞窟
ラヴァ・ジャイアント	350	50	80	40	65	250	80	範囲炎攻撃で複数の敵にダメージ	マグマリア
スノー・センチネル	300	40	60	50	70	220	70	凍結攻撃で敵の行動を遅延	クリスタリアの入口
フィールドスライム	50	5	10	0	10	10	5	分裂して数を増やす	フィールド
ジャングルクロウ	100	20	35	10	30	45	20	羽ばたきで砂埃を巻き敵の命中率を下げる	フィールド
マウンテンタイガー	150	30	50	0	40	70	30	連続攻撃で高ダメージ	フィールド
フォレストエント	200	25	40	15	50	100	40	自己回復能力を持つ	グリーンフォレスト
灼熱バード	90	100	30	60	25	75	25	高熱攻撃で敵を焼き尽くす	マグマリア
氷の巨人	280	35	70	20	80	180	60	強力な一撃で敵を氷漬けにする	クリスタリア
時の幻影	170	80	40	70	60	200	50	時間操作で自身の回避率を上げる	時の迷宮
魔法の武者	220	30	60	30	55	160	45	防御魔法で自己の防御力を一時的に倍増	時の迷宮
シャドウスパイダー	130	40	45	25	35	140	38	網を張り敵の動きを制限する	フィールド
ネクロフィア	200	70	55	60	50	210	65	死霊魔法で敵からHPを吸収	ダークネスキャッスル
ファントムナイト	250	60	75	50	70	250	75	高い攻撃力と防御力を誇る	ダークネスキャッスル
砂塵の幽霊	160	50	40	45	40	130	35	盲目攻撃で敵の攻撃を不発にさせる	フィールド
レイジングフレイム	190	55	65	75	45	230	85	自爆攻撃で周囲の敵に大ダメージを与える	マグマリア
アイシクルビースト	270	45	65	55	75	240	90	氷結の息で範囲内の敵を凍らせる	クリスタリア
シャドウアサシン	150	60	80	40	50	220	70	一撃必殺の攻撃で高い確率で敵を即死させる	ダークネスキャッスル
ヴァルドラの化身	400	100	90	90	80	300	100	全属性の攻撃が可能で、非常に高い耐久力を持つ	ダークネスキャッスル

この一覧表は、各章において登場するモンスターを含み、シナリオに関連した出現場所を設定しています。これにより、ゲームの世界観と物語性が強化されます。

これらモンスターデータも、実際にゲームを作成するときに、ステータスや特徴を調整することとし、今はこのままアイデアとして保有しておきましょう。

4-8　生成AIでモンスター画像を描画しよう

近年の技術進歩により、生成AIはテキスト処理の領域を超え、高度な画像生成も可能としました。この項では、引き続き、シナリオや各種データの生成で使用したCopilotを活用して、独自のモンスター画像を作成していきます。

ゲームデザインにおいて、モンスターはプレイヤーの記憶に残る要素であり、そのビジュアルはゲームの世界観を形作る上で非常に重要です。AIを用いることで、複雑な描画スキルを必要とせずに、ユニークなモンスターのビジュアルを迅速に生成することができるのです。生成AIをただのツールではなく、クリエイティブなパートナーとして活用することによって、より独創的で魅力的なゲーム世界を構築することができるでしょう。

4-8-1　画像生成のポイント

モンスターの画像を生成する際、具体的かつ詳細な情報をAIに提供することが非常に重要です。具体的な指示はAIがより精密で魅力的なビジュアルを生み出すための基盤となります。モンスターの画像生成において伝えるべき重要なポイントは次のとおりです。

1. モンスター名と特徴

モンスターの名前はそのキャラクターのアイデンティティを表すため、非常に重要です。また、モンスターの特徴には、色、サイズ、形状の詳細や、特有の属性（たとえば火属性なら炎のディテール）が含まれていると、モンスターの物理的な特性や能力が視覚的に表現されやすくなります。

2. 出現場所

出現場所も重要で、たとえば、森林に生息するモンスターは緑色の体色を持つことが多く、岩山のモンスターは灰色や茶色が一般的です。これらの情報は、モンスターがその環境に適応しているかのようなビジュアルを創出するのに役立ちます。

3. 画風の指定

画風を指定することで、ゲーム全体のビジュアルスタイルに合致したモンスターを生成することが可能です。たとえば、アニメスタイル、リアリスティック、ピクセルアートなど、ゲームのテーマや雰囲気に合わせた画風の指定が重要です。これにより、ゲーム内の統一感が保たれ、よりいっそう没入感を高めることができます。

これらのポイントを綿密に伝えることで、生成AIはより正確かつ創造的なモンスター画像を生成するようになるでしょう。

4-8-2　モンスター画像を生成してみよう

それでは、実際にモンスターデータを使用して、画像を生成してみます。次のようなプロンプトをCopilotにリクエストします。

（自分）
次のモンスターのイラストを描いてください。背景は不要です。背景は黒一色にしてください。画風はリアルではないアニメ調でお願いします。
名前　モス・ビースト
特長　毒攻撃で敵を弱体化
出現場所　グリーンフォレストの洞窟

自分
次のモンスターのイラストを描いてください。背景は不要です。背景は黒一色にしてください。
画風はリアルではないアニメ調でお願いします。
名前　モス・ビースト
特長　毒攻撃で敵を弱体化
出現場所　グリーンフォレストの洞窟

（Copilot）
アニメスタイルのモス・ビーストのイラスト。特長：毒攻撃で敵を弱体化。出現場所：グリーンフォレストの洞窟。背景：黒一色。

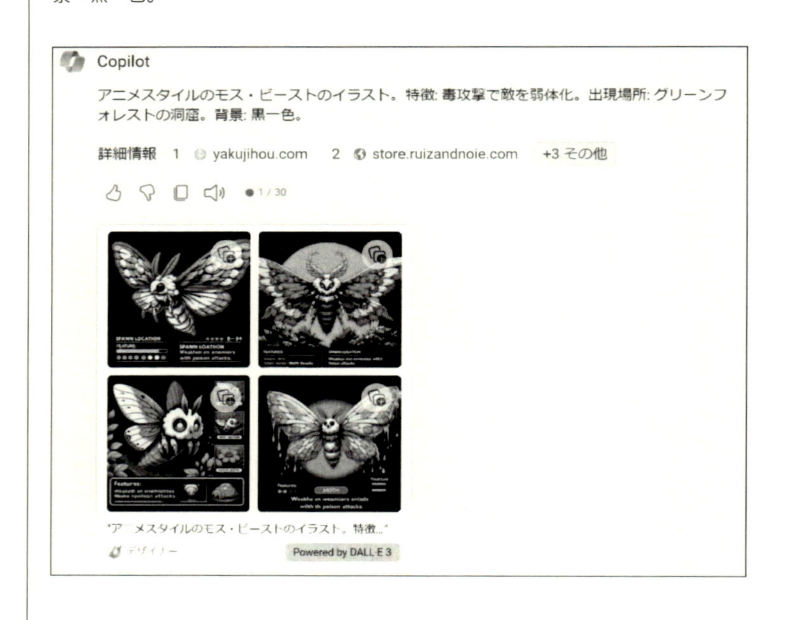

全部で4種類生成されました。ここでは、左上の画像を採択しましょう。画像をクリックして拡大表示された画像を右クリック、「名前を付けて画像を保存」をクリックします。

■生成されたJPEG画像

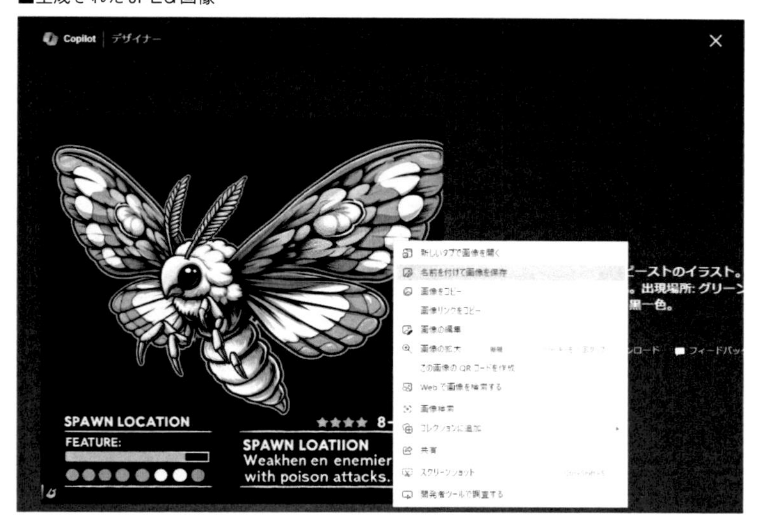

保存した画像ファイルは1024×1024のJPEG形式となっています。このままでは大きすぎるので、「BMP変換・縮小ツール」を使用して縮小しBMPファイルに変換してから、「セルドット作成ツール」に読み込ませて、セルドットの素材データを作成しましょう。

■「セルドット作成ツール」でExcelワークシートに変換された

このように、モンスター1種類ずつ、生成AIを活用してイラスト画像を作成、それをセルドットに変換して、ゲームの素材データを用意していきます。

生成された画像を配布する場合は、それが著作権や肖像権を侵害していないか問題ないと判断できるまで、十分チェックするようにしましょう。

第5章　マップの作成とデータ管理

本書で解説する2Dタイプの見下ろし型RPGでは、マップチップを組み合わせてマップを作成します。マップチップとはマップを構成する最小単位の部品であり、これをパズルのように組み合わせてフィールドマップやダンジョンマップを表現します。

すでに第4章でセルドット化したマップチップを用意しましたので、この章ではこれらマップチップの管理やゲームへの実装、ならびに画面への描画方法を解説していきます。あわせて、ゲーム世界全体のマップデータの管理やマップ間の場面転換ロジックも解説します。

5-1　マップチップの設計と実装

セルドット化したマップチップは専用のシートにすき間なく並べておきます（サンプルゲームではChipシートのセル番地R1C1周辺）。このとき、マップチップを並べるにあたって以下のポイントをおさえておきましょう。

1．横に並べる数は10個まで
2．歩けるマップチップと歩けないマップチップ（障害物）をきちんと分けて配置する
3．ダミーチップをいくつか用意しておき余白を空けておく

1. 横に並べる数は10個まで

シートに並べたマップチップはRangeオブジェクトで宣言した1次元配列に格納し、インデックス番号で管理します。1次元配列なのですべてのマップチップを横（あるいは縦）に並べてもいいのですが、スクロールが多くなり管理するうえで見にくくなります。横に並べる数は10個で区切ったほうがわかりやすいでしょう。

■図5.1：横1列に並べてしまうと見渡すときにスクロールが必要

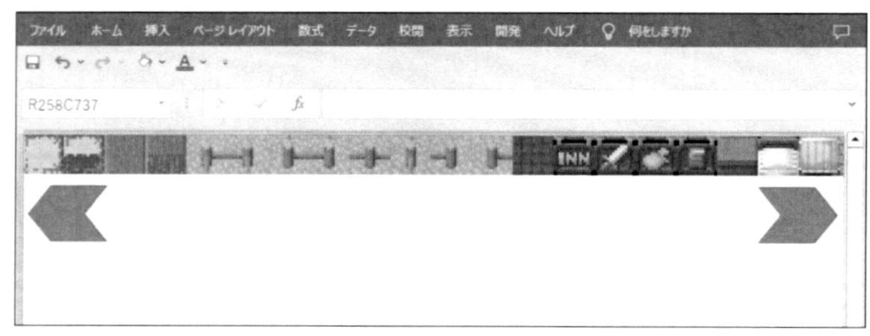

■図5.2：横10個で折り返せば全体が見やすい（ズーム20%指定）

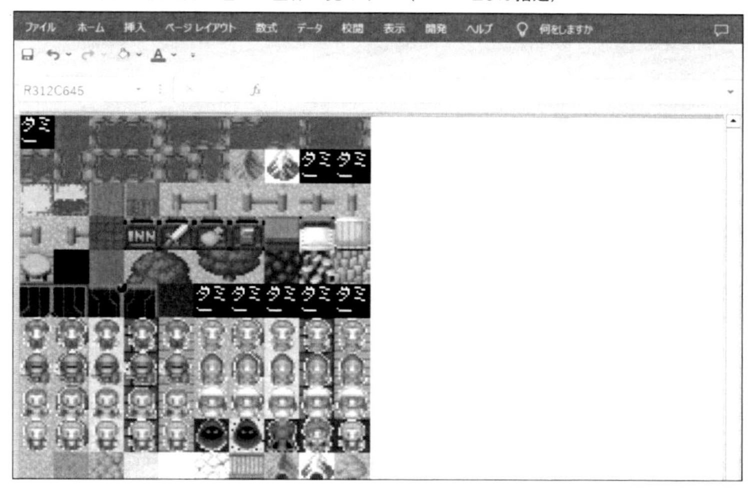

配列変数への格納は、Settingプロシージャで行っています。グローバル変数のMapTileに16×16セルサイズのマップチップを1つずつ格納していきます。縦16個と横10個に並べられたマップチップを格納するため、For～Nextの二重ループを利用している点、変数iとjを利用してセル範囲を参照している点に注意してください。

◆標準モジュール＞MainModule＞Settingプロシージャ参照

```
'マップを構成するマップチップタイルを格納
idx = 0 'インデックス番号の初期値は0
For i = 0 To 15
    For j = 0 To 9
        With Sheets("Chip")
            Set MapTile(idx) = .Range(.Cells(i * 16 + 1, j * 16 + 1), _
            .Cells(i * 16 + 16, j * 16 + 16))
        End With
        idx = idx + 1
    Next j
Next i
```

■図5.3：配列変数MapTileにマップチップを格納するイメージ

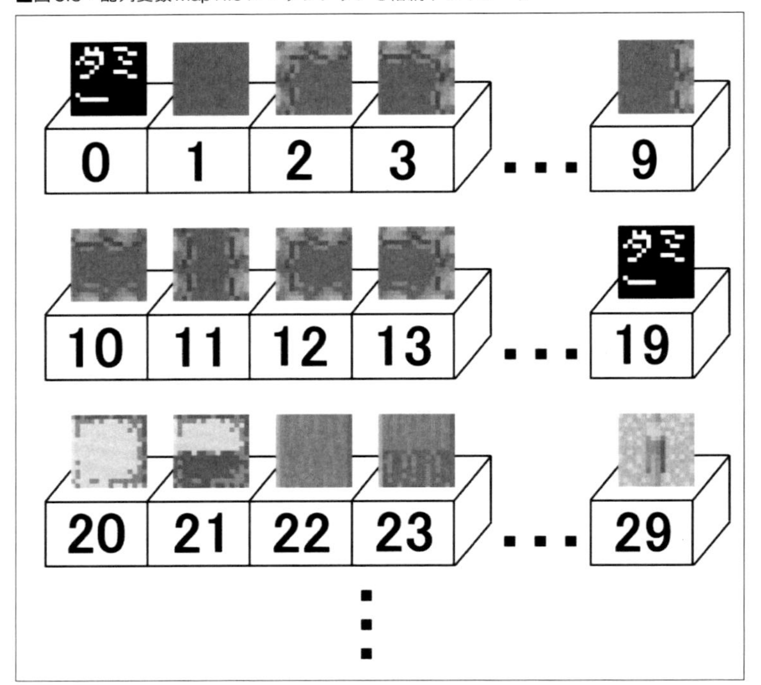

2. 歩けるマップチップと歩けないマップチップ（障害物）をきちんと分けて配置する

マップチップは草原や床など主人公が歩けるものと、岩山や海など主人公が歩けないもの（障害物）に大別できます。シートに並べる際は、この2種類をきっちり分けて配置しましょう。混在させてしまうと、障害物との接触判定が面倒になってしまうからです。

サンプルゲームでは障害物を前半の0から99番、歩けるマップチップを100番以降に配置しました。このようにすることで、「これから進もうとしている座標のマップチップが100番以上かどうか？」という一文で接触判定が可能となります。

■図 5.4：障害物と歩けるものを混在させないように配置する

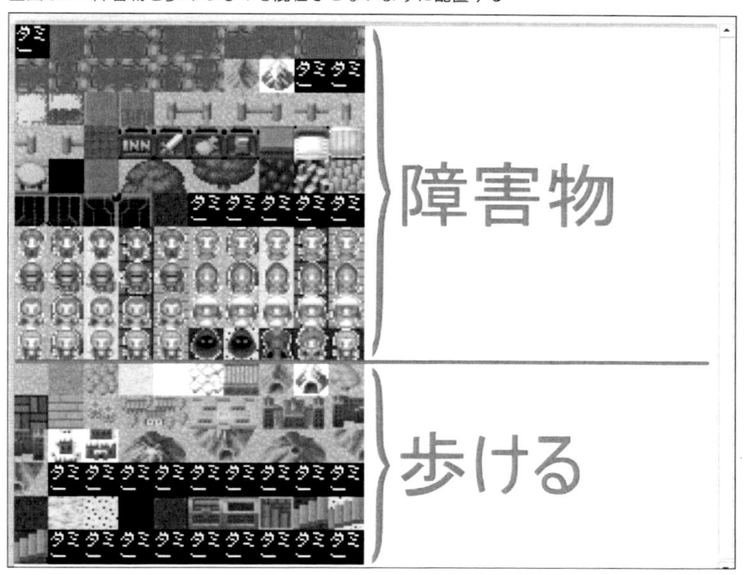

3. ダミーチップをいくつか用意しておき余白を空けておく

ゲーム作成中にデータを追加することは往々にして起こり得ます。マップチップも同様であり、空欄部分を用意してそこにダミーチップを配置しておき、追加の余地を残しておきましょう。

【コラム】R1C1参照形式のススメ

セル番地の参照方法は、標準の状態だとA1参照形式に設定されています。A1参照形式は、列見出しをA、B、C……とアルファベットで表す形式ですが、ゲームを作成する場合は「R1C1参照形式」にすることをおすすめします。R1C1参照形式は行・列ともに数値で扱うため、For～Nextの繰り返し処理と相性がよい、ゲーム中でのXY座標の数値とセル番地がそのまま一致するなどのメリットがあるからです。

R1C1参照形式に変更するには、リボンの［ファイル］→［オプション］を選択、Excelのオプションウィンドウが表示されたら、［数式］をクリック→［R1C1参照形式を使用する］にチェックマークを付けて［OK］をクリックします。

■［数式］→［R1C1 参照形式を使用する］→［OK］で変更できる

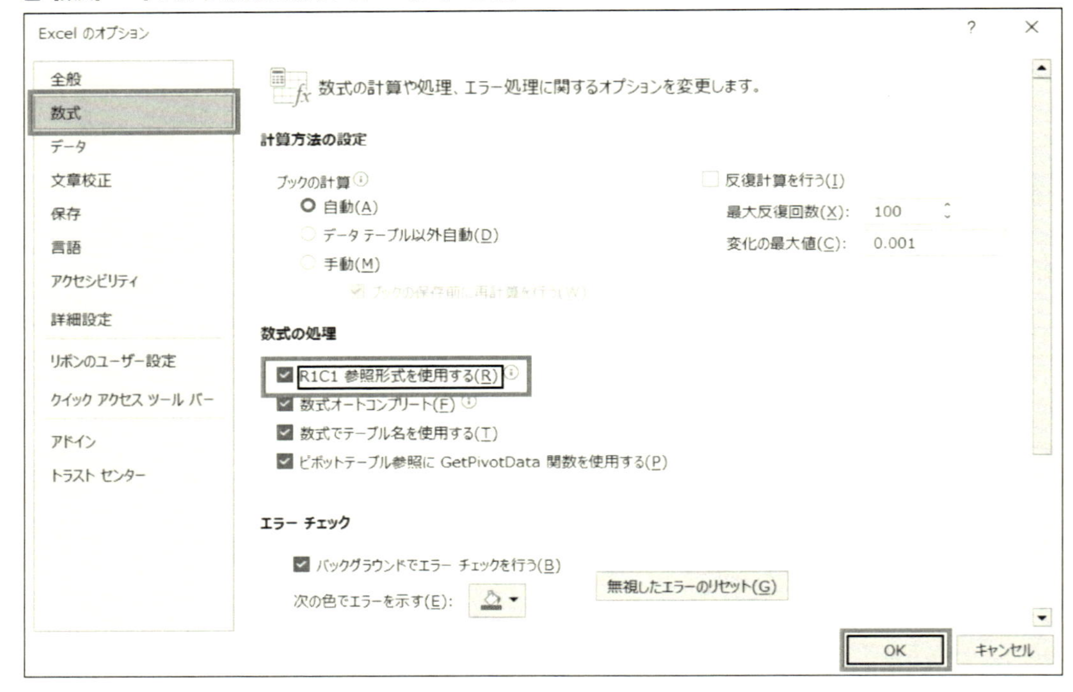

5-2　設計図となるマップデータの作成

冒険の舞台となるフィールドやダンジョンを表現するためには、それぞれのマップチップをどこに配置するのかというマップデータが必要です。このマップデータは世界を構成するためのいわば“設計図”であり、専用のシートに作成します（サンプルゲームではMapDataシート）。

作成は以下の手順で行います。

1．使用頻度の高いマップチップの色を決める
2．専用シートにセルの塗りつぶしでマップを描く
3．色に対応したマップチップ番号をマクロで自動入力する
4．残った空欄を手作業で入力して完成

1. 使用頻度の高いマップチップの色を決める

まず使用頻度の高い海や岩山、草原、森林などのマップチップの色を決めていきます。たとえば、海なら青、岩山なら茶色、草原は黄緑、森林は濃い緑といった具合です。この時、色の重複は避けるようにしてください。また、後ほど必要になるRGB値を控えてまとめておきましょう。

RGB値は、色を付けたセルを選択→リボンの［ホーム］タブの［フォント］グループで［塗りつぶ

しの色（下向きボタン）］をクリック→［その他の色］をクリック→［ユーザー設定］タブをクリックすることで確認できます。

■図5.5：①色を付けたセルを選択→②［塗りつぶしの色（下向きボタン）］をクリック

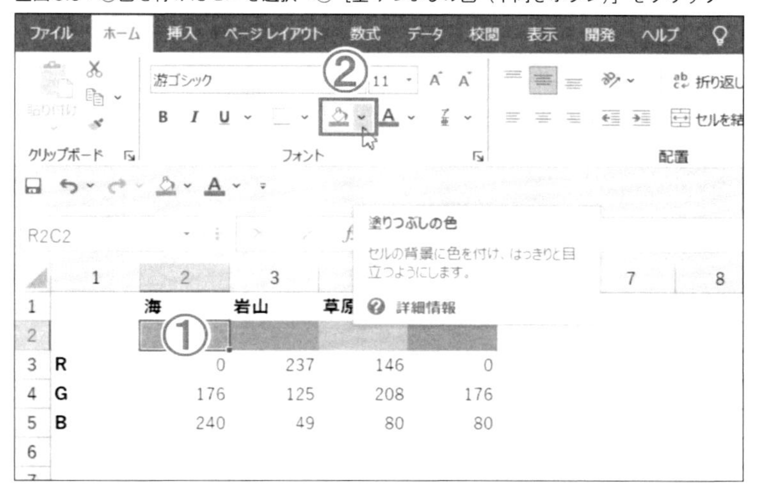

■図5.6：③［その他の色］をクリック

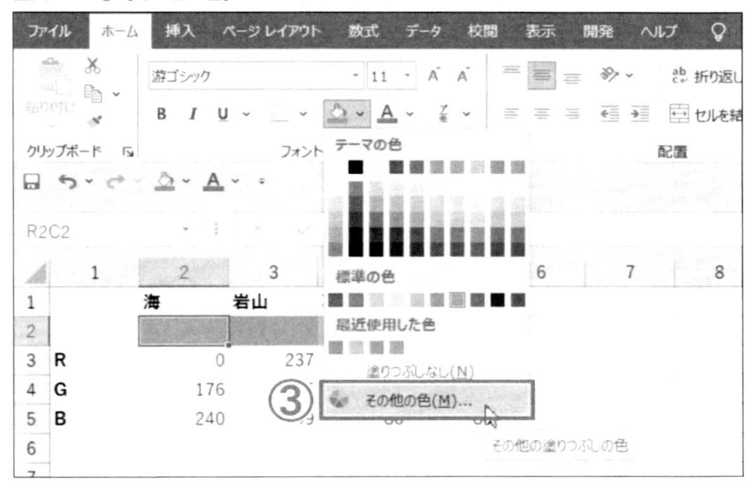

■図5.7：④［ユーザー設定］タブをクリックするとRGB値が確認できる

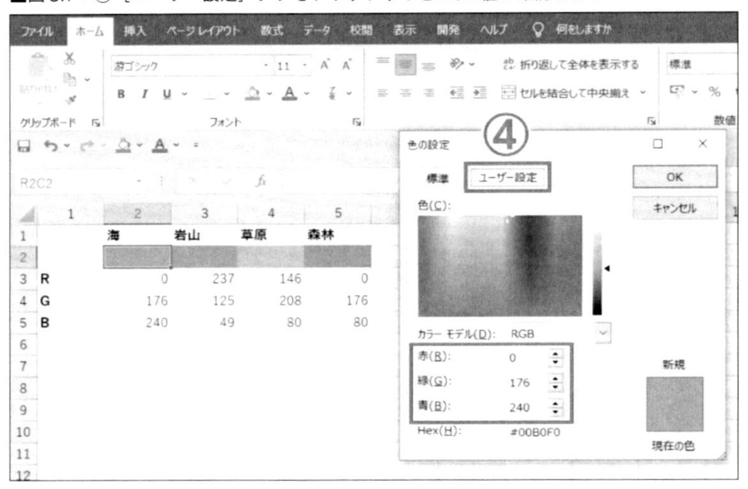

2. 専用シートにセルの塗りつぶしでマップを描く

色を決めたら専用のシートに［セルの塗りつぶし］でマップを描いていきます。マップは何となくでもいいのであらかじめ頭でイメージしておくか、下書きで準備をしておくと作成がスムーズです。

■図5.8：方眼紙状のセルに色を付けてマップを作成しよう

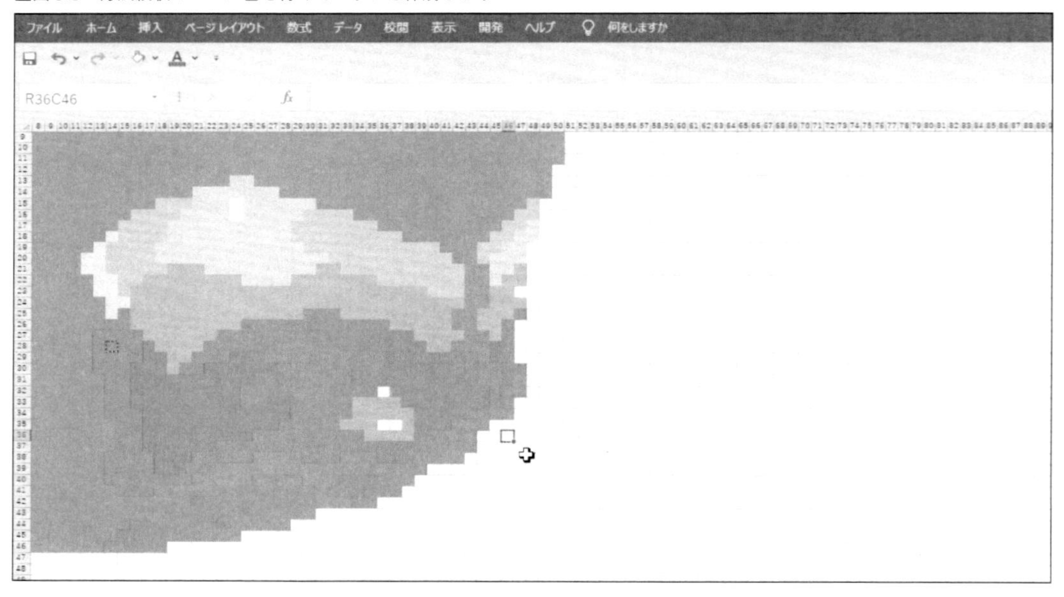

このシートは最終的にプログラムで扱うマップデータとなりますが、すべてのセルを方眼紙状にしておき、なおかつセルの書式設定を［縮小して全体を表示する］にしておきましょう。

［縮小して全体を表示する］に設定する理由は、セルに数値を入力した時に列幅が自動で広がってしまうのを防ぐためです。方眼紙状にするには、「行の高さ：15」「列の幅：2」にすることでおおよそ正方形に表示されます。

■図5.9：①［全セル選択ボタン］をクリック→［ホーム］タブの［セル］グループで②［書式］をクリック→③［行の高さ］［列の幅］をクリックして数値を変更

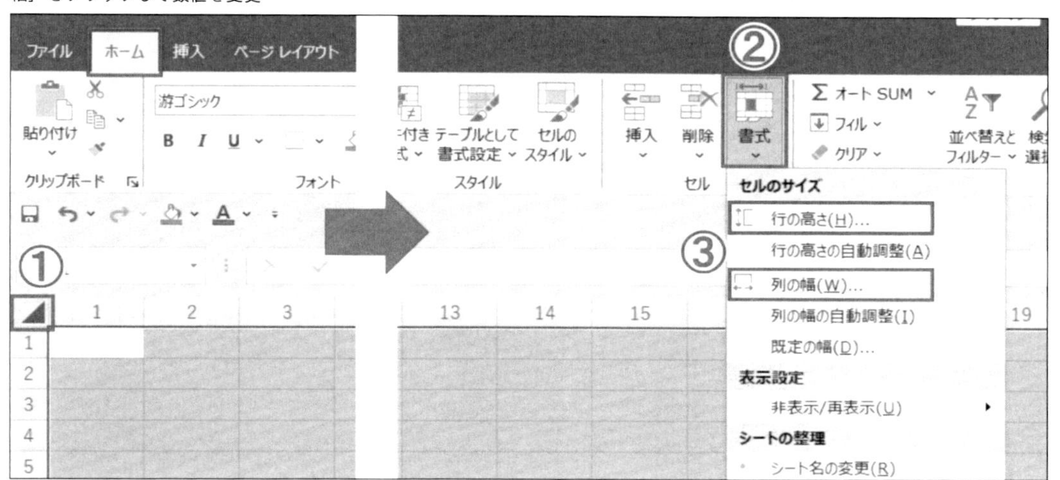

■図5.10：［行の高さ］を15に、［列の幅］を2にそれぞれ設定し［OK］をクリック

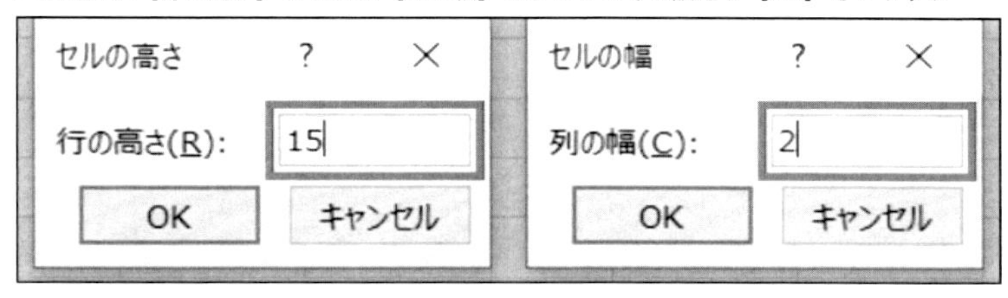

■図5.11：すべてのセルを正方形にして方眼紙状になった

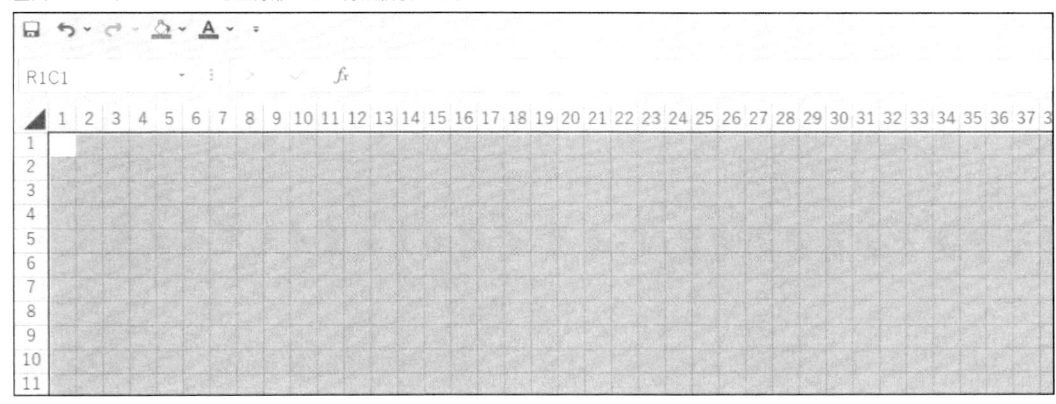

すべてのセルの書式設定を変更する方法は、全セルを選択した状態でどのセルでもいいのでマウスポインターをあわせて右クリック、出てきたメニューから［セルの書式設定］を選択します。すると専用のウィンドウが表示されますので［配置］タブをクリックし、［文字の制御］にある［縮小して全体を表示する］にチェックを入れます。

■図5.12：①［全セル選択ボタン］をクリック→どのセルでもいいので右クリック→②［セルの書式設定］をクリック→③［配置］タブをクリック→④［縮小して全体を表示する］にチェックを入れ［OK］をクリック

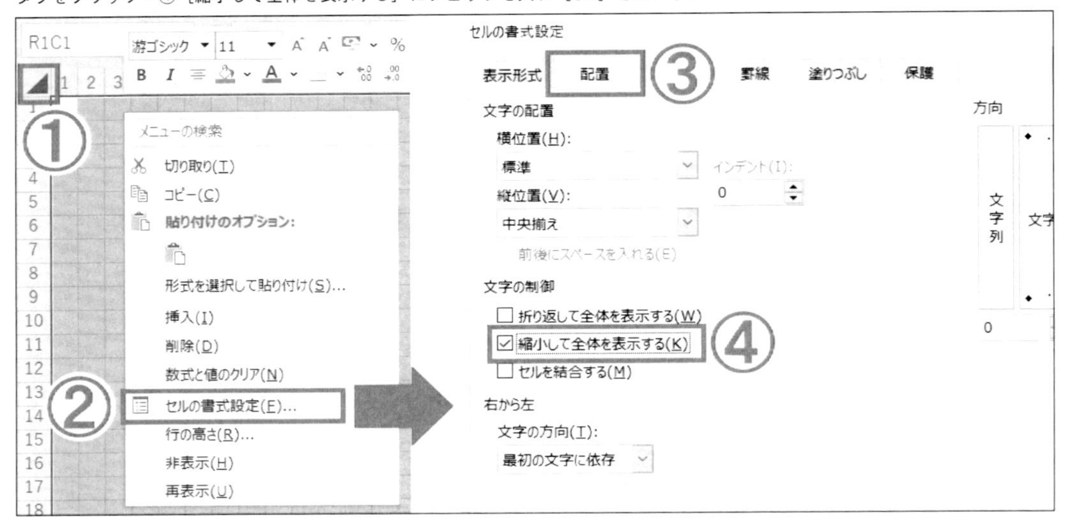

マップを描く際は［セルの塗りつぶし］で色を付けていくのですが、何度も［セルの塗りつぶし］ボタンをクリックするのは面倒です。そこでショートカットキーを活用しましょう。一度色を付けたセルをCtrl＋Cキーでコピーし、新たに塗りつぶしたいセルにCtrl＋Vキーで貼り付けるほうが効率的です。

注意点として、マップの端には歩けない地形を10セル程度余分に配置しておきます。これは、ゲーム中に存在しない領域や、セル番地R0C0などシステム的に誤った領域を呼び出してしまうとエラーが発生するからです。

フィールドの場合、歩けない「海」のマップチップを東西南北に10セルほど配置することでエラーを回避しています。

■図5.13：エラー回避のため周囲に海のチップを配置

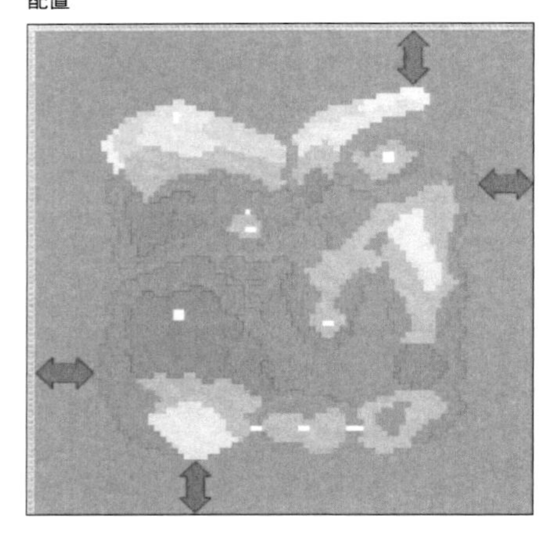

フィールドマップの色付けができたら、同じ要領で町やダンジョンも作成します。町やダンジョ

ンには、フィールドマップでは使われない固有のマップチップがあるため、一意の色を決めていくとどんどん色数が増えてしまうはずです。そのため使用頻度が低いマップチップ、たとえばショップの看板やカウンター、宿屋のベッドなどは色を付けず後回しにしてもよいでしょう。

また、フィールドマップではエラー回避の目的で、マップの周囲に歩けない地形（海）を10セル程度余分に配置しました。町やダンジョンも同様にやや大きめの領域を確保しますが、これはどちらかと言えば関係のない隣のマップが画面に映り込まないようにするため、という意味合いが強いです。

サンプルゲームのMapDataシートでは、フィールドマップのすぐ下の行に町や村、町や村のすぐ下の行にダンジョンのマップデータを展開しています。

3. 色に対応したマップチップ番号をマクロで自動入力する

この段階で、海なら青、岩山なら茶色、草原は黄緑、森林は濃い緑といった具合に、自分なりの色でマップが描かれているはずです。ただ、これはあくまでセルに色が付いているだけなので、マップデータとしては成立していません。塗りつぶされたすべてのセルにマップチップ番号を入力してはじめてマップデータの完成となります。

しかし、これを手作業で入力するのは気の遠くなる作業ですし、ミスも誘発してしまいます。ですからここはマクロの自動入力に任せましょう。

マップチップを1次元配列に格納し、インデックス番号で管理することはすでに説明しました。

■図5.14：全部で160個のマップチップをMapTileという配列変数に格納する。これでたとえば宿屋の看板はMapTile(33)と指定できる

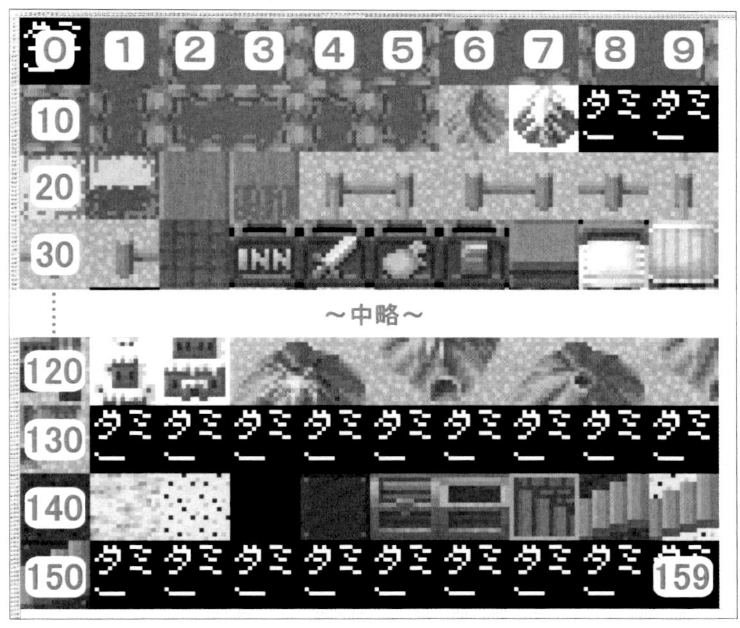

このマップチップ番号を、自分で決めた色のセルに自動入力するマクロが以下です。

◆標準モジュール>作業用マクロ>マップチップNo自動入力参照

```
Sub マップチップNo自動入力()
    '使用箇所の多いマップチップのみが対象

    Dim r As Long
    Dim c As Long

    For r = 1 To 612 '行の繰り返し
        For c = 1 To 160 '列の繰り返し

            With Sheets("MapData").Cells(r, c)
                If .Interior.Color = RGB(0, 176, 240) Then '海(水色)
                    .Value = 1
                ElseIf .Interior.Color = RGB(237, 125, 49) Then '山(茶色)
                    .Value = 16
                ElseIf .Interior.Color = RGB(252, 228, 214) Then '雪山(薄肌色)
                    .Value = 17
                ElseIf .Interior.Color = RGB(174, 170, 170) Then '石壁・施設内(灰色)
                    .Value = 20
                ElseIf .Interior.Color = RGB(191, 143, 0) Then '木壁・施設内(黄土色)
                    .Value = 22
～中略～
                ElseIf .Interior.Color = RGB(117, 113, 113) Then '床1・炎の山(灰色)
                    .Value = 140
                ElseIf .Interior.Color = RGB(255, 217, 102) Then '床2・炎の山の溶岩
(肌色)
                    .Value = 141
                ElseIf .Interior.Color = RGB(200, 232, 240) Then '床3・氷の塔(白青)
                    .Value = 142
                ElseIf .Interior.Color = RGB(56, 56, 56) Then '床4・ラスボス城(黒)
                    .Value = 144
                End If
            End With

        Next c
    Next r

End Sub
```

初めに控えておいたRGB値でセルの色を判定し、その色に該当するマップチップ番号を入力しています。また、プログラム中のコメントでわかるとおり、すべてのマップチップを自動入力してい

るわけではありません。あくまで使用頻度の高いものだけであり、それ以外は手作業で入力していきます。

なお、海岸線についてはひとまず海のマップチップ（インデックス番号1）を置いておき、後から別のマクロで自動入力しています。そのマクロは次のとおりです。

◆標準モジュール＞作業用マクロ＞海岸線チップNo自動入力参照

```
Sub 海岸線チップNo自動入力()

    Dim U_Range As Range 'UはUp
    Dim D_Range As Range 'DはDown
    Dim L_Range As Range 'LはLeft
    Dim R_Range As Range 'RはRight

    Dim r As Long
    Dim c As Long

    With Sheets("MapData")
        For r = 2 To 612 '行を1から始めるとエラーになる点に注意
            For c = 2 To 160 '列を1から始めるとエラーになる点に注意

                Set U_Range = .Cells(r - 1, c) '対象セルの上隣
                Set D_Range = .Cells(r + 1, c) '対象セルの下隣
                Set L_Range = .Cells(r, c - 1) '対象セルの左隣
                Set R_Range = .Cells(r, c + 1) '対象セルの右隣

                If .Cells(r, c) = 1 Then
                    If U_Range >= 16 And L_Range >= 16 And D_Range >= 16 Then '左
行き止まり
                        .Cells(r, c) = 12
                    ElseIf U_Range >= 16 And R_Range >= 16 And D_Range >= 16 Then
'右行き止まり
                        .Cells(r, c) = 13
                    ElseIf L_Range >= 16 And U_Range >= 16 And R_Range >= 16 Then
'上行き止まり
                        .Cells(r, c) = 14
                    ElseIf L_Range >= 16 And D_Range >= 16 And R_Range >= 16 Then
'下行き止まり
                        .Cells(r, c) = 15
                    ElseIf U_Range >= 16 And D_Range >= 16 Then '川(上下が陸地)
                        .Cells(r, c) = 10
                    ElseIf L_Range >= 16 And R_Range >= 16 Then '川(左右が陸地)
```

```
                        .Cells(r, c) = 11
                    ElseIf U_Range >= 16 And L_Range >= 16 Then '左上角(上と左が陸
地)
                        .Cells(r, c) = 2
                    ElseIf U_Range >= 16 And R_Range >= 16 Then '右上角(上と右が陸
地)
                        .Cells(r, c) = 3
                    ElseIf D_Range >= 16 And L_Range >= 16 Then '左下角(下と左が陸
地)
                        .Cells(r, c) = 4
                    ElseIf D_Range >= 16 And R_Range >= 16 Then '右下角(下と右が陸
地)
                        .Cells(r, c) = 5
                    ElseIf U_Range >= 16 Then '上辺(上が陸地)
                        .Cells(r, c) = 6
                    ElseIf D_Range >= 16 Then '下辺(下が陸地)
                        .Cells(r, c) = 7
                    ElseIf L_Range >= 16 Then '左辺(左が陸地)
                        .Cells(r, c) = 8
                    ElseIf R_Range >= 16 Then '右辺(右が陸地)
                        .Cells(r, c) = 9
                    End If
                End If

            Next c
        Next r
    End With

End Sub
```

■図5.15：海岸線のマップチップ

図5.15に示したとおり、海岸線のマップチップはインデックス番号2〜15に格納されており、全部で14種類あります。これらは隣接する上下左右のどこかに必ず陸地があるはずです。たとえば、インデックス番号2の海岸線であれば上と左は陸地です。

この考え方で、仮置きしておいた海のマップチップを1つ1つ見ていき、隣接する座標のマップチップを調べ、該当する海岸線を設置しています。

4. 残った空欄を手作業で入力して完成

フィールドの町アイコンや橋、ショップの看板やダンジョンの宝箱など、マクロの自動入力で除外したマップチップは、最後に手作業で入力していきます。この時、インデックス番号を間違えないよう注意してください。

すべてのマップチップ番号を入力したら、設計図となるマップデータは完成です。

【コラム】作業用マクロの実行方法

上記で解説した「海岸線チップNo自動入力」などのプロシージャは、「作業用マクロ」として分類しています。これらはゲーム本編のプログラムとして組み込まれることはなく、文字通り開発作業を手助けする専用のマクロです。

こうした単発のマクロを実行する場合は、VBE上部にある三角ボタン（再生アイコン）をクリックするか、実行したいプロシージャ内をクリックしてカーソルを置いた状態でF5キーを押せば実行できます。

5-3 マップの描画方法

前節で作成したマップデータからマップを描くためには、主人公の現在位置情報が必要です。プログラムでは主人公のX座標をPlayer.MapX、Y座標をPlayer.MapYという変数で管理していますが、これはMapDataシートのセル番地がそのまま使用されます。

■図5.16：ワークシート左上の「名前ボックス」に表示されるセル番地

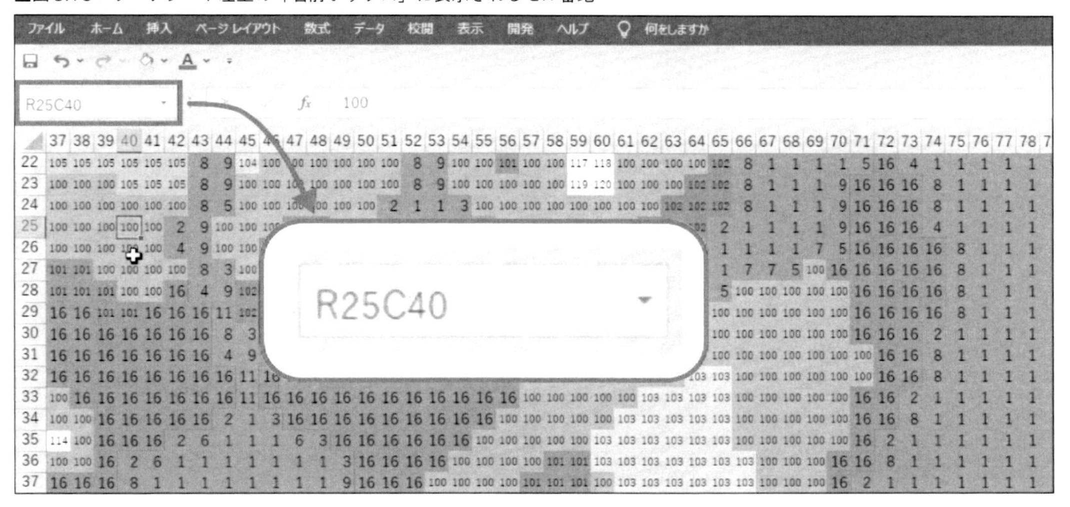

主人公の現在位置からマップ情報を取得するためには、まずVariant型のグローバル変数MapChipDataを用意し、MapDataシートのセル範囲を一括で格納します。

◆標準モジュール＞MainModule＞Settingプロシージャ参照

```
'マップの設計図となるマップチップIDデータを格納
With Sheets("MapData")
    MapChipData = .Range(.Cells(1, 1), .Cells(612, 160))
End With
```

行と列で構成されるセル群をVariant型の変数に格納すると、この変数は2次元配列となりセル番地R1C1とMapChipData(1,1)が一致します。図5.16で言えば、変数MapChipData(25, 40)には100という値が入っているわけです。

すなわち、MapChipData(Player.MapY, Player.MapX)と指示すれば、主人公が立っている足元のマップチップ番号を拾うことができます。

サンプルゲームのプレイ画面は、マップチップが縦15個×横15個のサイズで構成されています。主人公が常に画面の中心に表示されることを考えると、縦15個×横15個は図5.17のように考えることができます。

■図5.17：主人公の上下左右に7マス存在する

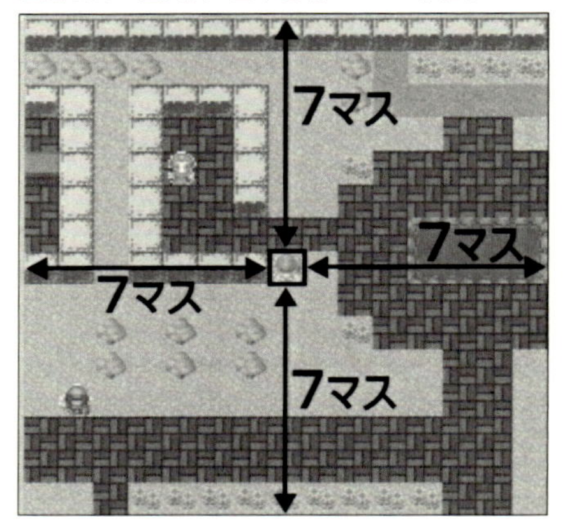

ですから、左上角と右下角のマップチップは次のように求めることができます。

・左上角：MapChipData(Player.MapY - 7, Player.MapX - 7)
・右下角：MapChipData(Player.MapY + 7, Player.MapX + 7)

後はFor～Nextで繰り返しながら主人公周辺のマップチップ番号を拾い、その番号に該当するマップチップを貼り付ければマップを描くことができます。

◆標準モジュール内＞MainModule＞MapDrawプロシージャ参照

```
'◆現在位置のマップ描画
Sub MapDraw()
```

```
    Dim r As Long
    Dim c As Long
    Dim TmpMapChipA As Long
    Dim TmpMapChipB As Long

    Application.ScreenUpdating = False

    For r = 0 To 7  …①
        For c = 0 To 14  …②
            TmpMapChipA = MapChipData((Player.MapY - 7) + r, _
            (Player.MapX - 7) + c)
            TmpMapChipB = MapChipData((Player.MapY + 7) - r, _
            (Player.MapX + 7) - c)

            '画面保持エリア１に描画
            With Sheets("Main")
                MapTile(TmpMapChipA).Copy Destination:= _
                .Cells((r * 16) + 251, (c * 16) + 1)
                MapTile(TmpMapChipB).Copy Destination:= _
                .Cells((-r * 16) + 475, (-c * 16) + 225)
            End With
        Next c
    Next r

    '③キャラ無しVer確保のため画面保持エリア１→画面保持エリア２にコピー
    With Sheets("Main")
        .Range(.Cells(251, 1), .Cells(490, 240)) _
        .Copy Destination:=.Cells(501, 1)
    End With

    '中央マスに主人公を描画
    Call StepDraw  …④

    'メインエリアに描画
    Call ScreenCache_Return(1)  …⑤

End Sub
```

MapDrawプロシージャでは、For〜Nextの二重ループを利用して左上角と右下角の二方向からマップを描いています（マクロ内①②）。

③のコメント部分に「画面保持エリア1」とありますが、これはゲーム画面として見えている部

分ではなくその下の領域のことで、プレイヤーに見えないところでいったんマップを描いています。これはコマンドをキャンセルした時に、一瞬でフィールド画面に戻すために確保しておきたいからです。

■図5.18：Mainシートの画面保持エリア1

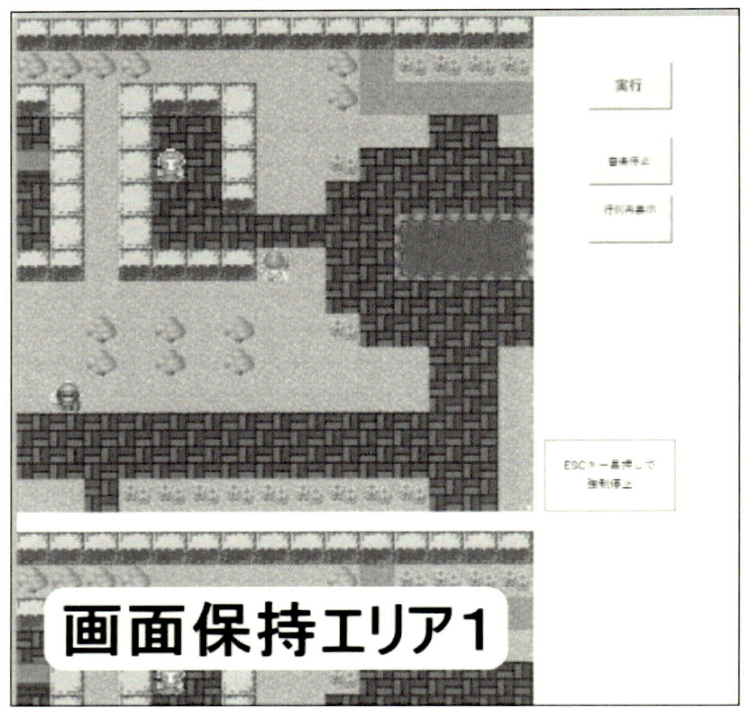

縦15個×横15個のマップチップを描いたら、中央のマスに主人公を描画します（マクロ内④）。主人公の描画はStepDrawプロシージャで行いますが、これについては次の第6章で解説しています。

最後に画面保持エリア1のセル範囲をゲーム画面エリアにコピー＆ペーストすればマップ描画は完成です（マクロ内⑤）。

【コラム】Copyメソッドの使い方

先のプログラムでは、マップを描画する際にCopyメソッドを使用しています。通常、Copyメソッドはそのまま使用すると、指定したセル範囲をクリップボードに保管します。ただ、引数Destinationを併用することでクリップボードを経由せずに貼り付けることができ、処理が高速になります。

セルドット方式のゲームを作成するうえで、描画はもっとも時間がかかる処理です。Copyメソッドを使用する際は、Destinationの併用は必須と考えてよいでしょう。

5-4 マップ間の移動と場面転換

サンプルゲームでは、主に以下の状況で場面転換が発生します。

・町や村への出入り
・ダンジョンへの出入り
・階段の上り下り

こうした場面転換のデータを管理しているのがTransitionシートであり、制御しているプロシージャがPlaceTransitionです。

Transitionシートは左側に全体マップ、右側（200列周辺）に遷移が発生した場合のデータ表という構成になっています。

■図5.19：Transitionシートの構成

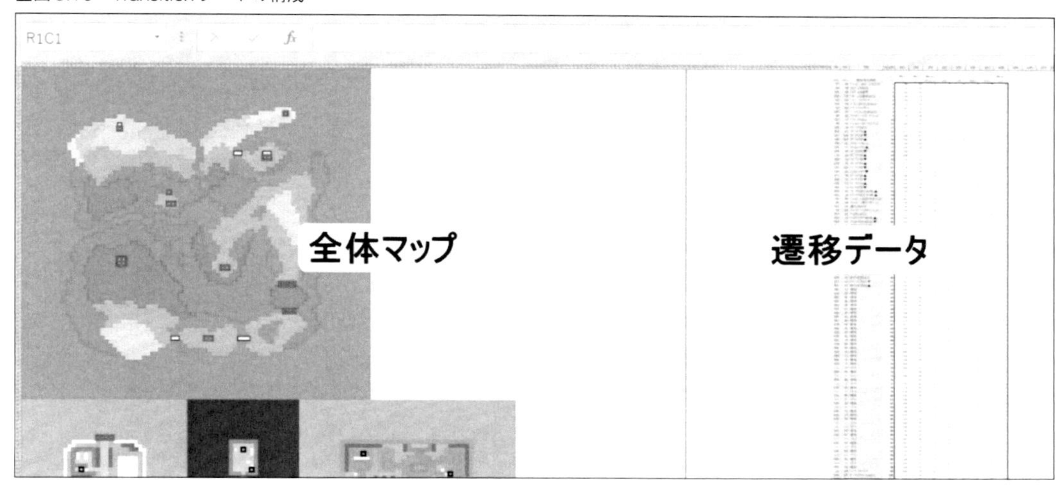

この全体マップ部分の注意点ですが、「5-2 設計図となるマップデータの作成」で作成したMapDataシートをそのまま流用して作成する必要があります。というのは、Transitionシートでもセル番地を主人公の座標として利用するため、マップの配置が変わってしまうと座標の整合性が取れなくなってしまうからです。

これは宝箱を管理するTreasureシートやエンカウントを管理するEncountシートなど、すべてのデータシートで同様です。そのため、MapDataシートが完成した段階で複数枚コピーをしておきましょう。

さて、マップ間の移動ロジックですがこれは非常にシンプルで、主人公が遷移番号を踏んだら場面転換させるという考え方です。Transitionシートの全体マップには、遷移するポイントすべてに番号を入力しておきます。

■図5.20：フィールドマップ（エルディミルの村とグリーンフォレストの入口）

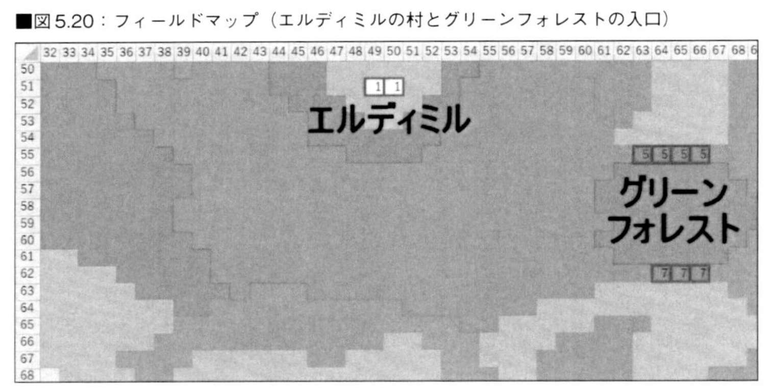

■図5.21：町や村の中（サンダリアの出口）

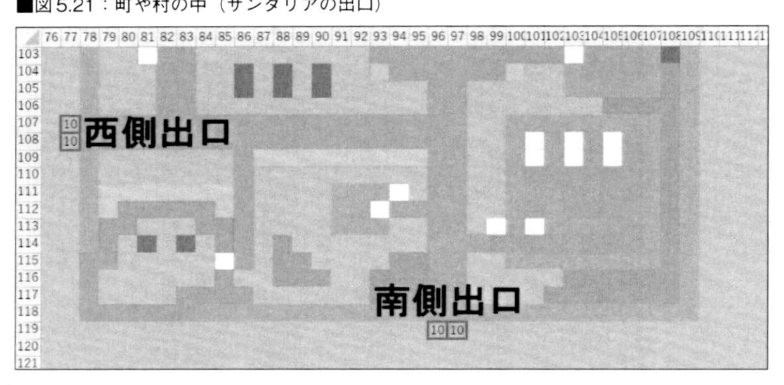

■図5.22：階段（氷の塔クリスタリア２階の階段）

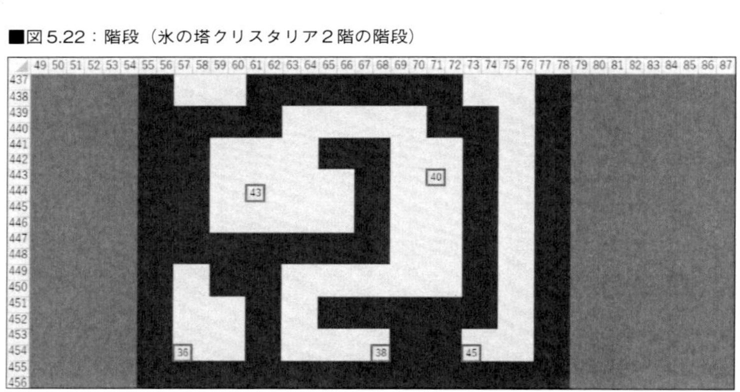

プログラムはプレイヤーが1歩移動するたびに足元の遷移番号を監視しており、0以外の数値を拾ったとき（空欄ではなかったとき）にTransitionシート右の遷移データを参照します。

遷移データには、各遷移番号に次のデータが割り振られています。

・遷移先のX、Y座標
・遷移先の場所ID
・遷移先のフロア階数

・魔法テレポートのジャンプ先に登録するか？
・遷移先はテレポートの魔法が使用可能か？　※セルの値が1なら使用可能
・遷移先はエスケープの魔法が使用可能か？　※セルの値が1なら使用可能
・遷移後のプレイヤーキャラの向き

たとえば、マップ側1番（フィールドマップのエルディミルの村）の遷移番号を踏んだら図5.23のような参照となり、各数値を読み込んで変数の値を更新します。

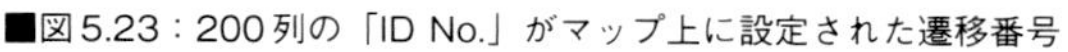
■図5.23：200列の「ID No.」がマップ上に設定された遷移番号

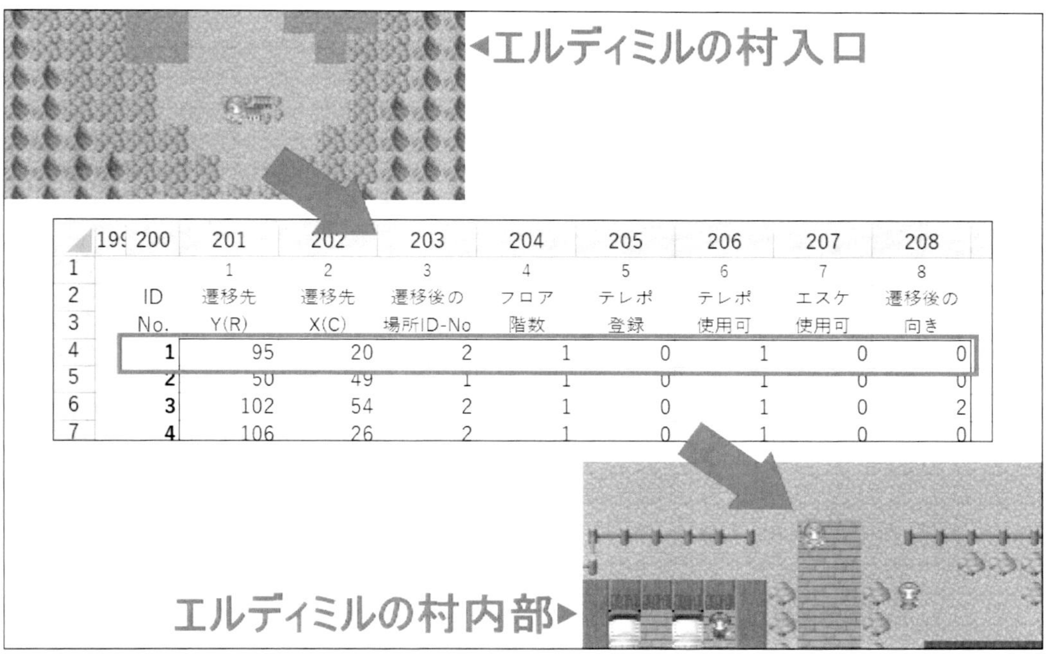

	199	200	201	202	203	204	205	206	207	208
1			1	2	3	4	5	6	7	8
2		ID	遷移先	遷移先	遷移後の	フロア	テレポ	テレポ	エスケ	遷移後の
3		No.	Y(R)	X(C)	場所ID-No	階数	登録	使用可	使用可	向き
4		1	95	20	2	1	0	1	0	0
5		2	50	49	1	1	0	1	0	0
6		3	102	54	2	1	0	1	0	2
7		4	106	26	2	1	0	1	0	0

それぞれのデータと変数の関係は次のとおりです。

・201列：遷移先Y（R）座標……Player.MapY
・202列：遷移先X（C）座標……Player.MapX
・203列：遷移後の場所ID-No……PlaceVal
・204列：フロア階数……FloorVal
・206列：テレポ（テレポートの魔法）使用可……CanTeleport
・207列：エスケ（エスケープの魔法）使用可……CanEscape
・208列：遷移後の向き……Player.Direction

こうしたマップ上の遷移番号と、それに対応した遷移データテーブルをまずは準備する必要があります。町や村の出入り口、ダンジョンの出入り口、階段といったすべての遷移ポイントを設定しなければならないため、かなりのデータ量です。少しずつ作成するとよいでしょう。

◆標準モジュール＞MainModule＞PlaceTransitionプロシージャ参照

```
'遷移が発生した場合の各パラメータの変更
With Player
    .MapY = TransitionData(FootTrnstV, 1) '主人公のY座標
    .MapX = TransitionData(FootTrnstV, 2) '主人公のX座標
    PlaceVal = TransitionData(FootTrnstV, 3) '現在地
    FloorVal = TransitionData(FootTrnstV, 4) 'フロア階層数
    .Direction = TransitionData(FootTrnstV, 8) '主人公の向き
End With

'テレポートの魔法が使えるエリアか？
If TransitionData(FootTrnstV, 6) = 1 Then
    CanTeleport = True
Else
    CanTeleport = False
End If

'エスケープの魔法が使えるエリアか？
If TransitionData(FootTrnstV, 7) = 1 Then
    CanEscape = True
Else
    CanEscape = False
End If
```

図5.23における205列のテレポ登録ですが、これは別のプロシージャであるTransitionResetで行っています。TransitionResetプロシージャは、フィールド↔町などのようにまったく別の場所に切り替わったときだけ呼び出しているプロシージャです。

別の場所に切り替わるということはBGMを変更したり、エンカウント歩数をリセットしたりと、限定的に実行しなければならない処理があり、テレポ（魔法「テレポート」の略）登録もその1つです。

テレポ登録とは、1度訪れたことがある町や村をジャンプ先として登録する処理のことです。この処理は、ダンジョン内における階段の遷移で行う必要はありません。現在の場所を格納する変数PlaceValが変化したときだけ行えばいいわけです。

◆標準モジュール＞MainModule＞PlaceTransitionプロシージャ参照

```
'同一場所内での遷移ではなく完全に場所が変わった場合
If OldPlaceV <> PlaceVal Then
    Call TransitionReset(FootTrnstV) 'ここでTransitionResetプロシージャの呼び出し
End If
```

後は、更新された座標Player.MapX/Player.MapYに基づき、前節で解説した描画方法でマップを描けば場面転換は完了です。

遷移データ表の作成は1つ1つ値を設定していくため根気のいる作業ですが、確実に入力していきましょう。

第6章　画面書き換えによるスクロールの実装

広大なマップを移動し、未知の世界を探索する高揚感はRPGの醍醐味です。この章では、RPG作成に必要なキャラクターの移動とスクロール処理について解説します。特にスクロールは広大な世界を表現するために必要不可欠なので、ぜひマスターしていきましょう。

加えて、主人公キャラクターと背景の重ね合わせ手法も解説しています。BG画面やスプライトといった概念のないExcelでも、工夫次第で自然な重ね合わせができることを体感してください。

6-1　キャラクター移動のロジック

サンプルゲームでは、カーソルキーを押すことで主人公を移動させます。ただ、画面を見てわかるとおり、主人公のドット絵は常に画面の中央に描画されていて、実は動いていません。つまり、移動させているのは背景のほうになります。ですからキャラクターの移動とは、見た目としては背景をスクロールさせる処理のことなのです。

では、具体的に移動のロジックを見ていきましょう。戦闘中やコマンドを開いている状態を除き、プログラムは常にキャラクター移動のキー入力を監視しています。それがKeyInputプロシージャです。

KeyInputプロシージャでは、どのキーが押されたのかを判定し、キーごとの処理を振り分けています。具体的には、障害物との接触判定、座標の変更、主人公キャラクターの向きなどです。

例として、左キーを押した場合のプログラムで解説しましょう。まず、VBAにはキー入力を調べる命令や関数がないため、「3-2 プレイヤーの操作を司る『キー入力判定』」で解説したWin32 APIのGetAsyncKeyState関数を利用します。GetAsyncKeyState関数は、引数で指定したキーが押されているときだけ0以外の数値を返す関数です。

そして左キーが押されていると判定されたら、障害物との接触判定を行います。「5-1 マップチップの設計と実装」で、歩けるマップチップと歩けないマップチップ（障害物）をきちんと分けて配置することを説明しました。これによりサンプルゲームでは、歩けるマップチップが100番以降のインデックス番号に格納されています。

■図6.1：100番以降は主人公が歩けるマップチップ

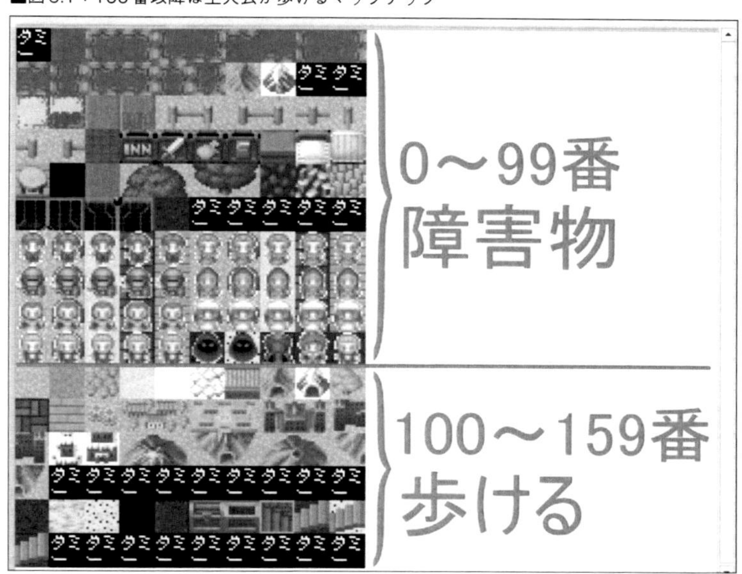

接触判定の考え方は、「これから進もうとしている左隣のマップチップが100番以上かどうか？」というロジックです（後掲するマクロ内①）。100番以上であれば移動可能なマップチップなので主人公のX座標を1引きます（マクロ内②）。

さらに、主人公キャラクターの向きを左向きにします（マクロ内③）。キャラクターの向きはPlayer.Directionという変数で管理しており、それぞれの向きに数値を割り当てています。

■図6.2：主人公キャラクターの向きと数値の関係

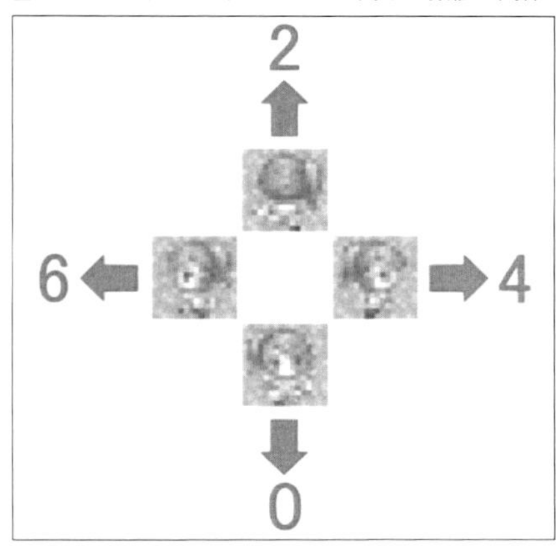

◆標準モジュール＞MainModule＞KeyInputプロシージャ参照

```
Sub KeyInput()

    Dim KeyPush As Long: KeyPush = 99 '移動の可否結果を格納する変数
```

```
    Dim NextDown As Long
    Dim NextUp As Long
    Dim NextRight As Long
    Dim NextLeft As Long
    Dim CanWalkChipV As Long: CanWalkChipV = 100 '歩けるマップチップは100番以降
    Dim FootEncV As Long

    NextDown = Player.MapY + 1
    NextUp = Player.MapY - 1
    NextRight = Player.MapX + 1
    NextLeft = Player.MapX - 1

    If GetAsyncKeyState(Left_Key) <> 0 Then '引数Left_Keyは宣言部で設定した定数で値は
37
        If MapChipData(Player.MapY, NextLeft) >= CanWalkChipV Then  …①接触判定
            KeyPush = 6
            Player.MapX = NextLeft  …②X座標を1引く
        Else '左隣が障害物で進めない場合
            KeyPush = 16 '移動可の値に+10した数値を格納
        End If
        Player.Direction = 6  …③主人公キャラクターの向きを左向きにする
```

ここまでは、移動に関する計算処理です。そして、接触判定で歩けると判断されたら、次にスクロールの処理を行います。

コンピューターゲームにおけるスクロールとは本来、なめらかに背景等を動かす処理を指します。しかし、Excelは表計算ソフトですので、ゲームに実装するようなスクロールは得意ではありません。一応、シートのスクロール機能があるとはいえ、広大なマップを行き来するようなスクロールには不向きです。そのためサンプルゲームでは、背景を16ドットごとに書き換えて、あたかもスクロールしているように見せる「疑似スクロール」を採用しました。

では、疑似スクロールのロジックを見ていきましょう。こちらも左キーを押した場合を例に挙げます。主人公が左に1歩移動するということは、画面に映っている背景は右に1マス幅（16ドット幅）ずれることになります。そして、スクロール先の新しい背景が1マス幅、画面の左側に出現します。これを表したのが図6.3です。

■図6.3：左に1歩移動したときのスクロール

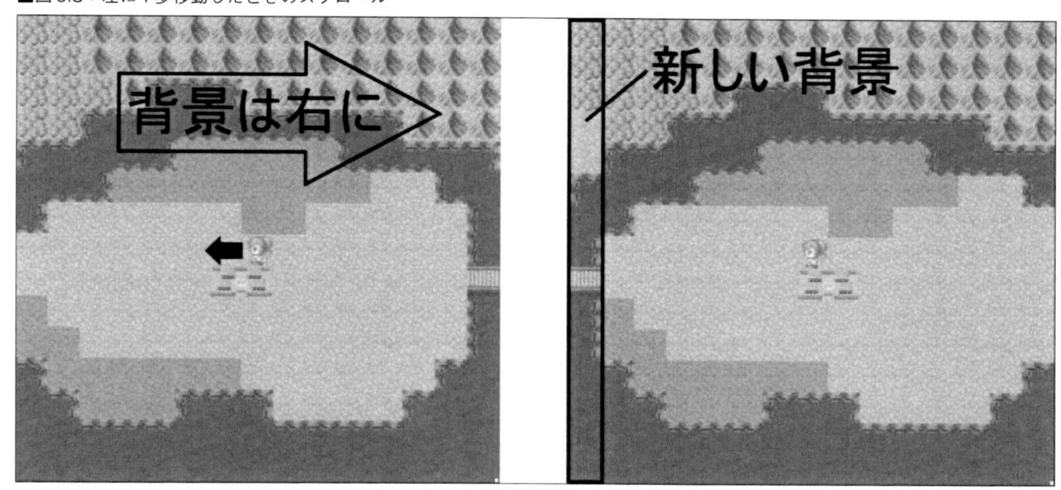

このとき問題となるのが、元々描画されている主人公キャラクターです。スプライト機能などなく、1枚のシートにすべてを描かなければならないExcelでは、主人公キャラクターは背景と分離していません。そのため、背景をずらした際に主人公のドット絵もずれて描画されてしまいますし、歩けば歩くほど主人公が増殖してしまいます。

■図6.4：主人公が増殖する不具合

この問題を解決する方法は、いったん主人公を消してからスクロール処理を行う、あるいは、主人公キャラクターがいない背景だけのマップを別領域に作成するという2通りの方法がありますが、サンプルゲームでは後者を採用しています。

キャラクターがいない背景だけのマップを確保しておくと、今後味方を増やしてパーティー制にしたいなどゲームの拡張性を考えたときに便利です。もし複数のキャラクターが連なって歩くシステムだと、1人1人消すのに手間がかかるのは容易に想像がつくでしょう。

サンプルゲームのMainシートには「画面保持エリア2」と呼んでいる領域があります。セル番地で示すとR501C1からR740C240の部分ですが、ここがまさに背景だけの確保領域です。この画面保持エリア2を使ってスクロールの処理を行えば、主人公キャラクターの消去処理や増殖は一切考える必要がなくなります。

■図6.5：画面保持エリア１と画面保持エリア２

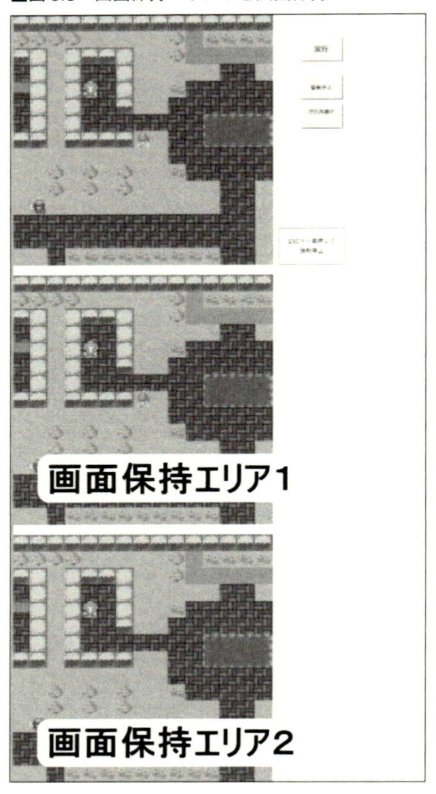

プログラムでは、図6.3の考え方に基づき以下の流れでスクロールの描画作業を行っています。

1．画面保持エリア2の必要な範囲をコピーして画面保持エリア1にペースト
2．スクロール先の新しい背景を画面保持エリア1に描画
3．主人公のドット絵を画面保持エリア1の中央に描画（解説については次節参照）
4．画面保持エリア1全体をメインエリアにコピー＆ペーストして完成

つまり、スクロール描画の作業領域が画面保持エリア1、背景のコピー元素材として利用するのが画面保持エリア2ということになります。

◆標準モジュール＞MainModule＞ScrollDrawプロシージャ参照

```
Sub ScrollDraw(KeyPush As Long)

    Dim TmpMapChip As Long
    Dim i As Long
```

```
'画面保持エリア1のセル番地
Dim Scrn1Top As Long: Scrn1Top = 251
Dim Scrn1Left As Long: Scrn1Left = 1
Dim Scrn1Btm As Long: Scrn1Btm = 490
Dim Scrn1Right As Long: Scrn1Right = 240

'画面保持エリア2のセル番地
Dim Scrn2Top As Long: Scrn2Top = 501
Dim Scrn2Left As Long: Scrn2Left = 1
Dim Scrn2Btm As Long: Scrn2Btm = 740
Dim Scrn2Right As Long: Scrn2Right = 240

Application.ScreenUpdating = False '高速化のため画面更新を停止

Select Case KeyPush
    Case 6 '左スクロール
        '右に１マスずらしながら画面保持エリア１へ描画
        '(キャラ無しVerの画面保持エリア２を使用)
        With Sheets("Main")
            .Range(.Cells(Scrn2Top, Scrn2Left), _
            .Cells(Scrn2Btm, Scrn2Right - 16)) _
            .Copy Destination:=.Cells(Scrn1Top, Scrn1Left + 16)

            '画面保持エリア１へ新たな地形を描画
            For i = 0 To 14
                TmpMapChip = MapChipData((Player.MapY - 7) + i, Player.MapX -
7)
                MapTile(TmpMapChip).Copy Destination:= _
                .Cells((i * 16) + Scrn1Top, Scrn1Left)
            Next i
        End With
```

6-2　背景とキャラクターの重ね合わせ

背景のスクロールが終わったら、画面中央のマスに主人公を描画して完了ですが、セルドット方式のExcelゲームにおいて「背景とキャラクターの重ね合わせ」はもっとも難しい部分です。

なぜなら、表計算ソフトであるExcelにはスプライト機能などなく、キャラクターも背景も同じ1枚のシートに描画しなければならないからです。逆にこのような制約があることで、何とかして実現方法を考えるきっかけにもなり、挑戦意欲をかき立てられる部分とも言えるでしょう。

サンプルゲームでは、あらかじめ背景と一体化した主人公パターンをすべて用意してそれを計算式で参照する、という手法を取っています。主人公が歩ける、つまり重なることができるマップチップすべてに対して、主人公のドット絵を重ねたパターンを前もって作成しておくのです（Chipシートのセル番地R1C301周辺）。

■図6.6：背景と一体化した主人公のセルドット

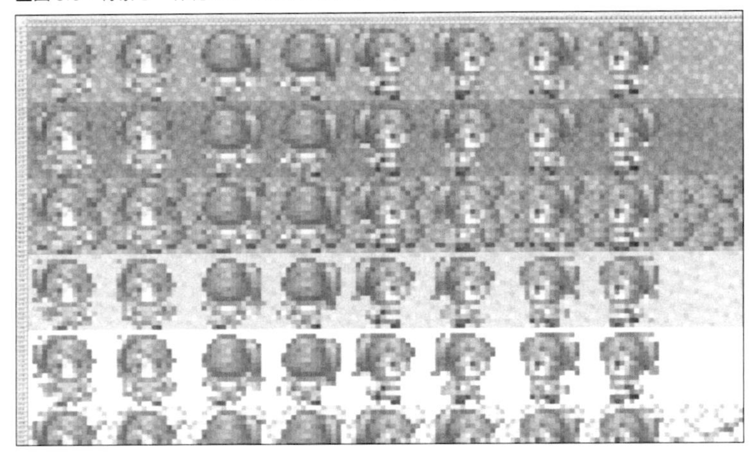

このキャラクターと背景が重なったセルドットの作成方法は次のとおりです。

1．キャラクターを表現している色の付いたセルに数値を入れる
2．数値を入れた16×16サイズのセル範囲をコピーする
3．重ねたい背景の左上角のセルを右クリックし［形式を選択して貼り付け］を選ぶ
4．専用ウィンドウの［空白セルを無視する］にチェックを入れ［OK］をクリックする

1. キャラクターを表現している色の付いたセルに数値を入れる

キャラクターの塗りつぶされたセル“だけ”に数値を入力します。この時、数値は何でもかまいません。

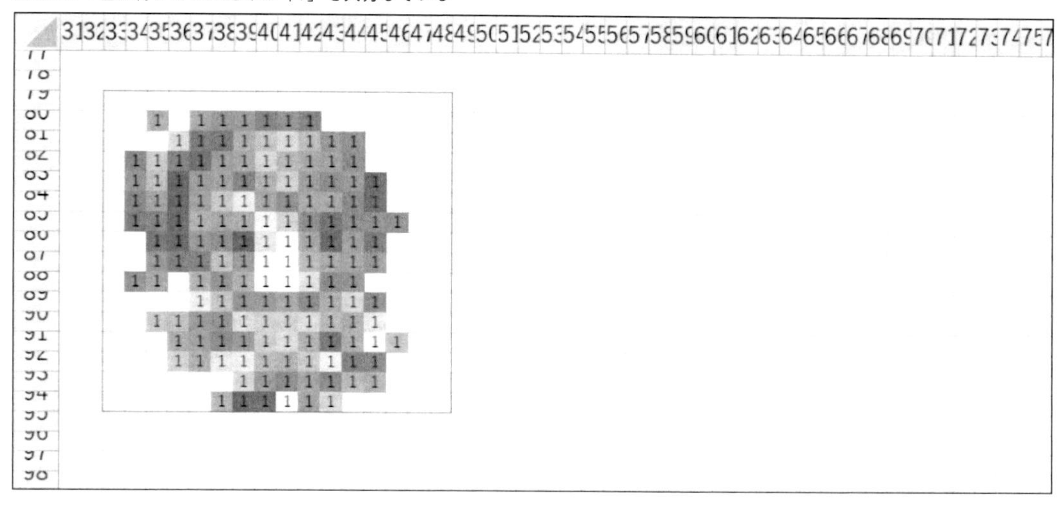

■図6.7：色の付いたセルだけに「1」を入力している

2. 数値を入れた16×16サイズのセル範囲をコピーする

実際にゲームで使用する16×16サイズを意識しながらセル範囲をコピーします。

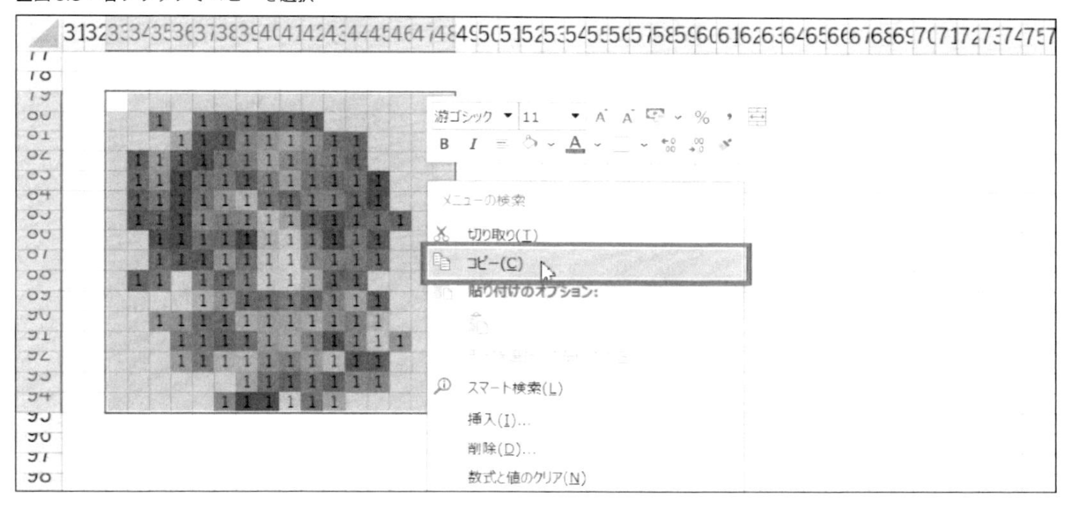

■図6.8：右クリックでコピーを選択

3. 重ねたい背景の左上角のセルを右クリックし［形式を選択して貼り付け］を選ぶ

■図6.9：［形式を選択して貼り付け］を選択

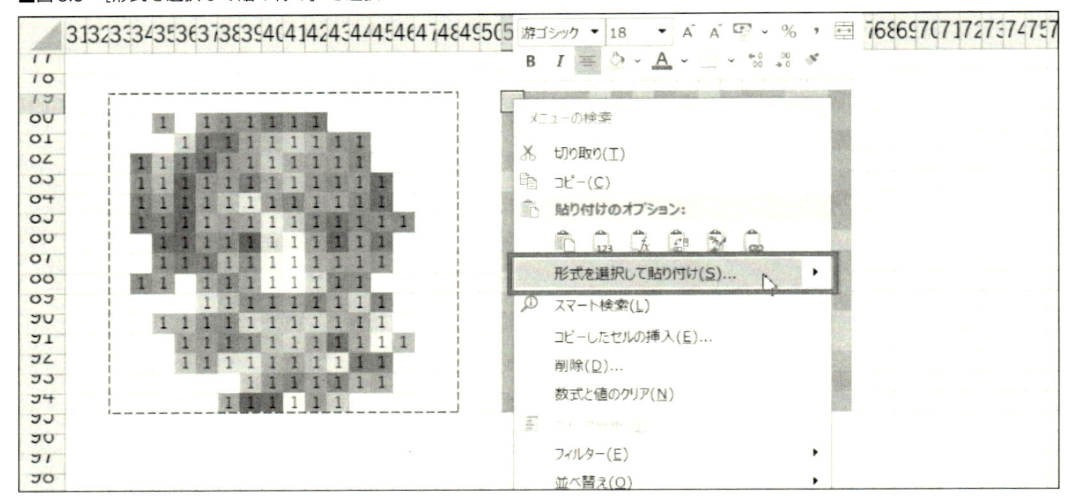

4. 専用ウィンドウの［空白セルを無視する］にチェックを入れ［OK］をクリックする

■図6.10：［空白セルを無視する］にチェックを入れ［OK］をクリック

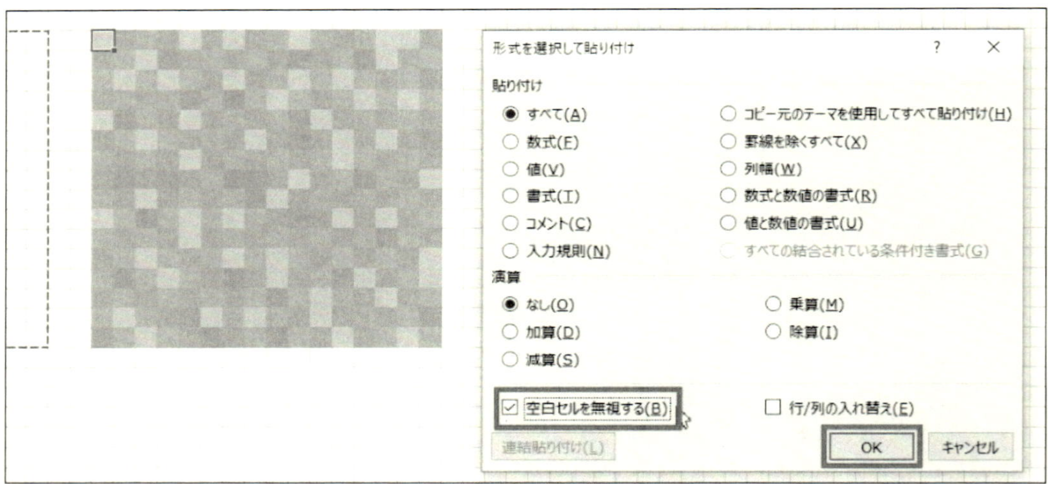

■図6.11：背景とキャラクターを重ねることができた

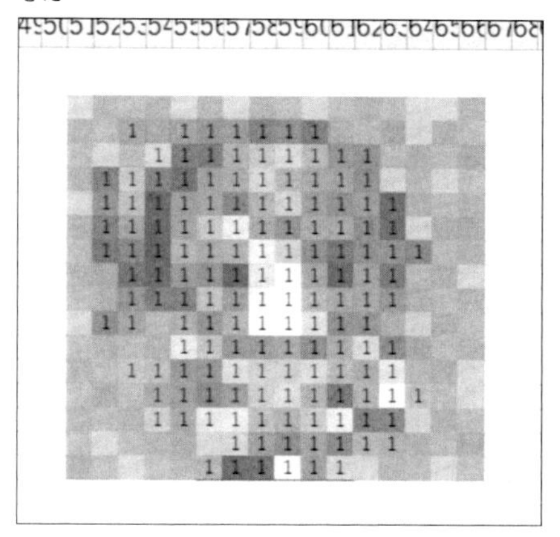

後はキャラクター部分の数値を消せば、背景と重なったセルドットの完成です。これを歩ける背景チップすべてに対して行うのですが、主人公キャラクターのほうもパターンが複数あります。サンプルゲームでは向きが正面、背面、左向き、右向きの4パターンで、それぞれの向きに対して足踏み用の2パターンが用意されています（合計で8パターン）。

背景と一体化したセルドットを用意できたら、専用のシートにすき間なく並べておきます。この際の注意点として、背景チップの並び順とまったく同じように並べてください。歩ける背景のマップチップは100番の「草原」に始まり、「茂み」→「森林」→「砂地」→「雪の草原」……の順に並んでいます。ですから、背景と一体化したセルドットも「草原用」→「茂み用」→「森林用」→「砂地用」→「雪の草原用」……と並べていきます。ダミーチップを挟んでいる箇所も決して飛ばさず、並び順を崩さないようにしてください。

シートに並べたこれらのセルドットは、Rangeオブジェクトで宣言した配列変数StepTileに格納しています。StepTileは縦×横の2次元配列で、縦側のインデックス番号を100から始める必要があります。なぜなら、歩けるマップチップは「草原」の100番から始まるためです。

◆標準モジュール > MainModule > Declarations（宣言部）参照

```
Public StepTile(100 To 159, 0 To 7) As Range '背景一体化セルドットの格納用。インデックス
番号の指定方法に注意
```

◆標準モジュール > MainModule > Settingプロシージャ参照

```
'主人公足踏みタイルを格納
For i = 0 To 59
    For j = 0 To 7
        With Sheets("Chip")
            Set StepTile(i + 100, j) = .Range(.Cells(i * 16 + 1, j * 16 + 301), _
                                        .Cells(i * 16 + 16, j * 16 + 316))
        End With
    Next j
```

```
Next i
```

イメージとしては、Chipシートに並べた背景一体化セルドットを、このままの形で2次元配列に格納すると言えばわかりやすいでしょう。

■図6.12：二次元配列StepTileに格納するイメージ図

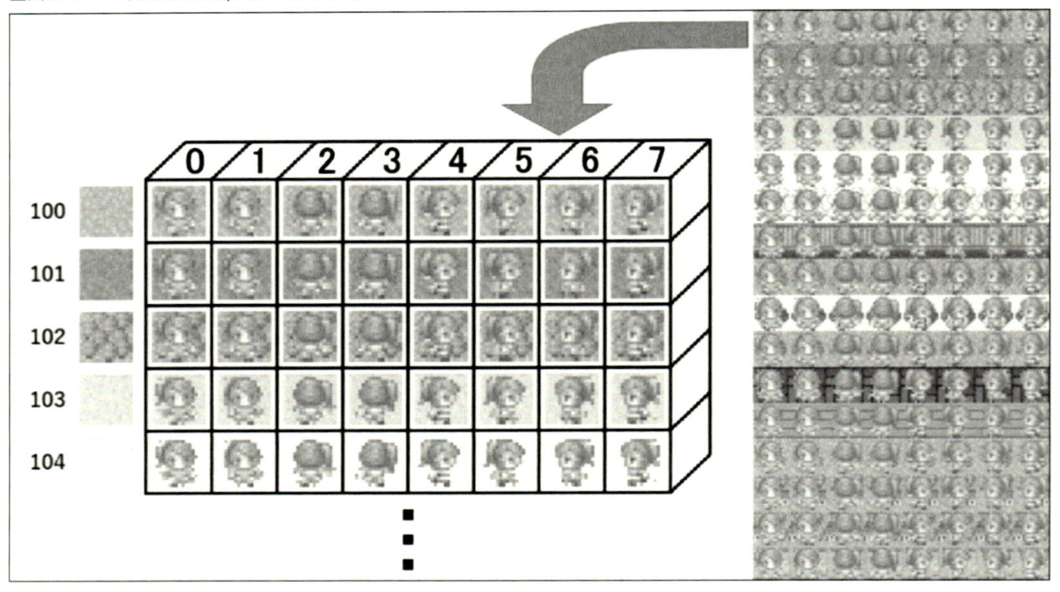

ここまで用意できれば、後は画面の中央マスに貼り付けるだけですが、これを行っているのがStepDrawプロシージャです。

StepDrawプロシージャでは、主人公の現在位置のマップチップ番号を拾って、「今、どの背景に立っているか？」を調べます（後掲するマクロ内①）。足元の背景チップの番号がわかれば、先ほどの2次元配列StepTileにおける縦のインデックス番号を指定できます。なぜなら、背景と一体化したセルドットは背景チップと同じ順番で並べてあるからです。

続いて横方向インデックスの指定ですが、これは主人公の「向き」と「足踏みパターン」の変数を利用して割り出しています。主人公の向きについては前節で解説したとおり、Player.Directionという変数で管理していて、それぞれ「正面:0」「背面:2」「右:4」「左:6」という数値を設定しています。

また、足踏みパターンはPlayer.StepPtnという変数を用意し、0→1→0→1……と交互に変化させることで、足踏みパターンを切り替えています（マクロ内②）。

背景と一体化したセルドットを、左から「正面2パターン」「背面2パターン」「右2パターン」「左2パターン」という並び順にすることで、現在位置の主人公パターンは以下の計算式で割り出すことができます（マクロ内③）。

```
StepTile(現在位置のマップチップ番号,主人公の向き+足踏みパターン)
```

◆標準モジュール＞MainModule＞StepDrawプロシージャ参照

```
Sub StepDraw(Optional OpenTreasure As Long = 0)

'引数OpenTreasureは以下のとおり
'1:宝箱を開けた時  2:持ち物一杯で再び宝箱を閉じた時

    Dim TmpMapChip As Long
    Dim Scrn1CenterTop As Long: Scrn1CenterTop = 363
    Dim Scrn1CenterLeft As Long: Scrn1CenterLeft = 113
    Dim ClosedTreV As Long: ClosedTreV = 145
    Dim OpenedTreV As Long: OpenedTreV = 146

    '②主人公の足踏みパターンの切り替え
    With Player
        If .StepPtn = 0 Then
            .StepPtn = 1
        Else
            .StepPtn = 0
        End If
    End With

    '(移動後の)現在位置のマップチップ番号を拾う
    If OpenTreasure = 1 Then '宝箱を開けた時
        TmpMapChip = OpenedTreV
    ElseIf OpenTreasure = 2 Then '持ち物が一杯で再び宝箱を閉じた時
        TmpMapChip = ClosedTreV
    Else
        TmpMapChip = MapChipData(Player.MapY, Player.MapX)  …①
    End If

    '画面保持エリア1の中央マスに主人公タイルを描画（背景と一体化したセルドットを割り出す計算式）
    StepTile(TmpMapChip, Player.Direction + Player.StepPtn) _  …③
    .Copy Destination:=Sheets("Main").Cells(Scrn1CenterTop, Scrn1CenterLeft)

    'メインエリアに描画
    Call ScreenCache_Return(1)

End Sub
```

【コラム】あらかじめ歩行パターンを用意するほうが軽くて速い？

上記で解説した［形式を選択して貼り付け］→［空白セルを無視する］の手法は、背景とキャラクターを簡単に重ねることができる素晴らしい手法です。しかし、ここまで読んであなたは気づいたかもしれません。

「だったら、この手法をそのまま移動処理に組み込めば、何もたくさんの背景一体化歩行パターンをあらかじめ用意しなくてもいいのでは？」

まさにそのとおりで、［形式を選択して貼り付け］にはPasteSpecialメソッドというものが用意されています。筆者はこのPasteSpecialメソッドを使用してサンプルゲームの試作をしてみましたが、実は処理が非常に遅くなるというデメリットがあります。主人公を1歩移動させるのにとても時間がかかってしまうのです。

かくしてPasteSpecialメソッドをゲーム本編のプログラムに使用することは却下。あらかじめ背景と一体化した主人公パターンをすべて用意するという手法を選択した次第です。

第7章　メインコマンドとメッセージウィンドウの実装

コマンドは、プレイヤーの意思をゲームに反映させる重要なシステムです。サンプルゲームでは、文字によるメニューを列挙したオーソドックスなコマンドを採用しました。この章では、移動時に使用するメインコマンド（移動時コマンド）について詳しく解説していきます。

まずは、「はなす」コマンドによる会話システムと、それに伴うメッセージウィンドウでのテキスト描画の仕組みについて学んでいきましょう。特にテキスト描画は「はなす」コマンド以外にも、魔法の使用時や戦闘関連などあらゆる場面で使用する共通ロジック。ぜひこの段階で身につけたいところです。

加えて、「どうぐ」コマンドに関わるアイテム管理方法や道具選択のロジック、宝箱のシステムと「しらべる」コマンドについても解説しています。コマンドが実装できると一気にRPGらしさが出ますので、ゲーム作成のモチベーションアップにも繋がります。

7-1　メインコマンド実装のロジック

サンプルゲームでは、移動中にCキーを押すと画面にメインコマンドが出現します。メインコマンドは白い枠で囲まれたウィンドウ形式ですが、正確には「擬似的なウィンドウ」です。というのは、背景とは別のレイヤーに描いているのではなく、背景の上に直接上書きしているからです。

7-1-1　メインコマンドの描画方法

すでに何度か解説しているとおり、セルドット方式のExcelゲームでは1枚のシートにすべてを描画しなければなりません。したがって、背景と分離したウィンドウを作ることができないのです。マップやキャラクターを描くのと同じ方法、つまりセルの塗りつぶしで表現する必要があります。

これを踏まえたうえでメインコマンドの描画ですが、まずあらかじめ専用シートにコマンドウィンドウを作成しておきます（サンプルゲームではPartsシートのセル番地R1C201周辺）。Cキーが押されたら、Partsシートに用意しておいたウィンドウのセル範囲をゲーム画面の所定の位置に貼り付けます。このようにセル範囲を一括でコピー＆ペーストする描画方法は、Excelゲームにおける高速化の基本です。

■図7.1：Partsシートのウィンドウをゲーム画面に貼り付ける

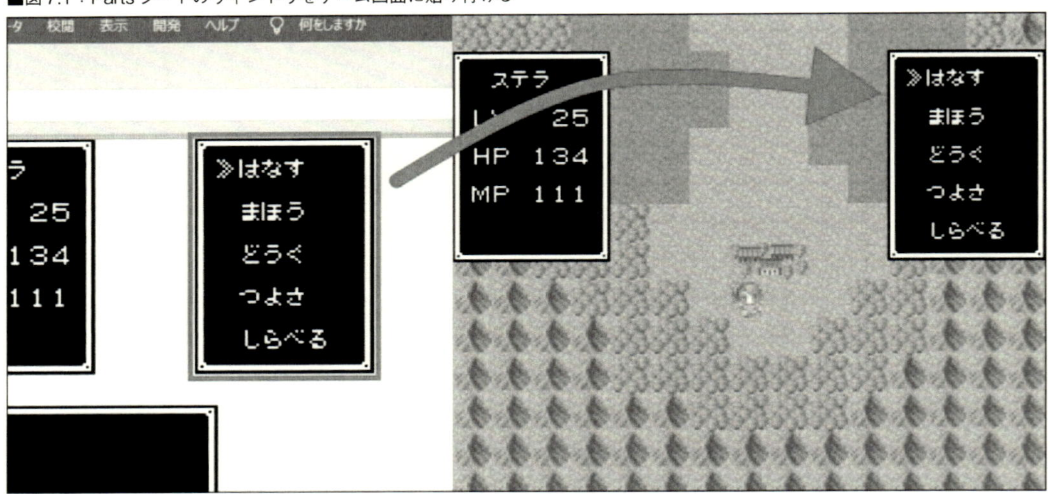

プログラムの流れとしては、まずKeyInputプロシージャでCキー入力の監視を行います。入力があればMainプロシージャから、コマンド処理の心臓部であるMoveCmdプロシージャが呼び出され、この中からさらにウィンドウの描画を行うWindowDrawプロシージャが呼び出されます。

WindowDrawプロシージャは、ゲーム中に出てくる各種ウィンドウの描画処理をまとめて記述したプロシージャで、引数によってどのウィンドウを描画するかを振り分けています（メインコマンドは引数2）。

◆標準モジュール＞MainModule＞WindowDrawプロシージャ参照

```
Sub WindowDraw(WindowType As Long)

    Dim RngWindow As Range

    With Sheets("Parts")
        Select Case WindowType
～中略～
            Case 2 'メインコマンド（移動時コマンド）は引数2
                Set RngWindow = .Range(.Cells(1, 201), .Cells(88, 264))
                RngWindow.Copy Destination:=Sheets("Main").Cells(17, 177)
```

7-1-2　コマンドメニューの選択

ウィンドウ描画処理の後はコマンドメニューの選択ですが、ロジックとしては「上から何番目の項目を選択したか？」という考え方です。たとえば、「どうぐ」を選択した場合は上から3番目になります。

このコマンドメニューの選択を司っているのが、CmdSelectというファンクションプロシージャです。CmdSelectも先ほどのWindowDrawプロシージャと同様、ゲーム中のさまざまなコマンドに対応できるよう引数で振り分けています（メインコマンドは引数1）。このとき、「上から何番目の項目を選択したか？」という戻り値が欲しいので関数化しています。

仕組みとしては、DataRowCntという変数を用意して初期値を1に設定します。そして、プレイヤーが↓キーを押せば+1、↑キーを押せば-1と加減算させます。これでDataRowCntの値は「現在、上から何番目の項目を選択中か？」を表せるわけです。最終的にプレイヤーがCキーを押してコマンドを決定したとき、DataRowCntの値を戻り値としてMoveCmdプロシージャに返します。

◆標準モジュール＞MainModule>CmdSelectプロシージャ参照

```
Function CmdSelect(CmdScene As Long) As Long

    Dim DataRowCnt As Long: DataRowCnt = 1 '初期値は1
    Dim DataRowMax As Long 'コマンドメニューの最大値
    Dim CursorY As Long 'ゲーム中に描画されるカーソルのY座標（セルの行数）
    Dim CursorX As Long 'ゲーム中に描画されるカーソルのX座標（セルの列数）
    Dim DcsnFlag As Boolean: DcsnFlag = False 'ループの終了条件用変数

    Dim ItemDataTbl As Range

    Select Case CmdScene
        Case 1 'メインコマンド（移動時コマンド）は引数1
            DataRowMax = 5 'メインコマンドは「はなす」～「しらべる」の5項目
            CursorY = 25
            CursorX = 185

～中略～

    End Select

    'カーソルを初期位置に描画
    MojiTile(182).Copy Destination:=Sheets("Main").Cells(CursorY, CursorX)

    Do Until DcsnFlag 'コマンド決定するまでループ
        If DataRowMax >= 2 Then 'コマンドメニューが2項目以上ある場合
            If GetAsyncKeyState(Down_Key) <> 0 Then
                If DataRowCnt = DataRowMax Then 'カーソルがすでにデータ最下行を指してい
る場合
                    DataRowCnt = DataRowMax
                Else
                    DataRowCnt = DataRowCnt + 1 '↓キーを押すと+1
                    CursorY = CursorY + 16
```

```
                '元のカーソル削除
                MojiTile(180).Copy Destination:= _
                Sheets("Main").Cells(CursorY - 16, CursorX)
            End If

        ElseIf GetAsyncKeyState(Up_Key) <> 0 Then
            If DataRowCnt = 1 Then 'カーソルがすでに一番上のデータを指している場合
                DataRowCnt = 1
            Else
                DataRowCnt = DataRowCnt - 1 '↑キーを押すと-1
                CursorY = CursorY - 16
                '元のカーソル削除
                MojiTile(180).Copy Destination:= _
                Sheets("Main").Cells(CursorY + 16, CursorX)
            End If
        End If
    Else 'データが1個しかない場合（道具を1つしか持っていないなど）
        DataRowCnt = 1
    End If

    'カーソル描画
    MojiTile(182).Copy Destination:=Sheets("Main").Cells(CursorY, CursorX)

    If GetAsyncKeyState(X_Key) <> 0 Then 'コマンドを途中でキャンセルした場合
        CmdSelect = 0 '戻り値を0で返す
        Exit Function '強制的にプロシージャを抜ける
    End If

    If GetAsyncKeyState(C_Key) <> 0 Then 'コマンドの決定
        'ピッ！(決定音)SE再生
        Call mciSendString("play pi from 0", vbNullString, 0, 0)
        CmdSelect = DataRowCnt 'ここで戻り値を返す
        DcsnFlag = True
    End If

    Call Sleep(100)
    Call ResetMes
Loop

End Function
```

7-2 メッセージウィンドウにおけるテキスト描画のロジック

テキストの描画はコマンド使用時だけでなく、戦闘や各種イベントなどあらゆる場面に関係する処理です。コマンドメニューの詳細を解説する前に、まずはこのテキスト描画について学んでおきましょう。

7-2-1 セルドット文字の管理方法

セルドット方式による文字の描画は、仕組みとしては第5章で解説したマップの描画とまったく同じです。つまり、ゲームで使用するすべての文字をセルドットで用意し、それらを番号で管理するわけです。サンプルゲームでは、Chipシートのセル番地R1C201周辺に配置しました。

■図7.2：セルドットで作成した文字

この文字チップをまずはRangeオブジェクトで宣言した1次元配列MojiTileに格納します。MojiTileは宣言部（Declarations）に記述したグローバル変数で、インデックス番号の最大値は189です。

◆標準モジュール＞MainModule＞Declarations（宣言部）参照

```
Public MojiTile(189) As Range '文字チップ格納用
```

このMojiTileに文字チップを格納する方法は、「5-1 マップチップの設計と実装」で解説した方法と同じです。ただし、文字の場合は1文字のサイズが8×8セルである点に注意してください。

◆標準モジュール＞MainModule＞Settingプロシージャ参照

```
'平仮名カタカナ数字などの文字タイルを格納
idx = 0 'インデックス番号の初期値は0
For i = 0 To 18
    For j = 0 To 9
        With Sheets("Chip")
            Set MojiTile(idx) = .Range(.Cells(i * 8 + 1, j * 8 + 201), _
            .Cells(i * 8 + 8, j * 8 + 208)) '一文字のサイズは8×8セル
        End With
        idx = idx + 1
```

```
    Next j
Next i
```

■図7.3：ゲームで使用する文字をインデックス番号で管理できるようになった

7-2-2　セルドット文字を指定するテキストデータの作成

前項で解説した配列変数MojiTileをインデックス番号で指定し、次々と描画していけば1つの文章となります。たとえば、「あかいはな（赤い花）」と描画したければ指定するインデックス番号は、10（あ）→15（か）→11（い）→35（は）→30（な）といった具合です。

ということは、ゲーム中に出てくる日本語の文章を、あらかじめインデックス番号に変換したデータを用意しておけば処理がスムーズです。サンプルゲームでは、Conversationシートの201列に配置しました。197列にある日本語の文章が元となるテキストです。

変換したテキストデータには文字だけでなく「制御コード」も含まれています。制御コードとは、改行や文章の終了を意味するコードです。プレイヤーの名前やアイテム名といった固有名詞の挿入も制御コードとして扱っています。サンプルゲームにおける制御コードは次のとおりです。

番号	内容	文字
201	改行	改
202	文章の続き	続
205	文章の終了1	終
206	文章の終了2	
207	文章の終了3	
208	文章の終了4	
210	プレイヤーの名前挿入	名
211	アイテム名の挿入	道
212	数値の挿入	数
213	魔法名の挿入	魔
214	モンスター名の挿入	敵

上記の表の一番右にある文字（漢字1文字）を元となる日本語の文章に入れておくことで、後述

するプログラムが制御コードとして認識してくれます。一文を例に挙げてみましょう。次の元テキストには「改」と「続」、そして「終」という3つの制御コードが入っています。

> ここエルディミルは　ちいさなむらですが改はるかみなみには　しょうぎょうとし改サンダリアがあるそうです。続いちどでいいから　いってみたいなぁ…終

上記の元テキストがゲーム中だと次のように描画されます。

■図7.4：改行・続き・終了の制御ができる

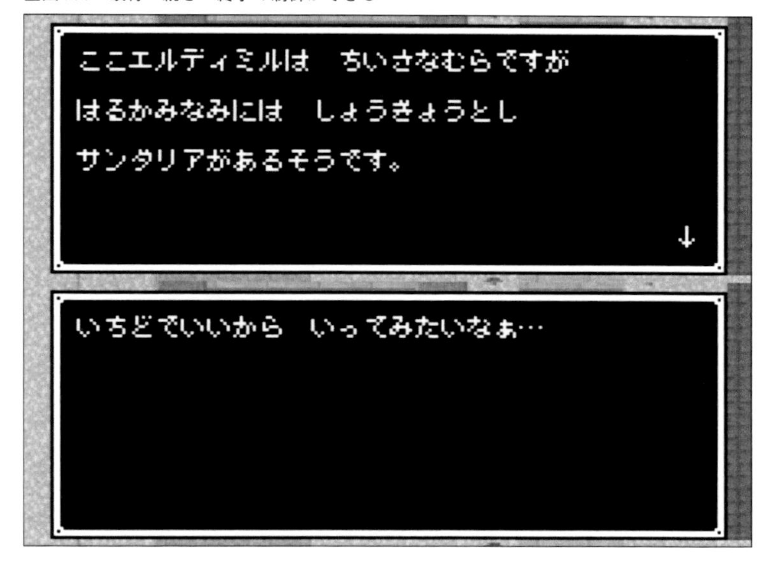

さて、変換したテキストデータの作成方法ですが、これを手動で行うのは困難でありミスも誘発してしまうため、マクロでの自動変換に任せましょう。

まずはゲームで必要なすべての文章を、制御コードも含めてセルに入力します（Conversationシートの197列）。NPCとの会話テキストだけでなく、コマンドでの道具や魔法使用時のメッセージ、ショップ関連のメッセージ、戦闘関連のテキストなど、あらゆる文章を用意する必要があります。

一度にすべてを用意するのではなく、少しずつ作成していきましょう。なお、スペースを空けたいときは全角スペースを入力、文章の最後は必ず「終」の制御コードにします。

変換したテキストデータが入るセル（Conversationシートの201列）は、［セルの書式設定］で［表示形式］を［文字列］にしておきます。これは後述するプログラムが、数値の羅列を文字列として扱うからです。

続いて、文字と番号の対応表を作成します（Conversationシートの211～212列）。これはVLookup関数による抽出用です。212列のコードNo.も、［セルの書式設定］で［表示形式］を［文字列］にしておき、必ず3桁の半角数字で入力しておきます（3は「003」、25は「025」など）。

ここまで準備できたら、マクロによる自動変換を行います。変換を担っているマクロは、標準モジュールの作業用マクロにある「元テキストをIDに変換」プロシージャです。変換処理の流れは次のとおりです。

①Mid関数で日本語の文章を1文字ずつ抜き出す
②VLookup関数で該当するインデックス番号もしくは制御コード番号を抽出する
③上記②で抽出した番号をそれまでの数字（文字列）に連結する
④元テキストの文字数分だけ繰り返す

①のMid関数はExcel VBAに用意されている関数（これを一般的にVBA関数と呼びます）で、文字列の指定した位置から、指定した文字数分だけ抜き出します。

【構文】
Mid(文字列, 開始位置, 抜き出す文字数)
【使用例】
Mid("エクセルゲーム",3,2)
【実行結果】
セル

変換用マクロでは、NumCountという変数を利用して、抜き出す開始位置を決めています。抜き出した1文字は文字列型変数CutOneに格納し、②のVLookup関数の引数として使用します。

VLookup関数は業務でおなじみの関数であり、通常はセルに直接入力して使うことが多いでしょう（こちらはワークシート関数と呼びます）。実はこのワークシート関数をVBAの中でも利用することができます。VBAでワークシート関数を使用するには、WorksheetFunction.の後に使いたいワークシート関数を記述します。

【構文】
WorksheetFunction.VLookup(検索値, 範囲, 列番号, 検索方法)

後掲するマクロ内②では、検索値に変数CutOne、範囲はセル番地で直接指定、欲しい戻り値はインデックス番号もしくは制御コード番号なので列番号は2、検索方法は完全一致なのでFalseとしています。この戻り値を変数CutOneIDに格納し、それまでの文字列に連結します（マクロ内③）。

上記の処理を、198列が示す文字数分だけ繰り返せば、1つの文章の変換が終了です。

◆標準モジュール＞作業用マクロ＞元テキストをIDに変換プロシージャ参照

```
Sub 元テキストをIDに変換()

    Dim CutOne As String '元テキストから抜き出した一文字の格納用
    Dim NumCount As Long '抜き出す位置のカウント用
    Dim CharaNum As Long '一文の文字数格納用

    Dim CutOneID As String '一文字分のテキストデータ格納用
    Dim TextAllID As String '連結したテキストデータ格納用
```

```
    Dim Flg As Boolean
    Dim i As Long

    With Sheets("Conversation")

        For i = 3 To 202 'Conversation シートの3～202行まで繰り返す
            NumCount = 1 '一文字目からスタートなので初期値は1
            Flg = False
            CharaNum = .Cells(i, 198) '一文の文字数を格納
            If CharaNum <> 0 Then
                Do Until Flg 'ここからループ処理
                    CutOne = Mid(.Cells(i, 197), NumCount, 1)  …①
                    If CutOne = "　" Then
                        CutOneID = 180 '全角スペースはインデックス番号180
                    Else
                        CutOneID = WorksheetFunction.VLookup _
                        (CutOne, .Range(.Cells(3, 211), .Cells(223, 212)), 2, 
False)  …②
                        If CutOneID = 205 Then '制御コード「終了」の設定
                            If .Cells(i, 202).Value = "" Then
                                CutOneID = 205 '通常終了
                            Else
                                CutOneID = .Cells(i, 202).Value  …⑤特殊な終了
                            End If
                        End If
                    End If

                    TextAllID = TextAllID & CutOneID  …③

                    If CharaNum = NumCount Then  …④
                        .Cells(i, 201) = TextAllID
                        TextAllID = ""
                        Flg = True
                    Else
                        NumCount = NumCount + 1
                    End If

                    CutOne = ""
                    CutOneID = ""
                Loop
            End If
```

```
        Next i

    End With

End Sub
```

マクロ内⑤ですが、これは特殊な終了の制御コードを設定しています。通常終了は、プレイヤーがテキストを読み終えたときCキーかXキーを押すことでメッセージウィンドウが消え、会話終了となります。これを制御コード「205」に設定しています。

これ以外にも、続き矢印「↓」を描画したまま終了、戦闘中のメッセージ速度を調節するために少し間を空けて終了など、次のような終了コードを用意しています。

番号	内容
205	通常終了
206	続き(↓)終了
207	後処理なしでそのまま終了
208	少し間を空けて終了(戦闘時テキスト用)

これら特殊な終了コードは、Conversationシート202列にあらかじめ入力しておくことでマクロが自動的に設定してくれます。通常終了の205は入力する必要はありません。

なお、ゲーム作成中にセリフの追加や変更があった場合でも、再度「元テキストをIDに変換」プロシージャを実行すれば自動で書き換えられるので安心です。

7-2-3 テキスト描画のロジックとプログラム

変換したテキストデータを用意できたら、いよいよゲーム中での描画処理です。まずは前項で用意した変換データを、宣言部（Declarations）で記述したグローバル変数MsgTextDataに格納します。格納するセル範囲はConversationシートのR3C201からR202C203です。

◆標準モジュール＞MainModule＞Settingプロシージャ参照

```
'メッセージテキストのデータを格納
With Sheets("Conversation")
    MsgTextData = .Range(.Cells(3, 201), .Cells(202, 203))
End With
```

テキストの変換データは、1つの文章が数字の羅列になっています。そして、1文字もしくは1つの制御コードは3桁の数字で表されています。ということは、変換データを3ずつ区切りながら該当するセルドット文字を貼り付けていけば、流れるようなテキスト描画が実現できることになります。

■図7.5：データとセルドット文字描画の関係

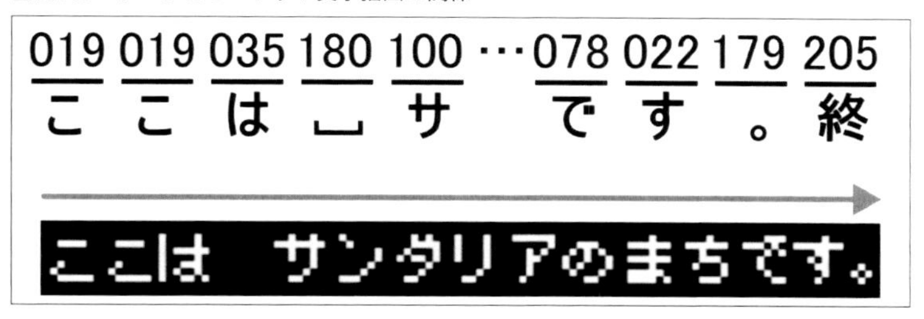

このロジックをマクロ化したのが、MainModuleにあるMsgTextDrawプロシージャです。MsgTextDrawプロシージャでは、Mid関数で変換データを3ずつ区切りながらセルドット文字の描画もしくは各制御コードを実行しています。Do〜Loopステートメントで繰り返しながら1文字ずつ描いていき、終了条件は「205・206・207・208」のいずれかの制御コードを処理した時です。

◆標準モジュール＞MainModule＞MsgTextDrawプロシージャ参照

```
Sub MsgTextDraw(TextV As Long, Optional ItemV As Long, _
    Optional Numeric As Long, Optional MagicV As Long, Optional EneV As Long)

    Dim CutOne As String '3区切りのデータ格納用。文字列型である点に注意
    Dim count As Long: count = 1
    Dim FirstLineTR As Long: FirstLineTR = 153 '一行目のY座標(TopRow)
    Dim FirstLineTC As Long: FirstLineTC = 25 '一行目のX座標(TopColumn)

    Dim StartLine As Long '開始行

    Dim CharaY As Long '文字Y座標
    Dim CharaX As Long '文字X座標
    Dim CharaNum As Long '特定の文字数格納用
    Dim EndFlag As Boolean: EndFlag = False
    Dim EndType As Long 'テキスト描画の終わりの型
    Dim NextArrow As Long: NextArrow = 181
    Dim DelSpace As Long: DelSpace = 180
```

```
    Dim i As Long
～中略～
    Do Until EndFlag 'Do～Loopステートメントで処理を繰り返す

        CutOne = Mid(MsgTextData(TextV, 1), count, 3) 'Mid関数で3ずつ区切りながら抽出

        Select Case CutOne
            Case 205 '通常終了
                EndType = 1
                EndFlag = True

            Case 206 '続き終了(↓終了)
                EndType = 2
                EndFlag = True

            Case 207 '後処理なしの終了
                EndType = 3
                EndFlag = True

            Case 208 '戦闘メッセージでの終了(少し間を空ける)
                EndType = 4
                EndFlag = True
～中略～
            Case Else '通常文字の描画
                'セルドット文字の貼り付け
                MojiTile(CutOne).Copy Destination:= _
                Sheets("Main").Cells(CharaY, CharaX)
                CharaX = CharaX + 8 'セルドット文字のX座標を8セル分加算
                count = count + 3 '変換データを3ずつ区切って見ていくため次に備えて3を加算

        End Select

        Call Sleep(1)
        Call ResetMes

    Loop
```

続いて制御コード201の「改行」処理ですが、2行目からセルドット文字を描画するためY座標とX座標を変化させています。また、制御コード202の「続き」は、CキーあるいはXキーの入力待ち処理を挟み、押されたらメッセージウィンドウをリセットしてセルドット文字の描画を初期位置に戻します。

◆標準モジュール＞MainModule＞MsgTextDrawプロシージャ参照

```
Case 201 '改行
    CharaY = CharaY + 16 '2行目から描画するためY座標に16加算
    CharaX = FirstLineTC 'X座標は初期位置にする
    count = count + 3

Case 202 '続き
    Call KeyRelease
    Do
        If CXkey_Wait(1, "Cont") Then 'Cキーあるいはキーの入力待ち
            Exit Do
        End If
        Call Sleep(1)
        Call ResetMes
    Loop

    Call WindowDraw(3) 'メッセージウィンドウ内を消去
    CharaY = FirstLineTR: CharaX = FirstLineTC 'X座標Y座標ともに初期位置にする
    count = count + 3
```

制御コード210「プレイヤーの名前」は、変数Player.Nameに数字変換された名前が格納されているので、これを3ずつ区切りながら描画処理を行っています。

名前の文字数は、たとえば「あや」という2文字の名前であっても、「あや□□（010・050・180・180）」と後半にスペースが自動で入るため必ず4文字になります。したがって、変換された数字は12桁となりFor～Nextの繰り返し回数も1から12ですが、Step 3を付加することで3ずつ区切っているのがポイントです。

◆標準モジュール＞MainModule＞MsgTextDrawプロシージャ参照

```
Case 210 'プレイヤーの名前
    For i = 1 To 12 Step 3
        CutOne = Mid(Player.Name, i, 3)
        MojiTile(CutOne).Copy Destination:=Sheets("Main").Cells(CharaY, CharaX)
        CharaX = CharaX + 8
    Next i
    count = count + 3
```

制御コード211「アイテムの名前」と制御コード213「魔法の名前」、および制御コード214「モンスターの名前」は、すべて同じロジックで描画しています。

これらの名前はGameDataシートにあらかじめ数値に変換したデータを用意しておきます。ただ、プレイヤーの名前のように4文字限定ではなく、固有の文字数で描画を行っています。そのため文

字数のデータもあらかじめ用意しておくことでプログラムの記述が簡潔になります。

■図7.6：（例）GameDataシートに用意した魔法のデータ

▼魔法データ

魔法ID	名称	テキストコード	文字数	消費MP
1	ファイアボール	11714009109016417112	7	2
2	アイアンファイア	09009109013511714009	8	5
3	アイススピア	090091102102166090	6	4
4	スターバースト	10210517116017110210	7	8
5	スリープ	102126171167	4	4
6	サイレンス	100091128135102	5	4
7	ヒール	116171127	3	3
8	ヒールオー	116171127094171	5	5

図7.6のテーブルから魔法の名前（テキストコード）をMagicName、文字数をCharaNumという変数にそれぞれ格納します。後は先ほどの「プレイヤーの名前」と同様、For～Nextの繰り返しで描画していくわけです。

◆標準モジュール＞MainModule＞MsgTextDrawプロシージャ参照

```
Case 213 '魔法の名前
    Dim MagicName As String
    Dim MgcDataTbl As Range

    With Sheets("GameData")
        '魔法データ表を格納
        Set MgcDataTbl = .Range(.Cells(4, 1), .Cells(15, 5))
    End With

    '名前データの抽出
    MagicName = WorksheetFunction.VLookup(MagicV, MgcDataTbl, 3, False)
    '文字数データの抽出
    CharaNum = WorksheetFunction.VLookup(MagicV, MgcDataTbl, 4, False)

    For i = 1 To 3 * CharaNum Step 3 '魔法名の文字数分繰り返す
        CutOne = Mid(MagicName, i, 3)
        MojiTile(CutOne).Copy Destination:= _
        Sheets("Main").Cells(CharaY, CharaX)
        CharaX = CharaX + 8
    Next i
    count = count + 3
```

最後に制御コード212「数値」の描画ですが、こちらはNumericDrawという専用ルーチンで処理を行っています。というのは、数値の表記はあらゆる場面で登場する処理だからです。

たとえば、戦闘中のダメージ値やショップでの売買交渉時の値段といったメッセージウィンドウでの描画だけでなく、ステータスウィンドウでのHPやつよさコマンドで表示される各種ステータスなど、いろんな場面で必要になります。

第2章でも解説しましたが、何度も利用することになる処理を1つのプロシージャにまとめることは、プログラムの無駄な記述を省く重要なテクニックです。

NumericDrawプロシージャは、以下のように6つの引数を受け取ります。

```
Sub NumericDraw(①DrawType As String, ②Numeric As Long, ③DrawSheet As String, _
④CharaY As Long, ⑤CharaX As Long, ⑥Optional ResetType As Long)
```

①DrawTypeは、"High"か"Low"のどちらかを指定することにより、高位の桁から描画するか一の位から描画するかを振り分けます。メッセージウィンドウでの描画というのは、文字が左から右に流れるように描画されるのでDrawTypeは"High"を指定します。反対に、ステータスウィンドウなどの数値は一の位から描画する"Low"指定です。

■図7.7：DrawType"High"と"Low"の違い

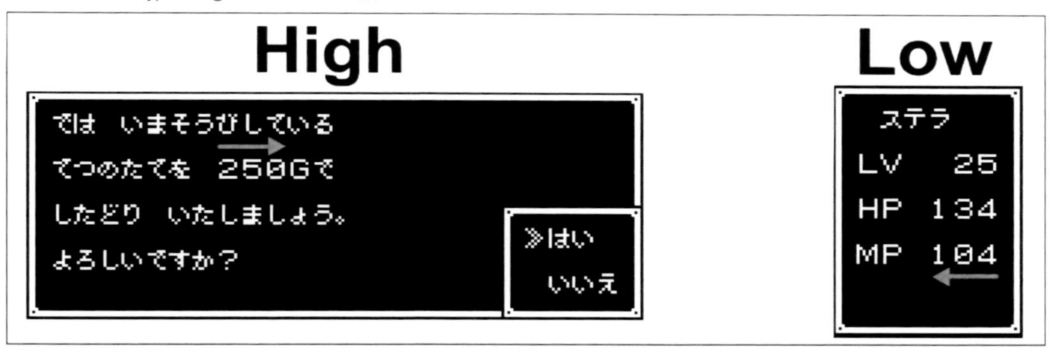

②Numericは、描画したい数値を受け取ります。

③DrawSheetは、どのワークシートに描画するのかを指定できる引数です。これは、たとえばステータスウィンドウなどの数値は、いったんPartsシートに描画してからMainシートにコピーすることが多いからです。

④CharaYと⑤CharaXは、描画するセルドット数値の座標（セル番地）です。

⑥ResetTypeは、主にDrawTypeが"Low"の数字描画で必要になります。ステータスウィンドウ系で数字を描画する際は、元々ある古い数字を完全に消去しなければなりません。消去が不完全だと、たとえばHPが100から98に減ったとき百の位の1が残ってしまいます（図7.8参照）。

消去の際は、HPやMPなど最大3桁の数字なのか、あるいは所持金や経験値など最大6桁の数字なのかで消去する範囲が異なります。ですから、ResetTypeを「3」か「6」のどちらかで指定することにより、この消去範囲を振り分けているのです。

なお、DrawTypeが"High"の場合は、文字が左から右に流れながら描画されるため古い数字の消去を考える必要がありません。そのためOptionalを付けることで省略可能としました。

■図7.8：DrawType"Low"での数値の消去範囲

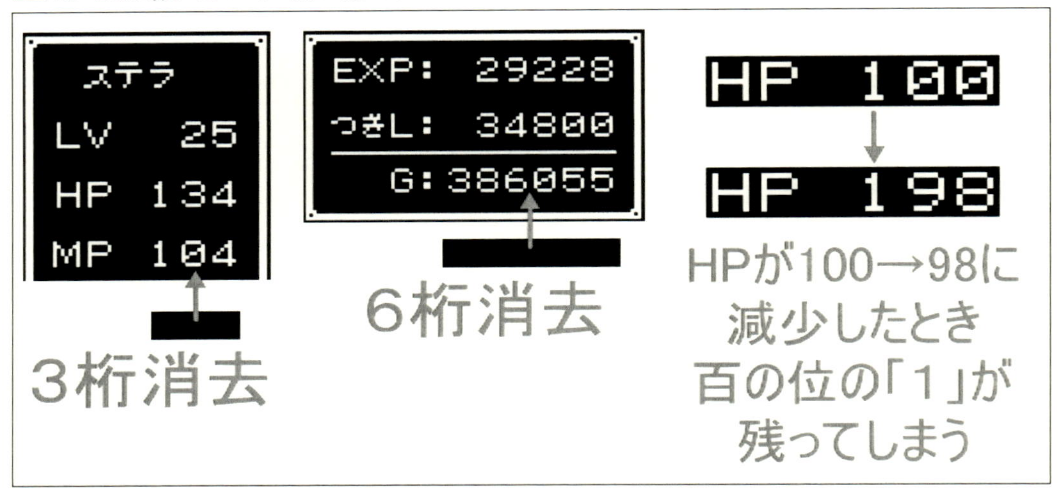

これら6つの引数を受け取ったNumericDrawプロシージャは、まずLen関数を使って数字の桁数を調べます（後掲するマクロ内①）。ただ、Len関数は文字列を扱う関数なので、引数として受け取ったNumericをそのまま渡すと正しい結果が得られません。そこで、文字列型変数のStrNumericにいったん代入しています（マクロ内②）。

桁数がわかったら、各桁の数字を1文字ずつ描画していくため配列変数に格納します。ただ、変数の宣言時には具体的な桁数がわからないため、配列変数の大きさ（要素数）を決めることができません。このような時に活用できるのが「動的配列」です。

動的配列は、変数名だけをいったん仮で宣言しておき、要素数がわかった段階で後からReDimで宣言し直すことができる配列です。マクロ内では③のEachNum()が仮宣言で、要素数がまだわからないため括弧の中を省略しています。④の段階では桁数が確定しているため、要素数として変数idxを設定しているわけです。

◆標準モジュール＞MainModule＞NumericDrawプロシージャ参照

```
Sub NumericDraw(DrawType As String, Numeric As Long, DrawSheet As String, _
CharaY As Long, CharaX As Long, Optional ResetType As Long)

    Dim StrNumeric As String '数値を文字列に変換するための変数
    Dim Digit As Long '桁数の格納
    Dim EachNum() As Long  …③各桁の数値を代入する動的配列
    Dim idx As Long
    Dim i As Long

    StrNumeric = Numeric  …②string型に代入すれば自動的に文字列扱いになる
    Digit = Len(StrNumeric)  …①
```

```
    idx = Digit - 1 '配列の添え字に合わせて-1する
    ReDim EachNum(idx)  …④配列変数の再宣言
```

後はDrawTypeごとに、数字の描画方法をそれぞれ記述しています。この章で解説しているメッセージウィンドウは、セルドットの数字を高位の桁から描いていく“High”に該当します。後掲するマクロ内①で数値を桁ごとに分解し動的配列EachNumに格納、これを1文字ずつ描いていきます。繰り返す回数はEachNumの要素数idxです。

◆標準モジュール＞MainModule＞NumericDrawプロシージャ参照

```
If DrawType = "High" Then
    For i = 0 To idx
        EachNum(i) = Mid(StrNumeric, i + 1, 1)   …①数値を桁ごとに分解し動的配列に格納
        MojiTile(EachNum(i)).Copy Destination:= _
        Sheets(DrawSheet).Cells(CharaY, CharaX)
        CharaX = CharaX + 8 '高位の桁から描画なのでX座標はプラスしていく
    Next i
Else 'DrawTypeが”Low”の場合
    '元々描画されているセルドット数値を消去
    Dim EraseNum3Digit As Range
    With Sheets("Chip")
        Set EraseNum3Digit = .Range(.Cells(171, 201), .Cells(178, 224))
    End With
    If ResetType = 3 Then '最大3桁の数字を消去（HPやMPなど）
        EraseNum3Digit.Copy Destination:= _
        Sheets(DrawSheet).Cells(CharaY, CharaX).Offset(0, -16)
    Else '最大6桁の数字を消去（EXPやGOLDなど）
        EraseNum3Digit.Copy Destination:= _
        Sheets(DrawSheet).Cells(CharaY, CharaX).Offset(0, -16)
        EraseNum3Digit.Copy Destination:= _
        Sheets(DrawSheet).Cells(CharaY, CharaX).Offset(0, -40)
    End If
    'Lowの場合は一の位から数値描画
    For i = idx To 0 Step -1
        EachNum(i) = Mid(StrNumeric, i + 1, 1)
        MojiTile(EachNum(i)).Copy Destination:= _
        Sheets(DrawSheet).Cells(CharaY, CharaX)
        CharaX = CharaX - 8 '一の位から描画なのでX座標はマイナスしていく
    Next i
End If
```

7-3　NPCとの対話システム

サンプルゲームでは、NPCと隣接し、なおかつNPCの方向を向いた状態で「はなす」コマンドを実行すると会話が始まります。条件を満たさない場合は「話す相手がいないようだ」と表示され、対話が成立しません。

この「NPCと隣接しているかどうか？」の判定には、Conversationシートのマップを利用しています。マップ中、NPCが配置されているセルの周囲には、会話IDの番号が入力されています。

■図7.9：右がConversationシート。NPCの周囲に会話IDが設定されている

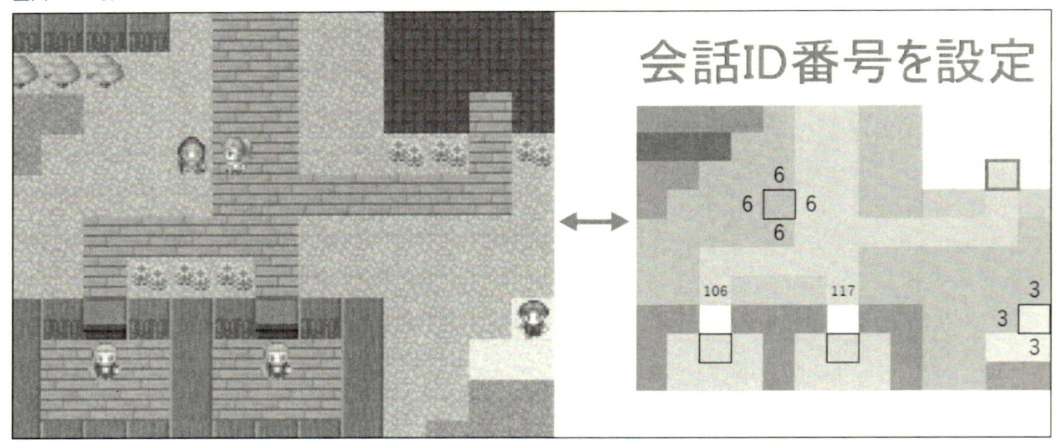

つまり、NPCと隣接している状態というのは、主人公が会話IDの番号を必ず踏んでいるはずです。逆に番号がない場所（値としては0の場所）で「はなす」コマンドを実行した場合は対話が不成立となります。

続いて向きの判定ですが、考え方としては主人公が向いている方向の1つ隣のマップチップが「NPC」か「お店のカウンター」であればよいわけです。

第5章で準備したマップチップでは、NPCがインデックス番号60〜99番、お店のカウンターが37番で管理されています。このインデックス番号と主人公の向きを表すPlayer.Directionという変数を照合すれば向きの判定が行えます。

◆標準モジュール＞MainModule＞Cmd_HANASUプロシージャ参照

```
Sub Cmd_HANASU()

    Dim FootCnvrsV As Long '足元の会話ID格納用

    Dim NextNorth As Long '主人公の1マス北のマップチップ番号格納用
    Dim NextSouth As Long '主人公の1マス南のマップチップ番号格納用
    Dim NextEast As Long '主人公の1マス東のマップチップ番号格納用
    Dim NextWest As Long '主人公の1マス西のマップチップ番号格納用
    Dim CanTalk As Boolean: CanTalk = False '会話成立のフラグ用
```

```
    Dim CnterChipV As Long: CnterChipV = 37 'お店カウンターのインデックス番号
    Dim NPCChipVMin As Long: NPCChipVMin = 60 'NPCインデックス番号の最小値
    Dim NPCChipVMax As Long: NPCChipVMax = 99 'NPCインデックス番号の最大値
～中略～
    With Player
        FootCnvrsV = ConversationMap(.MapY, .MapX) '主人公の足元の会話IDを拾う
        NextNorth = MapChipData(.MapY - 1, .MapX)
        NextSouth = MapChipData(.MapY + 1, .MapX)
        NextEast = MapChipData(.MapY, .MapX + 1)
        NextWest = MapChipData(.MapY, .MapX - 1)
    End With
～中略～
    'まず会話が成立するかの判定
    If FootCnvrsV = 0 Then '足元に会話IDがない場合は対話不成立
        CanTalk = False
    Else
        Select Case Player.Direction
            Case 0 '下向き(正面)
                If NextSouth = CnterChipV Or NextSouth >= NPCChipVMin And
NextSouth <= NPCChipVMax Then
                    CanTalk = True
                End If
            Case 2 '上向き(背面)
                If NextNorth = CnterChipV Or NextNorth >= NPCChipVMin And
NextNorth <= NPCChipVMax Then
                    CanTalk = True
                End If
            Case 4 '右向き
                If NextEast = CnterChipV Or NextEast >= NPCChipVMin And NextEast
<= NPCChipVMax Then
                    CanTalk = True
                End If
            Case 6 '左向き
                If NextWest = CnterChipV Or NextWest >= NPCChipVMin And NextWest
<= NPCChipVMax Then
                    CanTalk = True
                End If
        End Select
    End If
```

隣接と向きの条件を満たして対話が成立となれば、前節で解説したテキスト描画プロシージャ

MsgTextDrawを呼び出します。MsgTextDrawプロシージャは、以下のように5つの引数を受け取ります。

```
Sub MsgTextDraw(①TextV As Long, ②Optional ItemV As Long, _
③Optional Numeric As Long, ④Optional MagicV As Long, ⑤Optional EneV As Long)
```

このうち②～⑤はそれぞれ「ItemV：アイテムの名前」「Numeric：数値」「MagicV：魔法の名前」「EneV：モンスターの名前」を挿入するための制御コード用引数であり、前節で解説しました。たとえば、会話の中で「数値」が必要であれば③の変数Numericが数値を受け取り、制御コード212で描画されるわけです。なお、これら②～⑤の引数はOptionalを付加しているため、必要がなければ省略可能です。

NPCとの隣接判定で使われるのが①のTextVという引数で、ここがConversationシートのマップに設定された会話IDの番号を受け取ります。会話IDの番号は、Conversationシート200列のIDとも一致しています。つまり、1つ1つの文章にはIDが振られており、マップ上のID番号と紐付けられているわけです。

先ほどのCmd_HANASUプロシージャで、主人公の足元の会話IDは変数FootCnvrsVに格納されています。ですから、FootCnvrsVの値をMsgTextDrawプロシージャに渡すことでNPCが話す文章を指定することができます（後掲するマクロ内①）。

◆標準モジュール > MainModule > Cmd_HANASUプロシージャ参照

```
If CanTalk Then '対話が成立
    Select Case FootCnvrsV
        Case 32 '[戦]ラヴァジャイアント
            Call MsgTextDraw(FootCnvrsV)
            Call BT_Main(21) '戦闘メインルーチン呼び出し
～中略～
        Case 128 '旅の記録所
            Call Shop_KIROKUJO

        Case Else '一般的なNPCとの会話
            Call MsgTextDraw(FootCnvrsV)  …①引数としてFootCnvrsVの値を渡す
            GameMode = 4
    End Select
Else '対話が不成立の場合
    Call MsgTextDraw(71) '話す相手がいないようだ…
    GameMode = 4
    Exit Sub
End If
```

【コラム】セルドット方式の弱点

ここで解説した対話システムは、NPCが一切移動しないからこそ実現できるロジックです。もしNPCをランダムに動かしたい場合は、より複雑な手法を考える必要があります。

ただ、セルドット方式で多くのキャラクターを動かすとなると、当然描画の回数が増えることになり処理速度は遅くなります。「3-4 プログラムの高速化」でも触れたとおり、セルドット方式のExcelゲームで処理に時間がかかるのは、ほとんどが画面の描画に関する部分です。

そのためゲームのプランニング段階で「何を残し、何を捨てるか?」といったある程度の割り切りも必要になります。

7-4 インベントリ管理のテクニック

サンプルゲームでは、アイテムを8個まで所持することができ、「どうぐ」コマンドで使用、もしくは破棄することができます。当然、使用や破棄をした場合は道具リストから削除しなければなりません。

こうしたRPGにおけるアイテム操作や管理全般のことをインベントリと呼びます。あるいは狭義的に、ゲーム中で表示されるアイテム管理画面のみを指す場合もあります。いずれにしても、RPG作成においてインベントリシステムの実装は必須といえるでしょう。

7-4-1 アイテムの追加や削除などの操作方法

一般的なRPGのプログラムにおいて、所持品の管理には配列変数を使うことが多いです。しかし、Excelにはワークシートとセルという便利なオブジェクトが備わっています。これを利用しない手はありません。

つまり、配列変数を用意するかわりにワークシート上に所持アイテム欄を設けておくのです。そして、アイテムの追加や削除、歯抜け部分を詰めたりする処理はセルを操作するほうが直感的であり、何よりわかりやすいと言えます。

サンプルゲームにおけるアイテム管理は、SaveDataシートで行っています。3〜5列はセーブ用のスロットですが、6列がリアルタイムでゲームが進行中のデータ管理用です。このうち、R15C6〜R22C6のセル範囲が所持アイテムリストになります。また、歯抜け部分を詰める処理を行う際は、R15C8〜R22C8にコピーしてから操作しています。

さて、アイテム管理における主な操作は、先ほどから記述しているとおり「追加」と「削除」、「歯抜け部分を詰める処理」です。このうち、「追加」と「削除」が発生する状況は次のとおりです。

【追加】
・道具屋でアイテムを購入したとき
・宝箱からアイテムを入手したとき

【削除】
・移動時コマンドでアイテムを使用したとき

・移動時コマンドでアイテムを破棄したとき
・戦闘時コマンドでアイテムを使用したとき
・道具屋でアイテムを売却したとき

このように、アイテムの追加や削除はゲームのいろんな場面で発生します。このプログラムを場面ごとにその都度記述していくのは非現実的であり非効率です。そこで、第2章で解説したように、追加処理と削除処理をそれぞれ独立したプロシージャとして部品化しておきます。一度プロシージャ化しておけば、必要なときにその処理を呼び出すだけで済むからです。

また、本書のサンプルゲームは解説用ということで極力シンプルな作りにしました。しかし、これをもっと拡張させた場合、たとえばモンスターからのドロップで入手したり、イベントで入手するなど「追加」の状況が増えるはずです。ゲームの拡張性を想定してプログラムを組むことは非常に重要であり、加えてプロシージャ化しておくことはデバッグのしやすさにも繋がります。

サンプルゲームでは、追加処理をAddItemListプロシージャ、削除処理をDelItemListプロシージャとして部品化しました。さらに、アイテムリストの歯抜け部分を詰める処理としてShortenItemListというプロシージャも作成しています。

まず追加処理ですが、引数として追加するアイテムのID番号を受け取ります（変数ItemV）。ゲームに登場するアイテムはすべてID番号で管理されており、GameDataシートのセル番地R38C1周辺にまとめられています。このうち、前半の装備品に関しては道具とは分けて管理しているため、追加や削除処理に関わることがありません。

■図7.10：GameDataシートに用意したアイテムデータ

▼アイテムデータ

1	2	3	4	5	6	7	8
ID	名称	ﾃｷｽﾄｺｰﾄﾞ	文字数	買値	売値	攻撃力	守備力
1	きのぼう	016034084012	4	20	10	5	
2	どうのつるぎ	079012034027047066	6	200	100	10	
3	てつのおの	028027034014034	5	650	325	15	
4	はがねのつるぎ	03506503303402704706	7	4500	2250	20	
5	レオンのつるぎ	12809413503402704706	7	0	0	40	
⋮		～中略～					
20			0		0		
21	かいふくのみず	01501103701703404107	7	8	4		
22	かいふくドリンク	01501103701715912613	8	50	25		
23	どくけしそう	079017018021024012	6	12	6		
24	てんいのはね	028055011034035033	6	30	15		
25	まりょくのしずく	04004605901703402107	8	10000	5000		
26			0		0		

アイテムの追加ロジックは非常に簡単で、SaveDataシートの道具欄（セル番地R15C6～R22C6）を上から順番に見ていき、値が0のセルが見つかったらそこにItemVの値を入力します。

◆標準モジュール＞MainModule＞AddItemListプロシージャ参照

```
Sub AddItemList(ItemV As Long)

    Dim i As Long

    Dim ItemListTR As Long: ItemListTR = 15 'TRはTopRow
    Dim ItemListTC As Long: ItemListTC = 6 'TCはTopColumn

    '道具リストの歯抜けを詰める
    Call ShortenItemList

    For i = 0 To 7
        With Sheets("SaveData")
            If .Cells(ItemListTR + i, ItemListTC) = 0 Then
                'ここで追加アイテムのIDを書き込み
                .Cells(ItemListTR + i, ItemListTC) = ItemV
                Exit For '最後まで見る必要はないので強制的にループを抜ける
            End If
        End With
    Next i

End Sub
```

続いて削除処理ですが、引数として「アイテムリストの上から何番目を選択したか？」というポジション値を受け取ります（変数ItemListPos）。このポジション値から該当するセルを特定し、空欄を意味する0を入力しています。

◆標準モジュール＞MainModule＞DelItemListプロシージャ参照

```
Sub DelItemList(ItemListPos As Long)

    Dim ItemListTR As Long: ItemListTR = 15
    Dim ItemListTC As Long: ItemListTC = 6

    With Sheets("SaveData")
        '行指定で-1している点に注意
        .Cells((ItemListTR - 1) + ItemListPos, ItemListTC) = 0
    End With

    '道具リストの歯抜けを詰める
    Call ShortenItemList

End Sub
```

最後に歯抜け部分を詰める処理ですが、歯抜けというのは所持アイテムリストの“途中にある0”のことを表します。ですからロジックとしては、“途中にある0”を省いてその下にあるアイテム番号を上に詰めればよいわけです。

■図7.11：アイテムリストの歯抜け

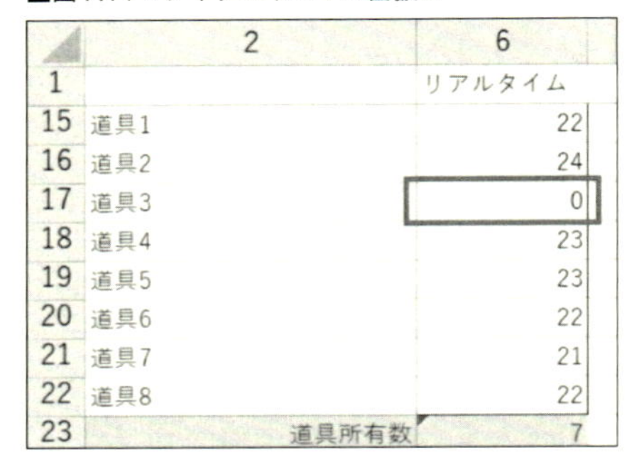

	2	6
1		リアルタイム
15	道具1	22
16	道具2	24
17	道具3	0
18	道具4	23
19	道具5	23
20	道具6	22
21	道具7	21
22	道具8	22
23	道具所有数	7

この歯抜けを詰める処理は所持アイテムリスト上で直接行わず、セル番地R15C8～R22C8の道具欄整理用セルにて行います。まず所持アイテムリストを上から順に見ていき、セルの値が0でなかったら道具欄整理用セルにその値を入力します。道具8個分のすべてのセルを確認し終わったら、道具欄整理用のセル範囲をそのまま所持アイテムリストにコピーして終了です。

◆標準モジュール＞MainModule＞ShortenItemListプロシージャ参照

```
Sub ShortenItemList()

    Dim count As Long
    Dim i As Long

    Dim ItemListTR As Long: ItemListTR = 15
    Dim ItemListTC As Long: ItemListTC = 6
    Dim ItemNumR As Long: ItemNumR = 23
    Dim ItemNumC As Long: ItemNumC = 6
    Dim ItemWkAreaTR As Long: ItemWkAreaTR = 15
    Dim ItemWkAreaTC As Long: ItemWkAreaTC = 8

    '道具欄整理用エリアをリセット
    With Sheets("SaveData")
        .Range(.Cells(ItemWkAreaTR, ItemWkAreaTC), _
        .Cells(ItemWkAreaTR + 7, ItemWkAreaTC)).ClearContents
        For i = ItemWkAreaTR To ItemWkAreaTR + 7
            .Cells(i, ItemWkAreaTC).Value = 0 'いったんすべてのセルに0を入力
        Next i
    End With
```

```
    '所持アイテムリストのうち0以外のセルを道具欄整理用エリアにコピー
    With Sheets("SaveData")
        count = 0
        For i = 0 To 7
            If .Cells(ItemListTR + i, ItemListTC) <> 0 Then
                .Cells(ItemWkAreaTR + count, ItemWkAreaTC) = _
                .Cells(ItemListTR + i, ItemListTC).Value
                count = count + 1
            End If
        Next i
    End With

    '道具欄整理用エリアを所持アイテムリストにコピー
    With Sheets("SaveData")
        .Range(.Cells(ItemWkAreaTR, ItemWkAreaTC), _
        .Cells(ItemWkAreaTR + 7, ItemWkAreaTC)) _
        .Copy Destination:=.Cells(ItemListTR, ItemListTC)
    End With

End Sub
```

7-4-2　どうぐコマンドの実装

サンプルゲームで「どうぐ」コマンドの処理を司っているのがCmd_DOUGUプロシージャです。処理の流れとしては、まず道具の所持数を確認します（後掲するマクロ内①）。この所持数はSaveDataシートのセル番地R23C6にCOUNTIF関数が仕込んであり、アイテムの追加や削除が発生した場合は自動で計算をしてくれます。このセルの値を参照すれば、現在の所持数が確認できるわけです。

■図7.12：ワークシート関数のCOUNTIFで道具の所持数を自動計算できる

R23C6 =COUNTIF(R[-8]C:R[-1]C,"<>0")

	2	3	4	5	6	7
1		セーブ1	セーブ2	セーブ3	リアルタイム	
15	道具1	22	0	0	22	
16	道具2	24	0	0	24	
17	道具3	22	0	0	22	
18	道具4	25	0	0	25	
19	道具5	22	0	0	22	
20	道具6	0	0	0	0	
21	道具7	0	0	0	0	
22	道具8	0	0	0	0	
23	道具所有数	5	0	0	5	

もし道具を何も持っていなければコマンドを実行する必要はないので、プロシージャを強制的に抜けます（マクロ内②）。所持数が1以上あれば、画面に道具リストウィンドウを描画します。

道具リストウィンドウの描画は、「7-1-1 メインコマンドの描画方法」で解説したWindowDrawプロシージャが行っており、指定する引数は6です（マクロ内③）。ただし、所持アイテムはゲームの進行によって変化するので、現在持っているものをきちんと描画しなければなりません。このアイテムリストの描画処理については次項にて解説します。

◆標準モジュール＞MainModule＞Cmd_DOUGUプロシージャ参照

```
ItemNum = Sheets("SaveData").Cells(ItemNumR, ItemNumC).Value …①計算式ではなく「値」
を代入

If ItemNum = 0 Then
    Call MsgTextDraw(95) '何も持っていない
    Exit Sub …②
End If

Call WindowDraw(6) …③道具リストウィンドウ描画
```

道具リストウィンドウが描画されたら、プレイヤーにアイテムの選択を促します。

■図7.13：どうぐコマンドでのアイテム選択

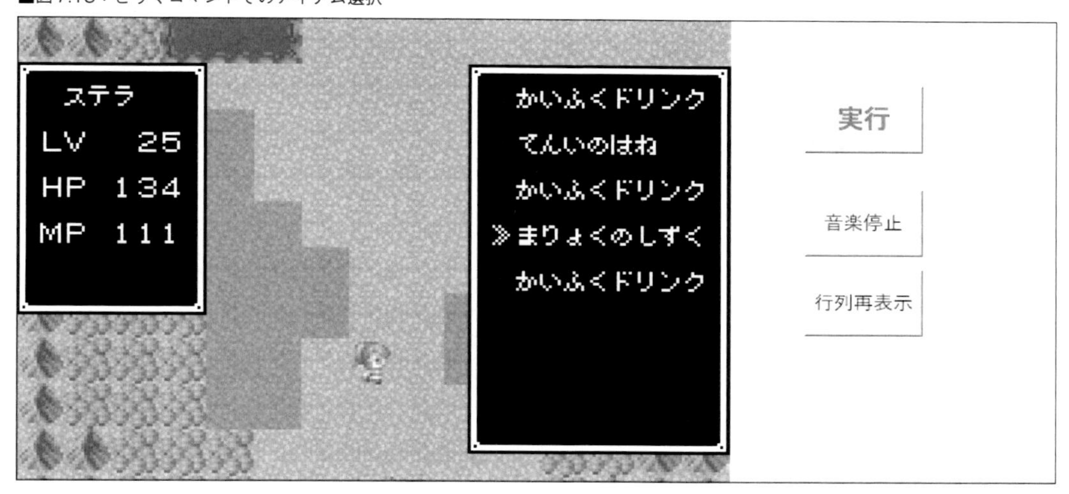

アイテム選択処理は、「7-1-2 コマンドメニューの選択」とまったく同じロジックです。CmdSelectというファンクションプロシージャで「上から何番目のアイテムを選択したか？」を判定してもらうのです。その戻り値を変数ItemListPosに格納します（後掲するマクロ内④）。この戻り値はあくまで道具リスト内の位置を表す"ポジション値"なので、マクロ内⑤でアイテムIDに変換しています。

◆標準モジュール＞MainModule＞Cmd_DOUGUプロシージャ参照

```
ItemListPos = CmdSelect(4)  …④
If ItemListPos = 0 Then 'キャンセル
    Call ScreenCache_Return(1)
    GameMode = 4
    Exit Sub
End If

SlctdItemV = Sheets("SaveData").Cells _
((ItemListTR - 1) + ItemListPos, ItemListTC).Value  …⑤
```

プレイヤーが道具を選択したら続いて「つかう／すてる」の選択ですが、この処理は上記で解説した道具リストウィンドウの描画→アイテムの選択とほぼ同じロジックなので割愛します。

その後、アイテムの使用と破棄をそれぞれ振り分けているのですが、破棄については前項で解説したDelItemListプロシージャを呼び出せば、選択したアイテムをリストから削除してくれます（後掲するマクロ内⑥）。

アイテムの使用処理については、「てんいのはね」という一度訪れた町や村にジャンプするアイテムのみ処理を記述しています（マクロ内⑦）。とは言っても、ジャンプ先を選択する処理を挿入しているだけであり、この処理に至ってもすでに解説したアイテムの選択と同じ考え方で実現できます。

■図7.14：てんいのはね使用時。一度でも訪れた町や村に一瞬でジャンプできる

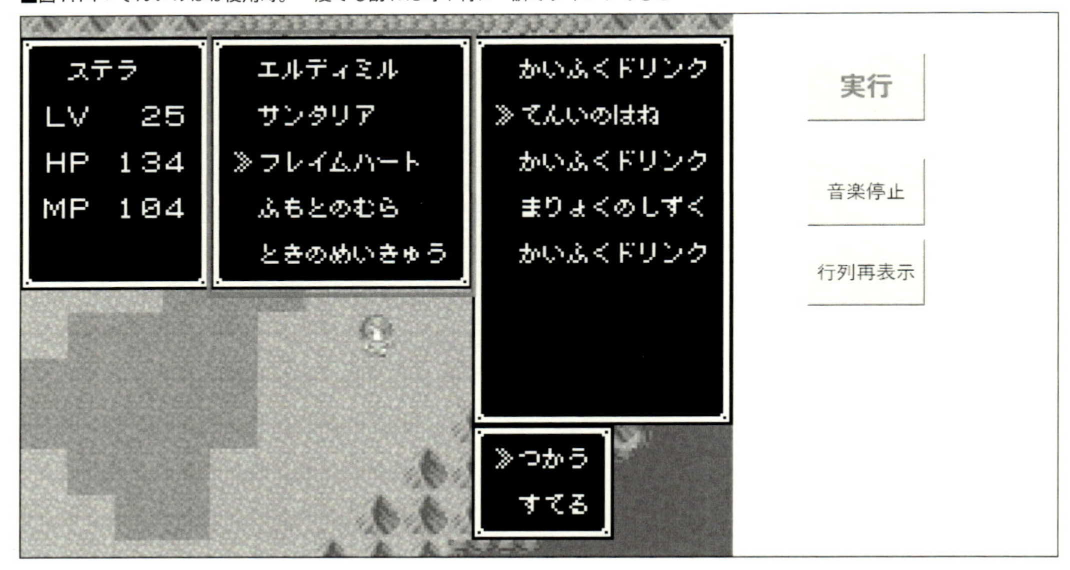

それ以外のアイテムはすべて回復系なので、回復処理をまとめたRecoveryプロシージャを呼び出してアイテム使用後の処理を任せています。アイテムの使用処理については次節で解説していますので参考にしてください。

◆標準モジュール＞MainModule＞Cmd_DOUGUプロシージャ参照

```
If UseDispose = 1 Then 'つかう
    'てんいのはね限定処理(ジャンプ先選択)
    If SlctdItemV = 24 Then  …⑦アイテムID24は「てんいのはね」
        Call WindowDraw(5) 'ジャンプ先選択ウィンドウの描画
        Call Sleep(100)
        Call KeyRelease
        Call ResetMes
        TlpListPos = CmdSelect(3) 'ジャンプ先の選択
        If TlpListPos = 0 Then 'キャンセル
            Call ScreenCache_Return(1)
            Exit Sub
        Else
            TlpJumpV = Sheets("SaveData").Cells _
  ((TlpListTR - 1) + TlpListPos, TlpListTC).Value
        End If
    End If

    Call MsgTextDraw(92, SlctdItemV) '〇〇を使った
    Call DelItemList(ItemListPos)   …⑥アイテムリストから削除
    Select Case SlctdItemV
```

```
            Case 21 'かいふくのみず
                Call Recovery(3)
            Case 22 'かいふくドリンク
                Call Recovery(4)
            Case 23 'どくけしそう
                Call Recovery(7)
            Case 24 'てんいのはね
                Call Teleport(TlpJumpV)
            Case 25 'まりょくのしずく
                Call Recovery(8)
        End Select
    Else 'すてる
        Call DelItemList(ItemListPos)  …⑥アイテムリストから削除
        Call MsgTextDraw(94, SlctdItemV) '○○を捨てた
    End If
```

7-4-3　アイテムリストの描画処理

前項で触れたとおり、所持アイテムはゲームの進行によって変化します。そのため「どうぐ」コマンドを使用した際は、ゲームの進行状況に応じてきちんとアイテムリストを描かなければなりません。

ただ、「どうぐ」コマンドを使用するたび、1文字1文字アイテム名を描画していたら時間がかかってしまいますし、プレイヤーを待たせてしまってはゲームの雰囲気が台無しです。

そこでサンプルゲームでは、アイテム名を単語単位で扱っています。Chipシートのセル番地R201C201周辺に単語のセルドットを用意しておき、1文字ずつではなく単語単位で描画するのです。この時、セルドットのアイテム名はID番号と同じ順番で並べておくのがポイントです。

■図7.15：セルドットのアイテム単語

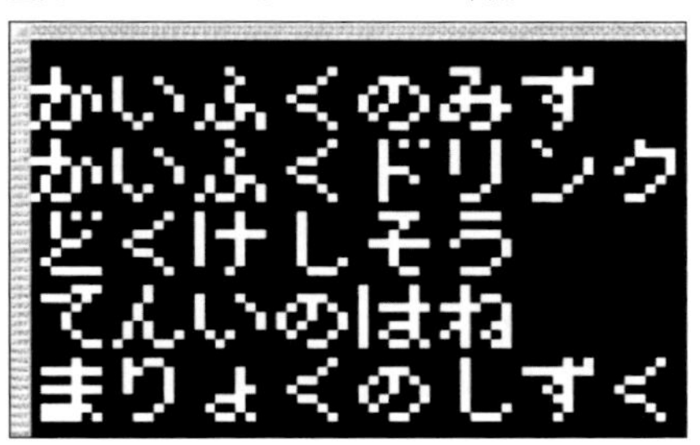

プレイヤーが「どうぐ」コマンドを選択したら、以下の流れでアイテムリストを描画します。まず、セルドットで作成したアイテム名をRange型の配列変数に格納します。

◆標準モジュール＞MainModule＞WindowStatusDrawプロシージャ参照

```
Dim ItemNameTile(30) As Range 'アイテム単語格納用
～中略～
For i = 0 To 30
    With Sheets("Chip")
        Set ItemNameTile(i) = _
        .Range(.Cells(i * 8 + 201, 201), .Cells(i * 8 + 208, 264))
    End With
Next i
```

後はSaveDataシートの所持アイテムリスト（セル番地R15C6～R22C6）を参照しながら、アイテムのID番号でItemNameTileを指定し、アイテム名を1つずつ描画していきます。

◆標準モジュール＞MainModule＞WindowStatusDrawプロシージャ参照

```
Dim ItemNum As Long '道具所持数
Dim TmpItemV As Long
Dim ItemListTR As Long 'SaveDataシートの道具欄セル番地用※TRはTopRow
Dim ItemListTC As Long 'SaveDataシートの道具欄セル番地用※TCはTopColumn
Dim RngBlankItemW As Range 'まっさらな道具ウィンドウ
～中略～

    Case 6 '道具リスト
        ItemListTR = 15
        ItemListTC = 6
        'アイテムの所持数を格納
        ItemNum = Sheets("SaveData").Cells(23, 6).Value

        'ブランクウィンドウでリセット
        RngBlankItemW.Copy Destination:=Sheets("Parts").Cells(401, 101)

        If ItemNum <> 0 Then
            For i = 0 To ItemNum - 1
                TmpItemV = Sheets("SaveData") _
                .Cells(ItemListTR + i, ItemListTC).Value
                ItemNameTile(TmpItemV).Copy Destination:= _
                Sheets("Parts").Cells(i * 16 + 409, 117)
            Next i
        End If
```

7-5　アイテム取得と使用法

サンプルゲームはシンプルな作りのため、アイテムを取得する状況は道具屋で購入するか、宝箱から入手するかの2つしかありません。ここでは、「しらべる」コマンドで宝箱からアイテムを取得するシステムと、アイテムの使用処理について解説していきます。

7-5-1　宝箱の管理とアイテム取得システムの実装

ゲーム中に登場する宝箱の配置は、Treasureシートで管理されています。シートの左側にあるマップ部分で配置を、シート右側（セル番地R4C200周辺）にあるテーブルで中身を設定しています。テーブルの200列には宝箱管理用のID番号が振られており、このID番号がマップ上のセルにも入力されています。

■図7.16：Treasureシートの宝箱データ

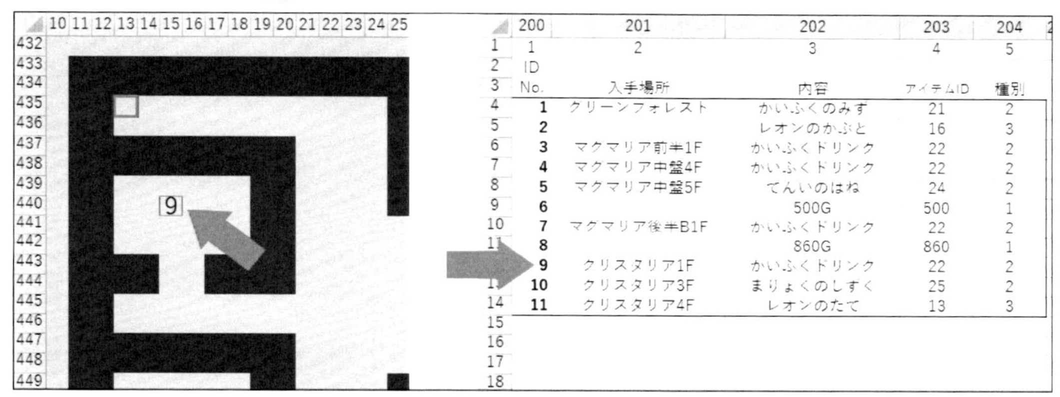

	200	201	202	203	204
1	1	2	3	4	5
2	ID				
3	No.	入手場所	内容	アイテムID	種別
4	1	クリーンフォレスト	かいふくのみず	21	2
5	2		レオンのかぶと	16	3
6	3	マクマリア前半1F	かいふくドリンク	22	2
7	4	マクマリア中盤4F	かいふくドリンク	22	2
8	5	マクマリア中盤5F	てんいのはね	24	2
9	6		500G	500	1
10	7	マグマリア後半B1F	かいふくドリンク	22	2
11	8		860G	860	1
12	9	クリスタリア1F	かいふくドリンク	22	2
13	10	クリスタリア3F	まりょくのしずく	25	2
14	11	クリスタリア4F	レオンのたて	13	3

実は、宝箱からアイテムを取得する仕組みは、「7-3 NPCとの対話システム」とほぼ同じです。Treasureシートのマップ上に配置されたID番号を、主人公が踏んだ状態で「しらべる」コマンドを選択すれば発動するわけです。ただし、宝箱の場合はアイテム欄に空きがあるか？という判定を入れています。

これら処理を担っているのが、Cmd_SHIRABERUプロシージャです。変数FootTreVに足元のID番号を格納し、この変数値を使ってシート右側にあるテーブルを参照しています。

◆標準モジュール＞MainModule＞Cmd_SHIRABERUプロシージャ参照

```
Dim FootTreV As Long '足元の宝箱ID格納用
Dim TreType As Long 'トレジャーの種別(1:ゴールド 2:一般 3:装備品)
Dim ItemV As Long 'アイテムのID番号格納用

Dim CanGetItem As Boolean 'アイテム欄に空きがあるかどうかのフラグ
～中略～
Dim ItemNumR As Long: ItemNumR = 23
Dim RealTimeCol As Long: RealTimeCol = 6
```

```
Dim TreDataTbl As Range '宝箱テーブル格納用
～中略～
With Sheets("Treasure")
    Set TreDataTbl = .Range(.Cells(4, 200), .Cells(14, 204)) '宝箱テーブルを格納
End With

FootTreV = TreasureMap(Player.MapY, Player.MapX) '足元のID番号を拾う

If FootTreV <> 0 Then
    'アイテムIDを抽出
    ItemV = WorksheetFunction.VLookup(FootTreV, TreDataTbl, 4, False)
    'アイテムの種別を抽出
    TreType = WorksheetFunction.VLookup(FootTreV, TreDataTbl, 5, False)
    'アイテム欄に空きがあるか？
    If Sheets("SaveData").Cells(ItemNumR, RealTimeCol) = 8 Then
        CanGetItem = False
    Else
        CanGetItem = True
    End If
End If
```

Cmd_SHIRABERUプロシージャでポイントとなるのが「トレジャーの種別」という考え方です。サンプルゲームにおける宝箱の中身は、①ゴールド、②一般道具、③装備品、の3種類に分けられます。この3つは、入手したときの処理がそれぞれ異なるため、TreTypeという種別を表す変数を用意してSelect Caseステートメントで処理を振り分けています。なお、装備品を入手した際の処理は、次章で詳しく解説しています。

◆標準モジュール＞MainModule＞Cmd_SHIRABERUプロシージャ参照

```
Select Case TreType
    Case 1 'ゴールド
        Call MsgTextDraw(78, , ItemV) 'ゴールドを手に入れた！
        Player.Gold = Player.Gold + ItemV
        If Player.Gold >= 999999 Then
            Player.Gold = 999999
        End If
        GoSub MapChipChange
    Case 2 '一般道具
        If Not CanGetItem Then 'アイテム欄に空きがない場合
            Call MsgTextDraw(76) '持ち物がいっぱいだ！
            Call StepDraw(2) '開けた宝箱グラフィックを戻す処理
        Else 'アイテム欄に空きがある場合
```

```
            Call MsgTextDraw(77, ItemV) '○○を手に入れた！
            Call AddItemList(ItemV) 'アイテム追加処理
            GoSub MapChipChange
        End If
```

宝箱の中身を入手できた場合は、種別に関わらず再入手できないようにしなければなりません。この処理を行っているのがCmd_SHIRABERUプロシージャ内の最下部にある「MapChipChangeサブルーチン」です。

サブルーチンとは、同一プロシージャ内で特定の処理を部品化したもので、GoSub〜Returnステートメントを使用します。

> **【構文】**
> GoSub ラベル名
> …
> ラベル名:
> …サブルーチンの処理…
> Return

プロシージャ内でGoSubが出てくると、強制的にラベル名の箇所にジャンプします。そして、サブルーチンの処理を実行してReturn行に来ると、GoSubの次の行へと戻ります。

このため、Subプロシージャ化するまでもない処理をまとめたい時は有効です。ただし、GoSubによる分岐はプログラムの可読性という点においてあまり推奨されないことに注意してください。

◆標準モジュール > MainModule > Cmd_SHIRABERUプロシージャ参照

```
MapChipChange:

    '宝箱用マップのIDを取得済みの0にする
    TreasureMap(Player.MapY, Player.MapX) = 0
～中略～
    'セーブデータの取得フラグON
    With Sheets("SaveData")
        .Cells((TreGotFlagListTR - 1) + FootTreV, RealTimeCol) = 1
    End With

Return
```

7-5-2 アイテムの使用処理の実装

サンプルゲームにおけるアイテムは、装備品を除くと以下の5種類しかありません。

①かいふくのみず……HPを小回復する

②かいふくドリンク……HPを中回復する
③どくけしそう……解毒する
④てんいのはね……一度訪れた町や村にジャンプする
⑤まりょくのしずく……MPを30回復する

このうち「④てんいのはね」以外はすべて回復系アイテムです。そのため、てんいのはね使用の処理を「Teleportプロシージャ」、回復系アイテム使用の処理を「Recoveryプロシージャ」にまとめました。

まずTeleportプロシージャですが、大まかな処理の流れとしては主人公の座標を変化させ、マップ画面を更新しているだけです。ジャンプ先の座標はGameDataシートのセル番地R18C1周辺にテーブルとしてまとめています。4列と5列がジャンプ先の座標であり、VLookup関数で抽出しています。変数TlpJumpVには、ジャンプ先の場所IDが格納されています。

■図7.17：GameDataシートの場所データ

	1	2	3	4	5	6	7	8	9
18	▼場所データ								
19	1	2	3	4	5	6	7	8	
20	場所ID	名称	(種別)	ﾃﾚﾎﾟ Y(R)	ﾃﾚﾎﾟ X(C)	ｴｽｹY(R)	ｴｽｹX(C)	宿屋価格	
21	1	フィールド	-						
22	2	エルディミル	町	52	49			10	
23	3	グリーンフォレスト	ダンジョン			54	64		
24	4	サンダリア	町	70	45			20	
25	5	マグマリア(前半)	ダンジョン			51	24		
26	6	フレイムハート	町	158	22			30	
27	7	マグマリア(中盤)	ダンジョン			139	17		
28	8	マグマリア(後半)	ダンジョン			139	28		
29	9	麓の村	町	36	36			50	
30	10	クリスタリア	ダンジョン			17	24		
31	11	時の迷宮	ダンジョン	13	64	13	64		
32	12	ダークネスキャッスル	ダンジョン			24	59		
33									

◆標準モジュール＞MainModule＞Teleportプロシージャ参照

```
With Sheets("GameData")
    '場所データテーブルを格納
    Set PlaceDataTbl = .Range(.Cells(21, 1), .Cells(32, 7))
End With

With Player
    'ジャンプ先の座標を求める
    .MapY = WorksheetFunction.VLookup(TlpJumpV, PlaceDataTbl, 4, False)
    .MapX = WorksheetFunction.VLookup(TlpJumpV, PlaceDataTbl, 5, False)
    .Direction = 0
```

続いてはRecoveryプロシージャですが、回復方法にはアイテムと魔法がありますので、「何を用いて回復するのか？」を引数RcvrTypeとして受け取っています。それをSelect Caseステートメントで振り分けて処理を記述するという構成です。

HPの回復量は常に一定ではなく、ある程度の幅が欲しいため乱数を利用しました。乱数はゲームのさまざまな場面で多用されるため、RndNUM_Geneというプロシージャを用意して関数化しています。

RndNUM_GeneはA～Bの数値範囲内で乱数を自動発生してくれるプロシージャです。この関数を利用して各魔法やアイテムの回復量を決めています。

◆標準モジュール＞MainModule＞Recoveryプロシージャ参照

```
Dim RcvrHPV As Long
Dim RcvrMPV As Long

Select Case RcvrType
    Case 1 To 5 'ＨＰ回復系
        'ＨＰ回復量の計算
        If RcvrType = 1 Then
            RcvrHPV = RndNUM_Gene(25, 35) 'ヒールは25～35回復
        ElseIf RcvrType = 2 Then
            RcvrHPV = RndNUM_Gene(55, 65) 'ヒールオーは55～65回復
        ElseIf RcvrType = 3 Then
            RcvrHPV = RndNUM_Gene(30, 38) 'かいふくのみずは30～38回復
        ElseIf RcvrType = 4 Then
            RcvrHPV = RndNUM_Gene(65, 78) 'かいふくドリンクは65～78回復
        End If
```

解毒は、主人公の毒状態を表す変数Player.IsPoisonを変化させます。Player.IsPoisonは真か偽の値を持つBoolean型なので、Falseを代入すれば毒が消えた状態となるわけです。

◆標準モジュール＞MainModule＞Recoveryプロシージャ参照

```
Case 6, 7 '解毒
If Player.IsPoison Then
    Player.IsPoison = False
    Call WindowDraw(1)
    Call MsgTextDraw(86) '毒が抜けた
Else
    Call MsgTextDraw(87) '特に意味はなかった
End If
```

【コラム】乱数利用の注意点

Excel VBAでランダムな値を取得するにはRnd関数を使用します。Rnd関数は0から1未満のランダムな小数（0〜0.9999…）を生成しますが、本書のサンプルゲームのように整数計算が主の場合は工夫が必要です。

整数値が必要な場合は、小数点以下を切り捨てるInt関数を組み合わせます。たとえば、サイコロのように1から6の値を発生させるには以下のように記述します。

```
Int(Rnd * 6) + 1
```

また、Rnd関数を使用する際は、事前にRandomizeステートメントで乱数生成の元となるシード値を初期化する必要があります。

第8章　イベントシステムの実装

RPGにおいてイベントは重要な要素です。イベントがあることでストーリーに厚みや深みがうまれ、ゲーム世界への没入感を高めてくれるからです。この章では、イベントの実装方法や仕組みについて解説していきます。

まずはイベントの種類、特に作成者の視点におけるイベントの分類について解説しています。ゲームを作成するうえで必ず意識しなければならない分類法をまずは学んでください。

続いて、スタンダードなRPGには必ず存在するショップシステムについて解説しています。店員とのやり取りをどのようにしてプログラムに落とし込むか？　その手法をご紹介しています。

さらに、重要イベントの管理方法、セーブとコンティニューシステムの実装方法についても解説しています。

8-1　RPGにおけるイベントの種類

イベントとは、ゲーム中に起こるさまざまな事象やできごとを指します。たとえば、ボスクラスの敵と戦ったり、新たな乗り物を入手したりなどはシナリオの根幹に関わる大きなできごとです。こうしたイベントを「メインイベント」や「重要イベント」と呼びます。

対して、町にいるNPCとの会話や、宝箱を調べるといったことも広い意味でのイベントと言えるでしょう。これらは一般的に「ミニイベント」と呼ばれることがあります。

ただ、ゲームを作成するうえで大切なことは、イベントの内容による分類よりも「何をきっかけに発動するか？」で分けるべきです。なぜなら、プログラムの流れを考えるうえでイベント発動のきっかけは必ず意識しなければならないからです。

この「何をきっかけに発動するか？」でイベントをとらえると、ゲーム内容にもよりますがおおむね以下の5種類に分類できます。

1．会話発動型
2．アイテム発動型
3．しらべる発動型
4．戦闘発動型
5．座標発動型

1. 会話発動型

NPCとの会話がきっかけとなってイベントが始まるタイプです。次節で解説するショップイベントは店員に話しかけることで発動する、まさにこのタイプです。プログラムの流れ上、はなす系コマンドが起点となります。本書のサンプルゲームで採用しているイベントは、ほとんどがこのタイプです。

2. アイテム発動型

特定のアイテムを使用することでイベントが始まるタイプです。たとえば、普段は渡れない海峡で重要アイテムを使うと橋がかかるなど。このタイプは「5. 座標発動型」と組み合わせて実装されることが多いです。プログラムを組む際は、どうぐ系コマンドを意識する必要があります。

3. しらべる発動型

現在地の足元を調べることでイベントが始まるタイプです。当然、しらべる系コマンドがトリガーとなって発動します。

4. 戦闘発動型

戦闘終了後にイベントへ突入するタイプです。これは勝利時だけでなく、ストーリーの都合で強制的に敗北となる、いわゆる「負けバトル」も該当します。プログラムの流れ上、戦闘終了後の処理に関わってきます。サンプルゲームでは、ラヴァジャイアント戦後の強制場面転換や、スノーセンチネル戦後の橋がかかる演出が該当します。

5. 座標発動型

キャラクターが特定の座標に立つとイベントが始まるタイプです。本書のサンプルゲームでは採用していませんが、プログラムを組む際はキャラクターの移動処理に関わってきます。

このように、各イベントの発動トリガーを把握しておくことは、プログラムを記述するうえで非常に重要です。また、デバッグ作業においても修正するプロシージャをたどりやすくなるので、この分類方法はぜひ覚えておきましょう。

8-2　ショップイベントの実装

サンプルゲームにおけるショップは、宿屋、道具屋、武器防具屋の3種類です。これらはカウンター越しの店員に話しかけることで発動する「1. 会話発動型イベント」に該当します。そのためプログラム上では、「はなす」コマンドを記述しているCmd_HANASUプロシージャが起点となります。

「7-3 NPCとの対話システム」において、各NPCが話す内容は会話IDで管理していることを解説しました。各ショップの会話ID番号は以下のとおりです。

- 宿屋……99
- 道具屋……117
- 武器防具屋……106

この会話IDを、Conversationシートのマップに入力しておきます。なお、サンプルゲームでは、店員が話す内容はすべての町や村で共通です。

■図8.1：カウンターの隣のセルにショップの会話IDを設定しておく

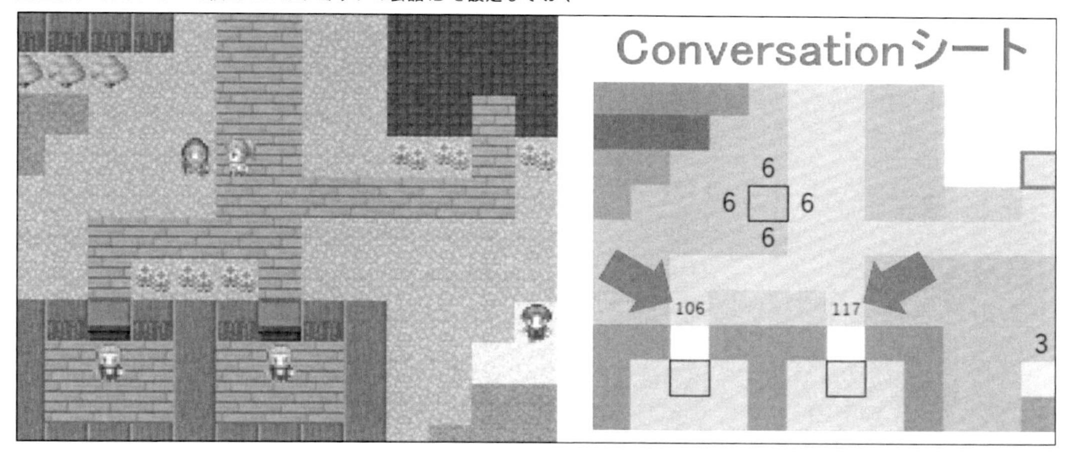

この会話IDを主人公が踏んだ状態で、なおかつカウンターのほうを向いていれば対話成立となり、各ショップイベントが発動します。プログラムでは、Cmd_HANASUプロシージャの中で各ショップのプロシージャを呼び出しています。

◆標準モジュール > MainModule > Cmd_HANASUプロシージャ参照

```
If CanTalk Then
    Select Case FootCnvrsV
～中略～
        Case 99 '宿屋
            Call Shop_INN
        Case 106 '武器防具屋
            Call Shop_BUKIBOUGUYA
        Case 117 '道具屋
            Call Shop_DOUGUYA
```

8-2-1　店員とのやり取りのロジック

各ショップのプロシージャを詳しく解説する前に、まずはすべてのショップで共通しているロジックを先に説明しましょう。

店員とのやり取りは、状況に応じて交渉しながら対話が進んでいきます。たとえば「道具屋」に入店した場合は、初めに購入なのか売却なのかを選択します。購入であればプレイヤーは商品を選び、所持金が足りていれば成約となります。売却であれば売るアイテムを選択し、下取り価格を確認後に売却成立となります。

このように、各場面や状況によって店員が話すセリフは変化しますし、プログラムで処理する内容も変わります。各ショップのプロシージャでは、この場面や状況をフェーズ（Phase）という概念でとらえプログラムを記述しています。フェーズがもっともシンプルな宿屋を例に挙げると、図8.2のようになります。

■図8.2：宿屋におけるやり取りのフェーズ

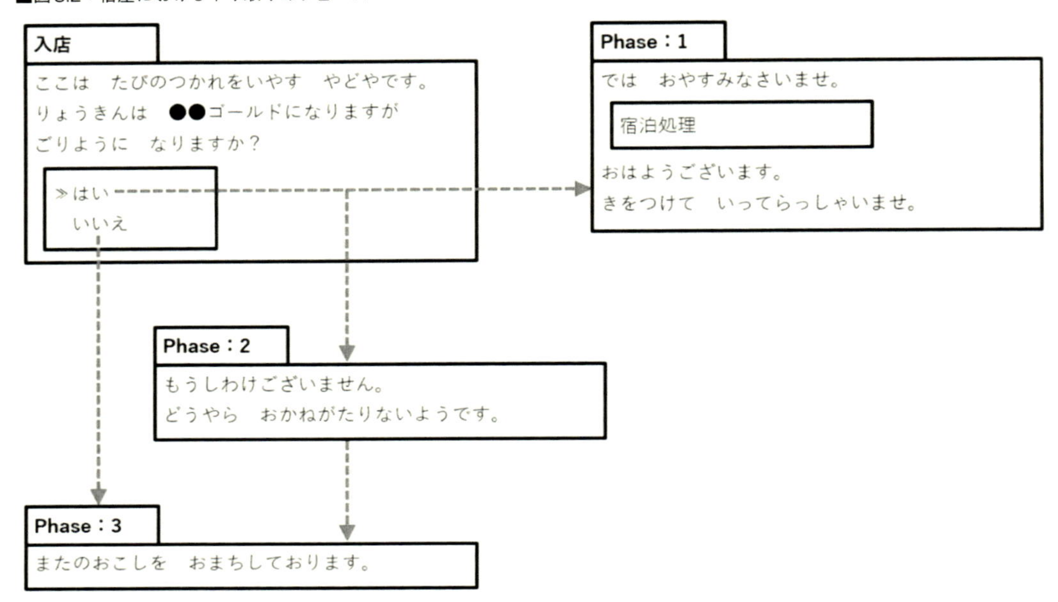

プログラムでは変数Phaseを用意し、数値で振り分けることで各場面の分岐を管理しています。宿屋のプロシージャShop_INNにおけるプログラムの骨格を抜き出してみましょう。

◆標準モジュール＞MainModule＞Shop_INNプロシージャ参照

```
Dim Phase As Long '会話の場面
～まずは入店時の処理をここに記述～
Select Case Phase
    Case 1 '宿泊処理
    Case 2 '所持金不足
    Case 3 '退店
End Select
```

このように、図8.2で示した各フェーズをSelect Caseステートメントで分岐させ、それぞれのフェーズで行う処理を記述していくわけです。

宿屋の場合はフェーズ1が核となる場面ですが、やっていることは所持金の減算、宿泊SEの再生、回復の計算処理などで特に難しい部分はありません。

8-2-2　道具屋と武器防具屋システムの実装

宿屋に比べて道具屋と武器防具屋では、フェーズ数やプレイヤーが選択する場面が増えるため、分岐がより複雑になります。しかし、各フェーズで行っている処理自体はそれほど難しくありません。

店員とのやり取りの中でプレイヤーが選択する場面には、次のようなものがあります。

・はい／いいえの選択
・購入アイテムの選択
・売却アイテムの選択　※道具屋のみ
・買う／売る／やめるの選択　※道具屋のみ

これら選択の処理については、「7-1-2 コマンドメニューの選択」や「7-4-2 どうぐコマンドの実装」で解説したCmdSelectプロシージャをそのまま利用しています。たとえば、道具屋の「買う／売る／やめる」の選択肢であれば、CmdSelectプロシージャの戻り値を格納する変数BuySellVを用意し、その値によって最初のフェーズを分岐させています。

◆標準モジュール＞MainModule＞Shop_DOUGUYAプロシージャ参照

```
Dim Phase As Long '会話の場面
Dim BuySellV As Long '買う／売る／やめるの選択値
～中略～
Select Case Phase
    Case 1 '行動選択
        Call MsgTextDraw(118) '行動選択テキスト
        Call WindowDraw(13) '買う／売る／やめる選択ウィンドウ描画

        BuySellV = CmdSelect(8) '買う／売る／やめるコマンド処理（戻り値がBuySellVに格納さ
れる）
        '最初のフェーズ分岐
        If BuySellV = 1 Then '買う
            Phase = 2
        ElseIf BuySellV = 2 Then '売る
            If ItemNum = 0 Then '持ち物0で売るものがない場合
                Phase = 6
            Else
                Phase = 7
            End If
        Else 'やめる
            Phase = 10
        End If
```

以降は各フェーズで処理を記述し、必要であれば選択や分岐処理を行っています。なお、アイテムの買値／売値は、GameDataシートのセル番地R38C1周辺にテーブルとして用意しておき、VLookup関数で抽出しています。

■図8.3：アイテムの買値／売値のデータ

▼アイテムデータ

1	2	3	4	5	6	7	8
ID	名称	ﾃｷｽﾄｺｰﾄﾞ	文字数	買値	売値	攻撃力	守備力
1	きのぼう	016034084012	4	20	10	5	
2	どうのつるぎ	079012034027047066	6	200	100	10	
3	てつのおの	028027034014034	5	650	325	15	
4	はがねのつるぎ	03506503330340270470€	7	4500	2250	20	
5	レオンのつるぎ	12809413503402704706	7	0	0	40	
⋮		～中略～					
20			0		0		
21	かいふくのみず	01501103701703404107	7	8	4		
22	かいふくドリンク	01501103701715912613	8	50	25		
23	どくけしそう	079017018021024012	6	12	6		
24	てんいのはね	028055011034035033	6	30	15		
25	まりょくのしずく	04004605901703402107	8	10000	5000		
26			0		0		

2つのプロシージャShop_DOUGUYAとShop_BUKIBOUGUYAを見ていただくとわかりますが、道具屋も武器防具屋もプログラムの構成としては大きな違いはありません。ただし、武器防具屋の場合はレオン装備をすでに身に着けているかどうかの判定と、購入時の装備変更の処理が追加されています。

サンプルゲームにおいてレオン装備は、ショップで購入できない最強装備です。そのため、すでにレオン装備を身に着けている状態では、店で売られている品を購入できない仕様となっています。その判定をフェーズ1で行っています。

武器防具の装備状態は、SaveDataシートのセル番地R11C6からR14C6で管理しています。このセルにはアイテムのID番号が入っているため、参照すれば何を装備しているかがわかるわけです。

■図8.4：SaveDataシートでの装備品の管理

	2	6
1		リアルタイム
11	ぶき	5
12	よろい	9
13	たて	13
14	かぶと	16
15	道具1	22
16	道具2	24

◆標準モジュール＞MainModule＞Shop_BUKIBOUGUYAプロシージャ参照

```
Select Case Phase
    Case 1 '商品選択＆分岐処理
～中略～
        '変数SlctdItemVにはお品書きで選択したアイテムIDが格納されている
```

```
        Select Case SlctdItemV
            Case Is <= 4 'アイテムIDが4以下は対象が剣
                'レオンの剣装備済み
                If Sheets("SaveData").Cells(11, 6) = 5 Then
                    Phase = 4
                '剣を何も装備していない場合
                ElseIf Sheets("SaveData").Cells(11, 6) = 0 Then
                    Phase = 5
                Else
                    NowEqItemV = Sheets("SaveData").Cells(11, 6).Value
                    'すでに装備しているものを買おうとしている場合
                    If SlctdItemV = NowEqItemV Then
                        Phase = 8
                    Else
                        Phase = 2
                    End If
                End If
```

続いて購入時の装備変更処理ですが、こちらはEquipChangeプロシージャで行っています。購入したアイテムのIDを引数として受け取り、SaveDataシートの各装備欄の値を書き換えています。さらに、攻撃力や守備力の再計算をする必要があるため、AtkDefCalcプロシージャを呼び出しています。

◆標準モジュール＞MainModule＞EquipChangeプロシージャ参照

```
Sub EquipChange(ItemV As Long)

    Dim WeaponR As Long: WeaponR = 11
    Dim ArmorR As Long: ArmorR = 12
    Dim ShieldR As Long: ShieldR = 13
    Dim HelmetR As Long: HelmetR = 14

    Dim RealTimeCol As Long: RealTimeCol = 6

    With Sheets("SaveData")
        Select Case ItemV
            Case Is <= 5 '武器
                .Cells(WeaponR, RealTimeCol) = ItemV
            Case 6 To 9 'よろい
                .Cells(ArmorR, RealTimeCol) = ItemV
            Case 10 To 13 '盾
                .Cells(ShieldR, RealTimeCol) = ItemV
```

```
            Case 14 To 16 '兜
                .Cells(HelmetR, RealTimeCol) = ItemV
        End Select
    End With

    Call AtkDefCalc '攻撃力と守備力の再計算

End Sub
```

8-3　重要イベントの管理

重要イベントはシナリオの根幹に関わるため、きちんと管理しないとゲーム進行に悪影響を及ぼす原因となります。基本的に、1度発生したイベントは繰り返さないというのが管理の原則です。

サンプルゲームではSaveDataシートのセル番地R59C6～R63C6で管理しています。初期設定でセルの値を0にしておき、イベントが終了したタイミングで1（フラグをON）に変更します。

■図8.5：SaveDataシートでのイベント管理

	2	6
1		リアルタイム
59	ミロス:ゲーム開始イベント	1
60	溶岩床無効化イベント	1
61	ﾗｳﾞｧｼﾞｬｲｱﾝﾄ討伐(ﾚｵﾝの鎧)	1
62	スノーセンチネル討伐	1
63	ﾚｵﾝの試練(1:会話済2:ｸﾘｱ)	2
64		

なお、セル番地R63C6「レオンの試練」だけは、2段階の経過をたどるため注意が必要です。レオンの試練イベントは、レオンの防具をすべて揃えた状態で時の迷宮に行き、レオンの魂に話しかけることで発生します。ここで迷宮が開放され、プレイヤーは分岐が繰り返される困難なダンジョンに挑戦できるようになります。この段階が1です。

そして困難な迷宮を進み、最深部にいるレオンの魂に話しかけると試練クリアとなります。この段階が2で、イベントが完全に終了したことを意味します。このイベントが終了すると、時の迷宮の構造が変化してダンジョン内部に入れなくなります。また、レオンの魂は入口に常駐し、HPとMP、状態異常の回復をしてくれるようになります。

このように複雑な経過をたどるイベントの場合、単純な0→1ではなく0→1→2→3……のように経過を分けて管理する必要があります。以下のプログラムは、時の迷宮ではじめてレオンの魂に話しかけた場面です。マクロ内①でイベント管理フラグをONにしています。加えてレオンの魂を消去、下り階段の出現などマップ上の変化処理も行っています。

◆標準モジュール＞MainModule＞Cmd_HANASUプロシージャ参照

```
Case 60 '時の迷宮・レオンの魂
    Call MsgTextDraw(FootCnvrsV)

    With Sheets("SaveData")
        'レオンの防具３種が揃っている
        If .Cells(ArmorR, RealTimeCol) + .Cells(ShieldR, RealTimeCol) + _
        .Cells(HelmetR, RealTimeCol) = 38 Then
            Call MsgTextDraw(FootCnvrsV + 1) 'おまえに試練を与えよう
            Call ScreenAllflash(5)

            '下り階段の出現
            MapTile(147).Copy Destination:= _
            Sheets("Main").Cells(17, 129) '下り階段の描画
            MapTile(147).Copy Destination:= _
            Sheets("Main").Cells(267, 129) '[画面保持エリア１]下り階段の描画
            MapTile(147).Copy Destination:= _
            Sheets("Main").Cells(517, 129) '[画面保持エリア２]下り階段の描画
            MapChipData(480, 16) = 147 '階段のマップチップID追加
            Call MsgTextDraw(FootCnvrsV + 2) 'この先の階段を進むがよい

            'レオンの魂消去
            MapTile(140).Copy Destination:= _
            Sheets("Main").Cells(97, 113) '床の描画
            MapTile(140).Copy Destination:= _
            Sheets("Main").Cells(347, 113) '[画面保持エリア１]床の描画
            MapTile(140).Copy Destination:= _
            Sheets("Main").Cells(597, 113)  '[画面保持エリア２]床の描画
            MapChipData(485, 15) = 140 '床のマップチップIDに変更
            MapChipData(485, 16) = 140 '床のマップチップIDに変更
            ConversationMap(486, 15) = 0 '会話用マップデータ変更：消去
            .Cells(63, 6) = 1  …①レオンと会話したフラグON
            GameMode = 4
        Else 'レオンの防具３種が揃っていない
            Call MsgTextDraw(FootCnvrsV + 3) '伝説の防具を探せ
            GameMode = 4
        End If
    End With
```

続いて時の迷宮をクリアし、最深部にいるレオンの魂に話しかけた場面です。今度はマクロ内②でイベント管理フラグを2にしています。

◆標準モジュール > MainModule > Cmd_HANASUプロシージャ参照

```
Case 47 '時の迷宮・レオンの試練をクリア
    Call MsgTextDraw(FootCnvrsV)
    Call EquipChange(5) '試練クリアの褒美としてレオンの剣入手処理
    Sheets("SaveData").Cells(63, 6) = 2  …②レオンの試練クリア済みフラグON
```

このように、重要イベントの進捗状況をセルで管理しておけば、プログラムから該当セルを参照することでフラグの確認ができるわけです。これは次節で解説するコンティニューの処理に大きく関わってきます。

8-4 セーブ＆コンティニューの仕組み

RPGはその性質上、セーブとコンティニュー機能が必要不可欠です。セーブは途中経過を正確に記録すること、コンティニューは記録データを元に再開することですが、Excelにはワークシートがあります。この節では、ワークシートを利用したセーブと、そのデータからのコンティニューについて解説します。

8-4-1 セーブ機能の実装

サンプルゲームにおけるセーブは、「旅の記録所」という施設で管理人に話しかけることで行います。宿屋などのショップと同じ「1. 会話発動型イベント」であり、Cmd_HANASUプロシージャが起点となるのも同様です。

節の冒頭で述べたとおりExcelにはワークシートがあるので、セーブの仕組みは非常に簡単です。変数のデータをセルに書き込み、プレイヤーがゲームを終了してExcelを閉じる際にファイルを保存すればセーブとなります。

サンプルゲームではセーブスロットが3つ用意されていて、それぞれSaveDataシートで管理しています。

■図8.6：SaveDataシートにゲームのセーブデータを保存

	2	3	4	5	6	7	8
1		セーブ1	セーブ2	セーブ3	リアルタイム		▼Saveｽﾛｯﾄ使
2	名前	158151141180	102108125180		102108125180		2
3	レベル	3	25		25		
4	ちから	7	78		78		
5	すばやさ	10	48		48		
6	まもり	5	35		35		
7	最大HP	20	134		134		
8	最大MP	5	118		118		
9	経験値	22	29228		29228		
10	ゴールド	35	17398		17398		
11	ぶき	1	5	0	5		
12	よろい	6	9	0	9		
13	たて	0	13	0	13		
14	かぶと	0	16	0	16		▼道具欄整理
15	道具1	0	22	0	22		22
16	道具2	0	24	0	24		24

セーブ処理を司っているのはShop_KIROKUJOプロシージャです。プログラムでは、まずプレイヤーに「何番のセーブスロットに保存するか？」の選択を促します。プレイヤーが選択したら、該当するスロットの列へと変数の値を書き込みます。

◆標準モジュール＞MainModule＞Shop_KIROKUJOプロシージャ参照

```
'SaveDataシートにステータス等書き込み
With Sheets("SaveData")
    .Cells(2, 2 + SaveSlotV) = Player.Name
    .Cells(3, 2 + SaveSlotV) = Player.LV
    .Cells(4, 2 + SaveSlotV) = Player.Str
    .Cells(5, 2 + SaveSlotV) = Player.Agl
    .Cells(6, 2 + SaveSlotV) = Player.Prt
    .Cells(7, 2 + SaveSlotV) = Player.MaxHP
    .Cells(8, 2 + SaveSlotV) = Player.MaxMP
    .Cells(9, 2 + SaveSlotV) = Player.Exp
    .Cells(10, 2 + SaveSlotV) = Player.Gold
```

続いて装備品以降（SaveDataシートのセル番地R11C6から下の行）のデータですが、これらについてはプログラムの変数管理ではなく、ゲーム中にリアルタイム列（6列）へ直接書き込んでいます。ですから、セーブする際はリアルタイム列の各値を、該当するセーブスロットの列にコピーすればよいことになります。なお、SaveDataシートの黄色いセルには、何らかの数式や関数が入力されているため、これらのセルをコピーする必要はありません。

■図8.7：リアルタイム列のセルをコピーする

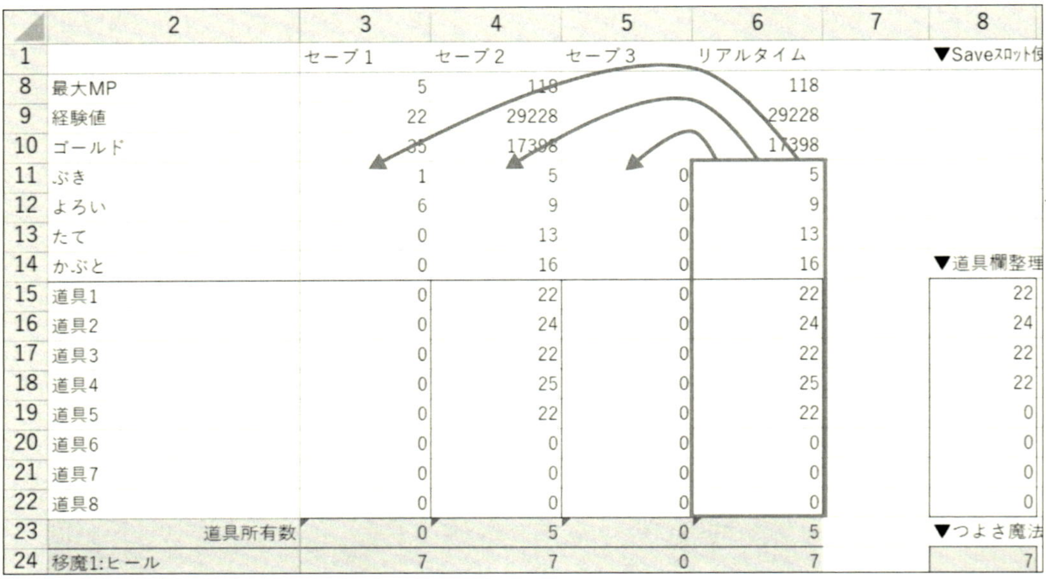

	2	3	4	5	6	7	8
1		セーブ1	セーブ2	セーブ3	リアルタイム		▼Saveｽﾛｯﾄ使
8	最大MP	5	118		118		
9	経験値	22	29228		29228		
10	ゴールド	35	17398		17398		
11	ぶき	1	5	0	5		
12	よろい	6	9	0	9		
13	たて	0	13	0	13		
14	かぶと	0	16	0	16		▼道具欄整理
15	道具1	0	22	0	22		22
16	道具2	0	24	0	24		24
17	道具3	0	22	0	22		22
18	道具4	0	25	0	25		22
19	道具5	0	22	0	22		0
20	道具6	0	0	0	0		0
21	道具7	0	0	0	0		0
22	道具8	0	0	0	0		0
23	道具所有数	0	5	0	5		▼つよさ魔法
24	移魔1:ヒール	7	7	0	7		7

◆標準モジュール＞MainModule＞Shop_KIROKUJO プロシージャ参照

```
With Sheets("SaveData")
～中略～
    '装備品の書き込み
    .Range(.Cells(11, RealTimeCol), .Cells(14, RealTimeCol)) _
    .Copy Destination:=.Cells(11, 2 + SaveSlotV)
    '道具欄の書き込み
    .Range(.Cells(15, RealTimeCol), .Cells(22, RealTimeCol)) _
    .Copy Destination:=.Cells(15, 2 + SaveSlotV)
    'テレポ登録欄の書き込み
    .Range(.Cells(41, RealTimeCol), .Cells(45, RealTimeCol)) _
    .Copy Destination:=.Cells(41, 2 + SaveSlotV)
    '宝箱回収欄の書き込み
    .Range(.Cells(47, RealTimeCol), .Cells(57, RealTimeCol)) _
    .Copy Destination:=.Cells(47, 2 + SaveSlotV)
    'セーブポイント場所の書き込み（現在地を表す変数PlaceValの値を使用）
    .Cells(58, 2 + SaveSlotV) = PlaceVal
    .Cells(58, RealTimeCol) = PlaceVal 'セーブポイントはリアルタイム欄にも書き込み
    'ゲーム進行フラグ欄の書き込み
    .Range(.Cells(59, RealTimeCol), .Cells(63, RealTimeCol)) _
    .Copy Destination:=.Cells(59, 2 + SaveSlotV)
End With
```

8-4-2　コンティニュー機能の実装

セーブに比べてコンティニューの処理は少し複雑です。というのは、セーブした時点での状態を確実に再現しなければならないからです。サンプルゲームでは、イベントの終了によってNPCのセリフが変化したり、マップに新たな橋がかかったりします。もちろん、取得済みの宝箱は空にしなくてはいけません。こうした変化をセーブスロットのデータから、もれなく確実に再現する必要があります。

サンプルゲームにおけるコンティニューの処理は、ContRoutineプロシージャで行っています。処理の主な流れは次のとおりです。

1．プレイヤーによるセーブスロット選択
2．選択したセーブスロットのデータをSaveDataシートのリアルタイム列にコピー
3．初期設定
4．各種ウィンドウの準備
5．ゲーム進行に基づいたマップデータ等の変更

1. プレイヤーによるセーブスロット選択

まずは画面にセーブスロット選択ウィンドウを描画するため、WindowDrawプロシージャを呼び出します。

WindowDrawプロシージャは、「7-1-1 メインコマンドの描画方法」で紹介したとおり、ゲーム中に出てくる各種ウィンドウの描画処理をまとめて記述したプロシージャです。ただメインコマンドとは異なり、セーブスロット選択ウィンドウは選択する項目がゲームの進捗によって変化します。

■図8.8：セーブスロット選択ウィンドウには名前とレベルが表示される

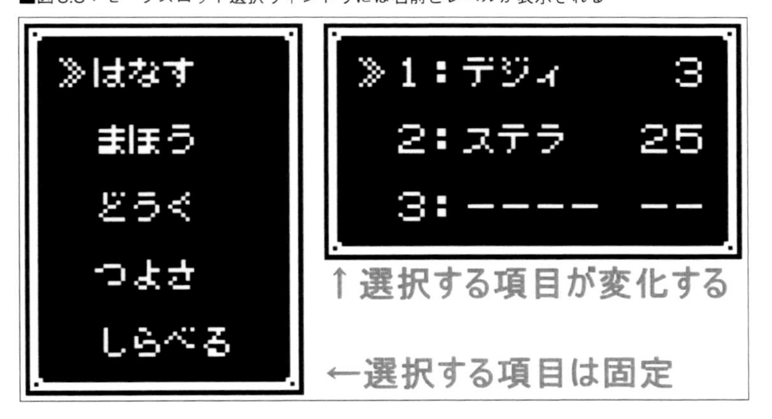

図8.8で名前とレベル数を描画しているのが、「7-4-3 アイテムリストの描画処理」で紹介したWindowStatusDrawプロシージャです。

WindowStatusDrawプロシージャは、ゲーム中に出てくる各種ウィンドウのデータや項目を描画するプロシージャです。WindowDrawプロシージャがウィンドウの“外枠”を、WindowStatusDraw

プロシージャが“中身”を描画するイメージです。

セーブスロット選択ウィンドウは、Partsシートのセル番地R1461C101～R1516C196にいったん準備します。ただし、古いデータが残っていると不具合が発生するため、同じ行のすぐ左にあるブランクウィンドウで上書きリセットします。後は、SaveDataシートを参照しながら各スロットの名前とレベル数を描画し、Mainシートの所定の位置にコピーします。

◆標準モジュール＞MainModule＞WindowStatusDrawプロシージャ参照

```
With Sheets("Parts")
    'ブランクウィンドウを格納
    Set RngBlankSaveW = .Range(.Cells(1461, 1), .Cells(1516, 96))
End With
～中略～
    Case 10 'セーブ/ロードスロット選択ウィンドウ
        'ブランクウィンドウでリセット
        RngBlankSaveW.Copy Destination:=Sheets("Parts").Cells(1461, 101)

        For i = 0 To 2
            NameData = Sheets("SaveData").Cells(2, Save1SlotC + i)
            If NameData <> "" Then '各セーブスロットに名前が入っていたら
                '各セーブスロットの名前を描画
                For j = 0 To 3
                    CutOne = Mid(NameData, count, 3)
                    MojiTile(CutOne).Copy Destination:= _
                    Sheets("Parts").Cells(1469 + (16 * i), 133 + (j * 8))
                    count = count + 3
                Next j
                '各セーブスロットのレベル値を描画
                LVNum = Sheets("SaveData").Cells(3, Save1SlotC + i)
                Call NumericDraw("Low", LVNum, "Parts", 1469 + (16 * i), 181, 3)
                count = 1
            End If
        Next i
```

セーブスロット選択ウィンドウが描画されたらプレイヤーによるスロット選択ですが、こちらは「7-1-2 コマンドメニューの選択」とまったく同じロジックです。CmdSelectプロシージャに「上から何番目のスロットを選択したか？」を判定してもらい、戻り値を変数SlctdPosに格納します。

◆標準モジュール＞MainModule＞ContRoutineプロシージャ参照

```
Do Until DecisionFlg
    SlctdPos = CmdSelect(12) 'ここで戻り値を変数SlctdPosに格納
    If SlctdPos = 0 Then 'Xキーキャンセルの場合はタイトル画面に戻る
        GameMode = 1
```

```
            Exit Sub
        Else
            '名前のセルが空ではないなら
            If Sheets("SaveData").Cells(2, 2 + SlctdPos) <> "" Then
                LoadSlotV = SlctdPos
                DecisionFlg = True
            Else '選択したスロットに名前のデータがなければ未使用のスロットなので無効
                Call WindowDraw(18)
            End If
        End If

        Call Sleep(1)
        Call ResetMes
    Loop
```

2. 選択したセーブスロットのデータをSaveDataシートのリアルタイム列にコピー

セーブのときは、リアルタイム列の各値を該当するセーブスロットの列にコピーしましたが、コンティニューはその逆です。選択したセーブスロットの各値をリアルタイム列にコピーします。

◆標準モジュール＞MainModule＞ContRoutineプロシージャ参照

```
'選択したセーブデータ⇒SaveDataシートのリアルタイム欄にコピー
With Sheets("SaveData")
    '名前～道具８まで
    .Range(.Cells(2, 2 + LoadSlotV), .Cells(22, 2 + LoadSlotV)) _
    .Copy Destination:=.Cells(2, RealTimeCol)
    'テレポ登録欄
    .Range(.Cells(41, 2 + LoadSlotV), .Cells(45, 2 + LoadSlotV)) _
    .Copy Destination:=.Cells(41, RealTimeCol)
    '宝箱回収欄～ゲーム進行フラグ欄
    .Range(.Cells(47, 2 + LoadSlotV), .Cells(63, 2 + LoadSlotV)) _
    .Copy Destination:=.Cells(47, RealTimeCol)
End With
```

3. 初期設定

セーブした時点での主人公のステータスを再現するため、SaveDataシートのリアルタイム列にコピーした各データを変数に格納します。さらに攻撃力と守備力の計算も行います。

なお、コンティニューで再開した場合、スタート地点は「旅の記録所」になります。したがって主人公のX・Y座標はセーブした旅の記録所となるため、GameDataシートにあらかじめテーブルとして用意しておくとスムーズです。

■図8.9：旅の記録所のデータ（GameDataシートのセル番地R138C1周辺）

	1	2	3	4	5	6	7	8	9
138	▼旅の記録所(セーブポイント)データ								
139	1	2	3	4	5	6	7	8	9
140	ID	名前	変換名	Y座標	X座標	階層	ﾃﾚﾎﾟOK	ｴｽｹOK	向き
141	1		-						
142	2	エルディミル	町	102	55	1	1	0	4
143	3								
144	4	サンダリア	町	112	94	1	1	0	6
145	5								
146	6	フレイムハート	町	147	15	3	1	0	6
147	7								
148	8								
149	9	麓の村	町	143	72	1	1	0	2
150	10								
151	11	時の迷宮	ダンジョン	500	15	-1	0	1	6
152	12								

◆標準モジュール＞MainModule＞ContRoutineプロシージャ参照

```
With Sheets("GameData")
    '図8.9のテーブルを格納
    Set SvPlcDataTbl = .Range(.Cells(141, 1), .Cells(152, 9))
End With
～中略～
'プレイヤーのステータス初期設定
With Sheets("SaveData")
    Player.Name = .Cells(2, RealTimeCol)
    Player.LV = .Cells(3, RealTimeCol)
    Player.Str = .Cells(4, RealTimeCol)
    Player.Agl = .Cells(5, RealTimeCol)
    Player.Prt = .Cells(6, RealTimeCol)
    Player.MaxHP = .Cells(7, RealTimeCol)
    Player.HP = Player.MaxHP
    Player.MaxMP = .Cells(8, RealTimeCol)
    Player.MP = Player.MaxMP
    Player.Exp = .Cells(9, RealTimeCol)
    Player.Gold = .Cells(10, RealTimeCol)
    Player.IsPoison = False
    Player.IsDead = False
    Player.StepPtn = 0

    PlaceVal = .Cells(58, RealTimeCol)
End With
```

```
'スタート位置のY座標をテーブルから抽出
Player.MapY = WorksheetFunction.VLookup(PlaceVal, SvPlcDataTbl, 4, False)
'スタート位置のX座標をテーブルから抽出
Player.MapX = WorksheetFunction.VLookup(PlaceVal, SvPlcDataTbl, 5, False)
'主人公の向きをテーブルから抽出
Player.Direction = WorksheetFunction.VLookup(PlaceVal, SvPlcDataTbl, 9, False)
'フロア階層をテーブルから抽出
FloorVal = WorksheetFunction.VLookup(PlaceVal, SvPlcDataTbl, 6, False)

'ゲーム再開場所においてテレポートの魔法が使えるかどうかの判定
If WorksheetFunction.VLookup(PlaceVal, SvPlcDataTbl, 7, False) = 1 Then
    CanTeleport = True
Else
    CanTeleport = False
End If
'ゲーム再開場所においてエスケープの魔法が使えるかどうかの判定
If WorksheetFunction.VLookup(PlaceVal, SvPlcDataTbl, 8, False) = 1 Then
    CanEscape = True
Else
    CanEscape = False
End If

Call AtkDefCalc '攻撃力と守備力の計算
```

4. 各種ウィンドウの準備

セーブスロットのデータに基づいて、ステータスウィンドウに名前を描画、魔法ウィンドウに習得済み魔法の名前を描画します。

■図8.10：ステータスウィンドウの名前と習得魔法の描画

魔法はテレポートなど移動時しか使えないものと、攻撃魔法など戦闘時しか使えないものがあるためそれぞれ別々に管理しています。SaveDataシートのセル番地R24C6〜R29C6が移動時の魔法で、

セル番地R31C6～R39C6が戦闘時の魔法です。これらのセルには数式が入っており、主人公のレベルに応じて自動的に魔法IDが入力されます（0は未習得）。

■図8.11：習得済み魔法の管理

	2	3	4	5	6	7	8	9
1		セーブ1	セーブ2	セーブ3	リアルタイム		▼Saveｽﾛｯﾄ使用数	
24	移魔1:ヒール	7	7	0	7		7	
25	移魔2:クレンズ	0	10	0	10		1	
26	移魔3:エスケープ	0	11	0	11		10	
27	移魔4:ヒールオー	0	8	0	8		5	
28	移魔5:テレポート	0	12	0	12		11	
29	移魔6:ヒールオル	0	9	0	9		3	
30	移魔習得数	1	6	0	6		8	
31	戦魔1:ヒール	7	7	0	7		12	
32	戦魔2:ファイアボール	0	1	0	1		6	
33	戦魔3:スリープ	0	5	0	5		2	
34	戦魔4:アイススピア	0	3	0	3		9	
35	戦魔5:ヒールオー	0	8	0	8		4	
36	戦魔6:サイレンス	0	6	0	6	習得数	12	
37	戦魔7:アイアンファイア	0	2	0	2			
38	戦魔8:ヒールオル	0	9	0	9			
39	戦魔9:スターバースト	0	4	0	4			
40	戦魔習得数	1	9	0	9		▼①ﾌﾞｸﾏ整理用	
41	ﾃﾚﾎﾟ登録:エルディミル	2	2	2	2		2	

魔法ウィンドウの描画は、図8.11に示したセルを参照しながら魔法の名前を描画していきますが、これについては「7-4-3 アイテムリストの描画処理」とまったく同じ手法です。あらかじめ魔法名をセルドットで用意しておき、単語単位で描画していきます。

◆標準モジュール＞MainModule＞ContRoutineプロシージャ参照

```
'ステータスウィンドウに名前を描画
For i = 0 To 3
    CutOne = Mid(Player.Name, count, 3)
    MojiTile(CutOne).Copy Destination:=Sheets("Parts").Cells(9, i * 8 + 117)
    count = count + 3
Next i

Call WindowStatusDraw(5) '移動時魔法リスト作成
Call WindowStatusDraw(9) '戦闘時魔法リスト作成
```

5. ゲーム進行に基づいたマップデータ等の変更

前節「8-3 重要イベントの管理」にて、イベントの進捗状況をSaveDataシートのセル番地R59C6～R63C6で管理していることを説明しました。コンティニュー時はこのデータに基づき、すでに終了したイベントについては繰り返さないように設定する必要があります。

具体的には、NPCのセリフを変化させる、NPC自体を消去する、マップデータを変更するなどですが、設定はイベント内容によって異なるため確実に行わなければなりません。

以下のプログラムは、修道院フレイムハートでの溶岩床無効化イベントの部分です。1度でも修道女長に話しかけると、炎の山マグマリアの溶岩床でダメージを受けなくなるイベントですが、すでに済んでいれば修道女長のセリフを変化させ、溶岩床無効化フラグをONにします。

◆標準モジュール＞MainModule＞ContRoutineプロシージャ参照

```
'ゲーム進行フラグに基づいた各種変更
''溶岩床無効化イベント
If Sheets("SaveData").Cells(60, RealTimeCol) = 1 Then 'フラグがONなら
    ConversationMap(140, 22) = 27 '会話用マップデータ変更：修道女長(元57)
    ConversationMap(141, 23) = 27 '会話用マップデータ変更：修道女長(元57)
    IsLavaNullify = True 'マグマリア溶岩床無効化ステータスON
End If
```

また、取得済みの宝箱は空に設定し、マップチップもフタの開いた空箱に変更しています。このとき、世界に散らばる宝箱の座標をテーブルとして用意することで処理を簡単にしています。宝箱の座標テーブルは、SaveDataシートのセル番地R47C8～R57C9です。

◆標準モジュール＞MainModule＞ContRoutineプロシージャ参照

```
''取得済み宝箱の処理
With Sheets("SaveData")
    For i = 47 To 57
        TreR = .Cells(i, 8)
        TreC = .Cells(i, 9)
        If .Cells(i, RealTimeCol) = 1 Then
            TreasureMap(TreR, TreC) = 0 '取得済みは空にする
            MapChipData(TreR, TreC) = 146 'マップデータ変更：宝箱⇒空箱
        End If
    Next i
End With
```

ここまでで、セーブデータの状況再現が終了しましたので、最後にBGMの再生とマップの描画（＝ゲーム画面の描画）を行えば、コンティニュー処理の完了となります。

第9章　ターン制戦闘システムの実装

RPGの戦闘システムは、アクション要素を取り入れたものや、シンボルエンカウントで敵と出会うもの、複数対複数で戦うものなど、さまざまなタイプが存在します。本書のサンプルゲームは解説用ということもあり、オーソドックスなコマンド選択式のターン制バトルを採用しました。

1対1で戦うシンプルなシステムですが、それでも設計は複雑です。ここでは戦闘プログラムの全体的な構造をはじめ、エンカウントの仕組み、選択式コマンドの実装方法、アクション発動処理について詳しく解説しています。

RPG作成において、戦闘システムはたしかに難易度が高い部分です。しかし、エンカウントデータや敵のステータスなどをワークシートで管理できるのがExcelの強みです。プログラムを読みながら参照しているセルを1つ1つ確認していけば、必ず理解できるはずです。ぜひじっくりと学んでいってください。

9-1　戦闘プログラムの構造

戦闘システムは、それだけで1つのゲームになるくらい大規模かつ複雑なものです。そのため単一のプロシージャですべてを処理するのは得策ではありません。本書のサンプルゲームも、たくさんのプロシージャがそれぞれ役割分担をしながら戦闘システムを実現させています。

図9.1は、戦闘システムとして直接的に関わるプロシージャを表したものです。

■図9.1：戦闘システムを構成しているプロシージャ群

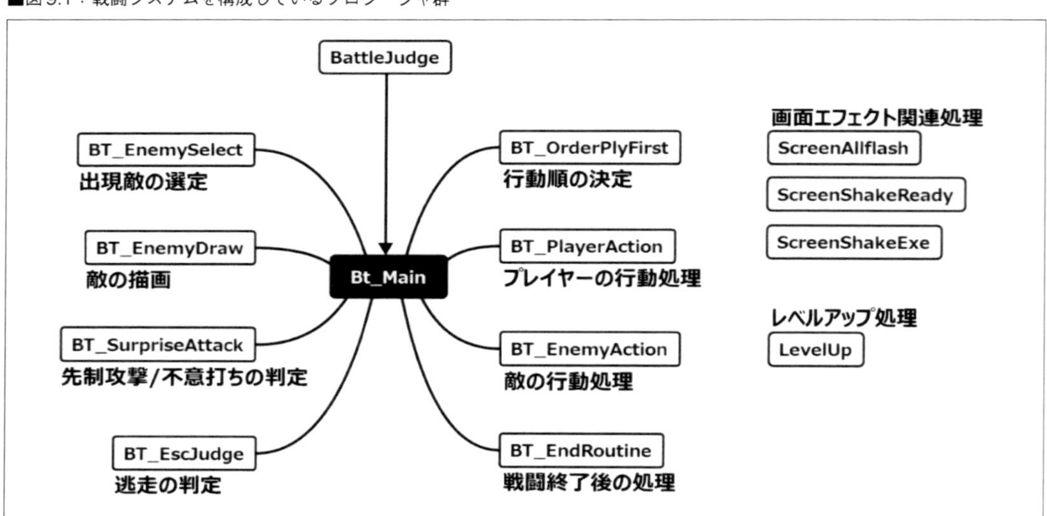

図9.1上部にある「BattleJudge」はエンカウントの判定をしているプロシージャで、戦闘発生と

なった場合に中央の「Bt_Main」が呼び出されます。

Bt_Mainは戦闘プログラムの根幹をなすプロシージャで、ここからそれぞれの役割を持ったプロシージャが呼び出されるといった構造です。さらにBt_Mainはループ構造を持っており、戦闘終了条件を満たすまでは恒常的にループし続けます。

ループ（繰り返し処理）はプログラムを勉強し始めた方だと難しく感じるかもしれませんので、もう少し詳しく解説してみましょう。

「3-1 ゲーム実行中は常に動いている『恒常ループ』」にて、Mainプロシージャが恒常ループ部分であると解説しました。しかし、ゲームプログラムにおいてループは決して1つとは限りません。むしろ、呼び出されたサブルーチンの中で小さなループ処理が行われるケースはかなり多いのです。

たとえば、「7-1-2 コマンドメニューの選択」で解説したCmdSelectプロシージャは、プレイヤーがコマンドを決定するまでループし続けます。あるいは、「7-2-3 テキスト描画のロジックとプログラム」で解説したMsgTextDrawプロシージャは、ループしながら1文字ずつ描画し、文章をすべて描画し終わったらループを抜ける仕組みです。つまり、プログラムの流れがプロシージャからプロシージャへ移る先々で、小さなループ処理をしているわけです。

小さなループにはそれぞれに終了条件が設けられており、条件を満たせばループを抜けて次の処理に移ります。そのプロシージャ内での処理がすべて完了すれば、プログラムの流れは呼び出し元のプロシージャへと戻ります。

■図9.2：メインループ以外にも小さなループがたくさん存在する

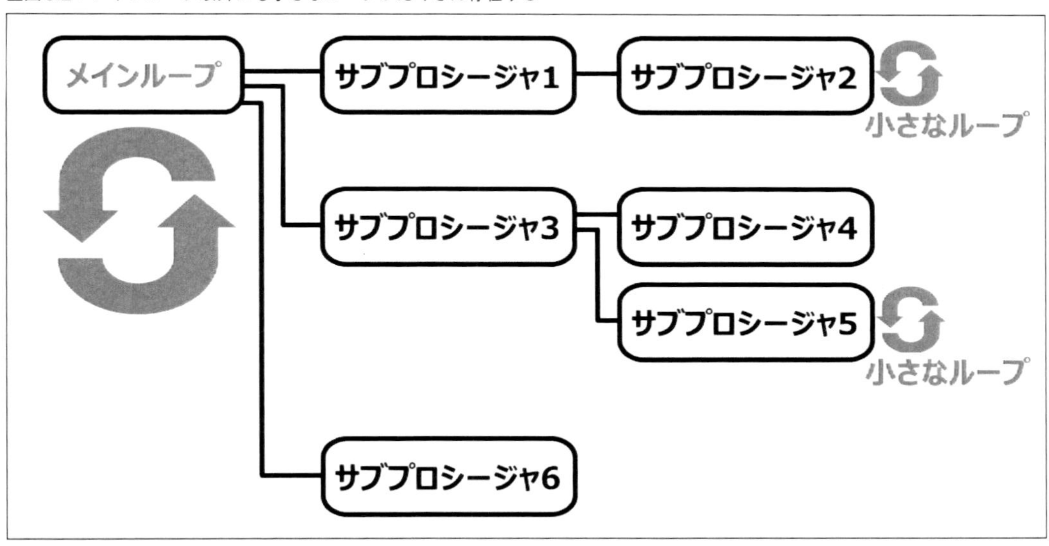

さて、戦闘プログラムの根幹をなすBt_Mainプロシージャは、いわば“戦闘システムの司令塔”のような役割を持ちます。自身でも軸となる処理を行いながら、要所要所で必要なプロシージャを呼び出しています。一連の処理の流れは図9.3に示したとおりで、プロシージャ名が書かれている箇所で呼び出しを行っています。

■図9.3：どちらかが倒れるか逃走成功したときにメインループ部分を抜ける

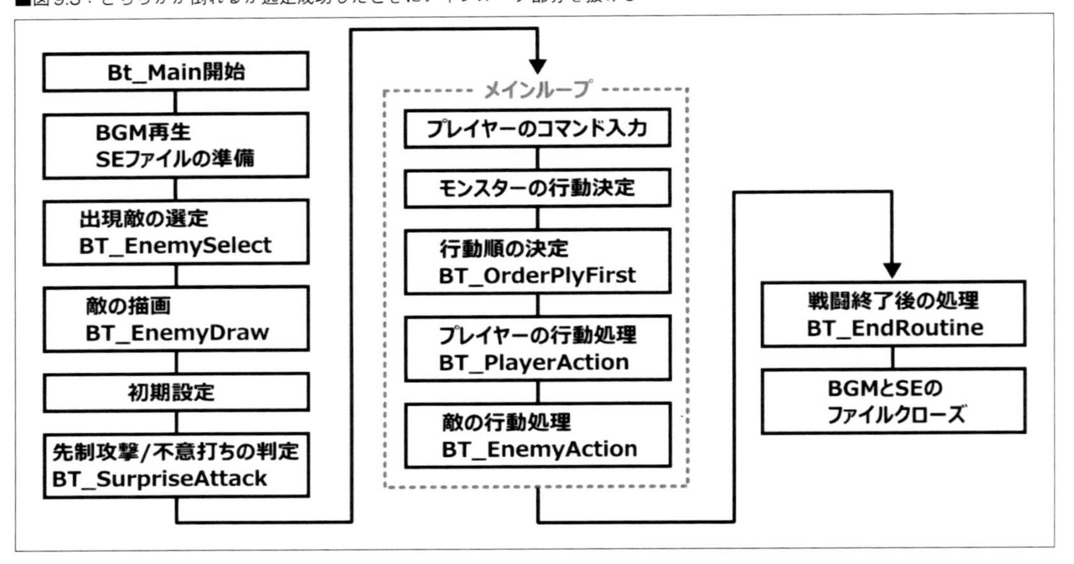

9-2 エンカウントメカニズム

サンプルゲームでは、一定の歩数を歩くと敵に遭遇する「歩数エンカウント」を採用しています。ただ、既存ゲームのような複雑なアルゴリズムではなく、きわめてシンプルな手法です。

敵に遭遇するまでの歩数は、各エリアによって以下のように決められており、地形による補正などは考慮していません。

・フィールド：10〜20歩
・グリーンフォレスト：18〜35歩
・炎の山マグマリア（前半）：7〜18歩
・炎の山マグマリア（中盤）：10〜18歩
・炎の山マグマリア（後半の海底洞窟）：15〜25歩
・氷の塔クリスタリア：13〜37歩
・時の迷宮：20〜40歩
・ダークネスキャッスル：25〜45歩

この歩数を決定しているのがEncStepsResetプロシージャです。「7-5-2 アイテムの使用処理の実装」で解説したRndNUM_Geneという乱数発生プロシージャをここでも利用し、遭遇するまでの歩数を場所ごとに決めています。

◆標準モジュール＞MainModule＞EncStepsResetプロシージャ参照

```
Select Case PlaceVal
    Case 1 'フィールド
        EncStepsVal = RndNUM_Gene(10, 20)
    Case 3 'グリーンフォレスト
        EncStepsVal = RndNUM_Gene(18, 35)
    Case 5 '炎の山マグマリア(前半)
        EncStepsVal = RndNUM_Gene(7, 18)
    Case 7 '炎の山マグマリア(中盤)
        EncStepsVal = RndNUM_Gene(10, 18)
    Case 8 '炎の山マグマリア(後半の海底洞窟)
        EncStepsVal = RndNUM_Gene(15, 25)
    Case 10 '氷の塔クリスタリア
        EncStepsVal = RndNUM_Gene(13, 37)
    Case 11 '時の迷宮
        EncStepsVal = RndNUM_Gene(20, 40)
    Case 12 'ダークネスキャッスル
        EncStepsVal = RndNUM_Gene(25, 45)
End Select
```

EncStepsResetプロシージャは、戦闘終了後やフィールド→ダンジョンなど現在地が変わったタイミングで呼び出され、遭遇するまでの歩数をリセットしています。ここで決定した歩数を格納しているのがグローバル変数EncStepsValです。

変数EncStepsValは、主人公が1歩移動するたび値をマイナス1していき、0になったらエンカウントとなります。ただし、町中など敵が出現しない場所では減算させません。

エンカウントが発生したら次は出現敵の選定です。どのエリアにどんな敵が出現するかはEncountシートで管理しています。セル番地R4C200周辺には出現する敵のテーブルがあり、エンカウントエリアを示すIDとそこに出現する敵を設定したスロットが6個存在します。スロットには出現する敵のIDが格納されています。

■図9.4：エリアごとの出現敵はEncountシートで管理

エンカウントエリアID　　敵IDを格納するスロット

	200	201	202	203	204	205	206	207	208
2	ID								
3	No.	場所	敵1	敵2	敵3	敵4	敵5	敵6	
4	1	[F]エルディミル周辺1	1	1	1	2	2	2	
5	2	[F]エルディミル周辺2	1	1	2	2	3	3	
6	3	[F]サンダリア～マグマリア	7	7	8	8	9	9	
7	4	[F]麓の村～クリスタリア東	15	15	16	16	17	17	
8	5	[F]氷の塔攻略後の新大陸	21	21	22	22	23	23	
9	6	[F]ラスボス城の小島	27	27	28	28	29	29	
10	7								
11	8								
12	9								
13	10								
14	11	グリーンフォレスト	4	4	5	5	6	6	
15	12	炎の山マグマリア(前半)	10	10	11	11	12	12	
16	13	炎の山マグマリア(中盤)	10	10	11	11	12	12	
17	14	炎の山マグマリア(後半)	13	13	13	14	14	12	
18	15	氷の塔クリスタリア	18	18	19	19	20	20	
19	16	時の迷宮	24	24	25	25	26	26	
20	17	ダークネスキャッスル	30	30	31	31	32	32	

さらにエンカウントエリアを示すIDは、Encountシート左側のマップ中にも設定されています。

■図9.5：フィールドのエンカウントエリアID。歩けるマスに番号が入力されている

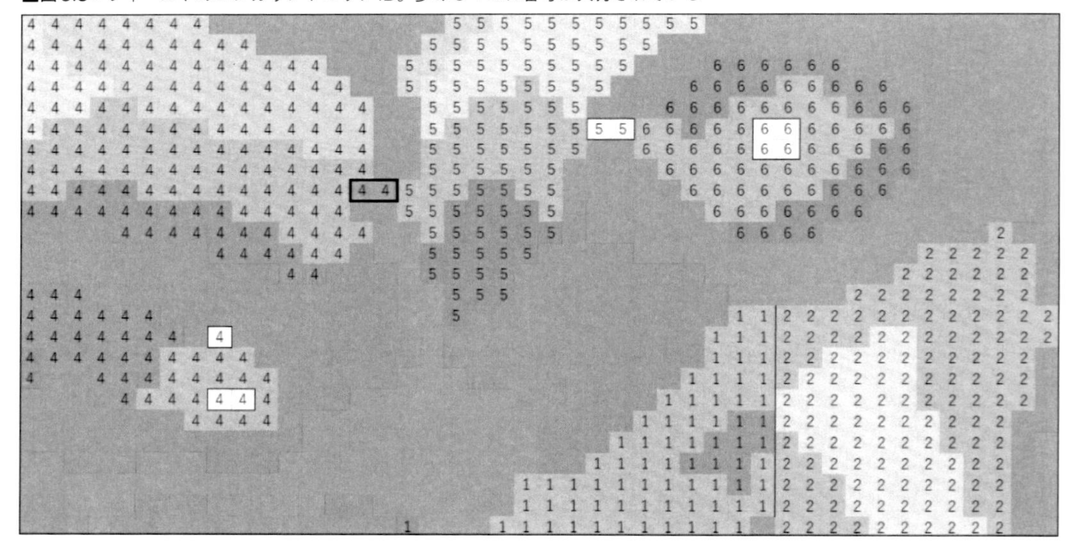

カーソルキーの入力を監視しているKeyInputプロシージャで主人公の移動が認められると、エンカウントの判定をするBattleJudgeプロシージャが呼び出されます。

BattleJudgeプロシージャでは、主人公の足元のエンカウントエリアIDを拾い、変数FootEncVに格納します。足元のエンカウントエリアIDが0以外（空欄ではない）ならEncStepsValの値を1減算、0になったときにBT_Mainを呼び出しています。

◆標準モジュール＞MainModule＞BattleJudgeプロシージャ参照

```
Dim FootEncV As Long

'主人公の足元のエンカウントエリアIDを拾う
FootEncV = EncountMap(Player.MapY, Player.MapX)
If FootEncV <> 0 Then
    EncStepsVal = EncStepsVal - 1 'エンカウントまでの歩数を1減算
    If EncStepsVal <= 0 Then
        Call BT_Main(FootEncV) '戦闘メインルーチン呼び出し
    End If
End If
```

プログラムの流れがBT_Mainプロシージャに移ると、BT_EnemySelectプロシージャが呼び出されて出現する敵を選定します。敵の選定方法は単純に1から6の乱数を発生させて、図9.4で解説したスロットを選んでいるだけです（固定敵を除く）。

関数化してあるBT_EnemySelectプロシージャは値を返しますので、BT_Mainプロシージャに制御が戻ると同時に、変数EnemyNumには敵のIDが格納されます。

◆標準モジュール＞MainModule＞BT_Mainプロシージャ参照

```
Sub BT_Main(BattleType As Long)
    '引数BattleTypeは以下のとおり
    '1～17:ランダムエンカウント
    '21:[固]ラヴァジャイアント  22:[固]スノーセンチネル  23:[固]ヴァルドラ
～中略～
    'モンスター選定
    EnemyNum = BT_EnemySelect(BattleType)
```

◆標準モジュール＞MainModule＞BT_EnemySelectプロシージャ参照

```
With Sheets("Encount")
    '図9.4に示したテーブルを格納
    Set EncDataTbl = .Range(.Cells(4, 200), .Cells(28, 207))
End With
～中略～
Else 'ランダムエンカウント
    FootEncV = EncountMap(Player.MapY, Player.MapX) '足元のエンカウントエリアIDを拾う
    RndV = RndNUM_Gene(1, 6) '1から6の乱数を発生
    BT_EnemySelect = WorksheetFunction.VLookup _
    (FootEncV, EncDataTbl, 2 + RndV, False) 'テーブルから敵のIDを抽出
```

9-3 戦闘コマンドの実装

戦闘コマンドの実装は、「7-1 メインコマンド実装のロジック」がそのまま使えます。WindowDrawプロシージャで戦闘コマンドを所定の位置に貼り付け、CmdSelectプロシージャでメニューの選択処理をする流れは、メインコマンドとまったく同じです。

「まほう」と「どうぐ」を選択した場合は、それぞれ魔法リストと道具リストから2階層目の選択をしますが、これについても「7-4-2 どうぐコマンドの実装」と同じロジックで対応できます。

戦闘コマンドでは、1階層目の選択結果を変数PlyActionA、2階層目の選択結果を変数PlyActionBにそれぞれ格納します。

■図9.6：「まほう」と「どうぐ」は２階層目のコマンド選択がある

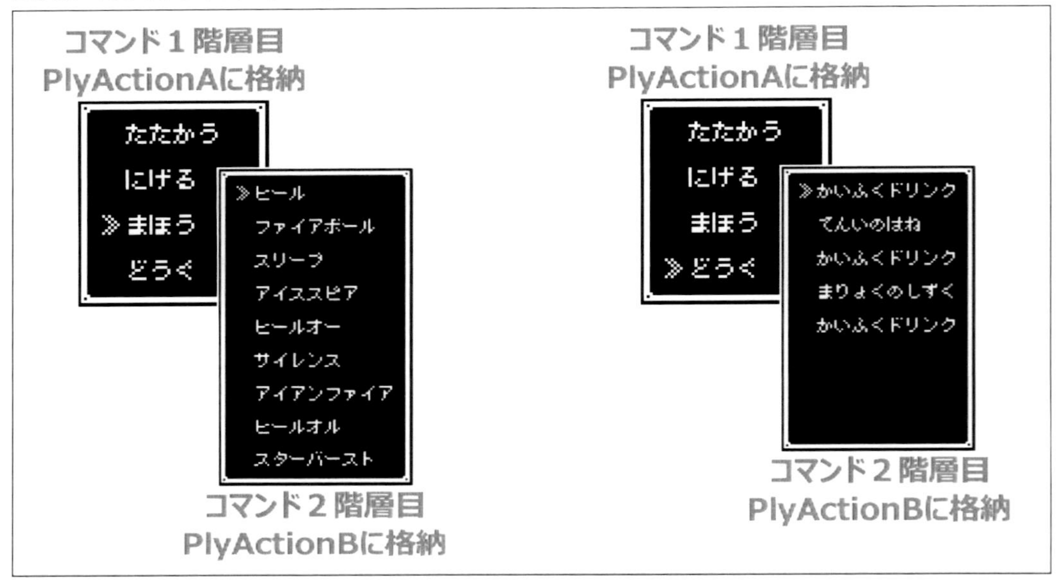

コマンドの選択処理を行うCmdSelectプロシージャは、「上から何番目の項目を選択したか？」の結果を返します。たとえば、「まほう」を選択した場合は、PlyActionAが3になるわけです。

続いてプレイヤーが上から3番目の「スリープ」を選んだ場合、上から3番目というのはあくまで“ポジション値”であり、魔法IDとは一致していません（スリープの魔法IDは5）。そのため、SaveDataシートの習得魔法欄を参照してポジション値を魔法IDに変換しています（後掲するマクロ内①）。この変換処理は「どうぐ」でも必要で、最終的に魔法IDとアイテムIDがPlyActionBに格納されます。

■図9.7：SaveDataシートの戦闘魔法習得欄と道具欄

	2	6
1		リアルタイム
31	戦魔1:ヒール	7
32	戦魔2:ファイアボール	1
33	戦魔3:スリープ	5
34	戦魔4:アイススピア	3
35	戦魔5:ヒールオー	8
36	戦魔6:サイレンス	6
37	戦魔7:アイアンファイア	2
38	戦魔8:ヒールオル	9
39	戦魔9:スターバースト	4
40	戦魔習得数	9

	2	6
1		リアルタイム
15	道具1	22
16	道具2	24
17	道具3	22
18	道具4	25
19	道具5	22
20	道具6	0
21	道具7	0
22	道具8	0
23	道具所有数	5

加えて、「まほう」の場合はMPが不足しているときの処理（後掲するマクロ内②）を、「どうぐ」の場合は戦闘中に使えないアイテムを選択した場合の処理も行っています。

◆標準モジュール＞MainModule＞BT_Mainプロシージャ参照

```
With Sheets("GameData")
    Set EneDataTbl = .Range(.Cells(101, 1), .Cells(135, 25))
    Set MgcDataTbl = .Range(.Cells(4, 1), .Cells(15, 5)) '魔法データテーブルを格納
End With
～中略～
If PlyActionA = 1 Or PlyActionA = 2 Then 'たたかうorにげる選択時
    ActCmdFlag = True

ElseIf PlyActionA = 3 Then 'まほうコマンド選択時
    Dim MvMgcListTR As Long: MvMgcListTR = 31
    Dim MvMgcListTC As Long: MvMgcListTC = 6
    Dim GetMgcNum As Long '戦闘時魔法の習得数
    GetMgcNum = Sheets("SaveData").Cells(40, 6).Value

    If GetMgcNum <> 0 Then
        Call WindowDraw(17) '戦闘時魔法ウィンドウ描画
        MgcListPos = CmdSelect(11) '戦闘時魔法リスト選択
        If MgcListPos <> 0 Then
            PlyActionB = Sheets("SaveData").Cells _
            ((MvMgcListTR - 1) + MgcListPos, MvMgcListTC).Value  …①
            'MPが不足しているときの処理
            MPCost = WorksheetFunction.VLookup _
            (PlyActionB, MgcDataTbl, 5, False) '魔法データテーブルから消費MP値を抽出
            If Player.MP < MPCost Then  …②
```

```
                Call MsgTextDraw(136) '魔力が足りないようだ
                PlyActionB = 0
            Else
                ActCmdFlag = True
            End If
        End If
    Else
        Call MsgTextDraw(152) 'まだ魔法を覚えていない
        PlyActionB = 0
    End If
```

この戦闘コマンド処理はループ構造で、何かしらの決定をするまでループを抜けません。Boolean型の変数ActCmdFlagがTrueになるとコマンドを決定したことになりループから抜けます。

9-4 各アクションの発動

サンプルゲームは、1対1のターン制バトルです。プレイヤーが戦闘コマンドの入力を終えたら、次に敵の行動を決めなくてはなりません。さらに、どちらかが一方的に行動できる先制（不意打ち）の判定、どちらが先に行動するかを決める先攻後攻の判定も必要です。

9-4-1 敵の行動決定

サンプルゲームにおいて敵側が繰り出す行動は、すべてID番号によって管理されています。

ID	行動	説明
1	通常物理攻撃	ミス率は1/32
2	クリティカル	発動確率は3/8
3	毒攻撃	成功率は3/8
4	眠り攻撃	成功率は3/8
5	ファイアボール	5～10ダメージ
6	アイアンファイア	20～28ダメージ
7	アイススピア	11～16ダメージ
8	スリープ	成功率は2/8
9	サイレンス	成功率は3/8

ID	行動	説明
10	ヒール	10～18回復
11	ヒールオー	32～40回復
12	ファイアブレス(小)	8～12ダメージ
13	ファイアブレス(中)	23～33ダメージ
14	ファイアブレス(大)	26～40ダメージ
15	アイスブレス(小)	8～12ダメージ
16	アイスブレス(中)	24～32ダメージ
17	アイスブレス(大)	22～43ダメージ

また、それぞれの敵が取り得る行動は、GameDataシートのセル番地R97C1周辺にあるモンスターデータ表にて設定されています。

■図9.8：敵の行動設定はテーブルに用意しておく

	1	2	15	16	17	18	19	20	21	22	2
99			行動								
100	ID	名前	行動1	行動2	行動3	行動4	行動5	行動6	行動7	行動8	E
110	10	しゃくねつバード	12	12	1	1	1	1	1	1	
111	11	レイジングフレイム	5	5	12	1	1	1	1	1	
112	12	プリンスバット	9	9	1	1	1	1	1	1	
113	13	かけだしダイナソー	2	3	1	1	1	1	1	1	
114	14	キャノンリザード	12	12	1	1	1	1	1	1	
115	15	シャドウスパイダー	3	3	4	1	1	1	1	1	
116	16	アースロックマン	1	1	1	1	1	1	1	1	
117	17	プチデーモン	6	6	9	1	1	1	1	1	
118	18	こおりのきょじん	2	15	15	15	1	1	1	1	
119	19	アイシクルビースト	15	15	15	15	1	1	1	1	
120	20	ブラッドフリーザー	7	7	8	8	16	1	1	1	
121	21	さじんのゆうれい	4	4	9	9	1	1	1	1	

図9.8に示したとおり、1体の敵が取り得る行動は8スロット用意されており、ここに行動IDが入力されています。選定方法は1から8の乱数を発生させるという単純なロジックです。これを毎ターンの始めに行い、変数EneActionに格納します。

◆標準モジュール＞MainModule＞BT_Mainプロシージャ参照

```
Dim EneActSlot(1 To 8) As Long 'モンスターの行動スロット格納(一次元配列)
Dim EneAction As Long 'モンスターの行動(決定)
～中略～
With Sheets("GameData")
    Set EneDataTbl = .Range(.Cells(101, 1), .Cells(135, 25)) '敵データ表を格納
    Set MgcDataTbl = .Range(.Cells(4, 1), .Cells(15, 5))
End With
～中略～
'モンスターの行動スロット８箇所を格納
For i = 1 To 8
    EneActSlot(i) = WorksheetFunction.VLookup _
    (EnemyNum, EneDataTbl, 14 + i, False)
Next i
～中略～
'モンスターの行動決定
TmpNum = RndNUM_Gene(1, 8) '1から8の乱数を発生させる
EneAction = EneActSlot(TmpNum)
```

9-4-2　先制と不意打ちの判定

1ターン目にプレイヤーだけが一方的に行動できる状態を「先制」、逆に敵側から一方的に攻撃される状態を「不意打ち」と呼びます。先制と不意打ちは必ず1ターン目に発生するシチュエーショ

ンなので、メインループに入る前に決めなくてはなりません。

先制と不意打ちは1/32の確率で発生します。当然ですが、両者は同時に発生することはあり得ないのでまずは先制の判定を行い、この判定に漏れた場合のみ不意打ちの判定を行います。

先制と不意打ちの判定はBT_SurpriseAttackプロシージャで行いますが、これはTrue/Falseを返すファンクションプロシージャです。先制が確定した場合は変数IsSrprsdEneがTrueに、不意打ちの場合はIsSrprsdYouがTrueになります。

最終的には、バトル開始時の状態を表す変数BTStartSituに以下の数値を格納して状況を管理します。

- BTStartSitu=1……通常時
- BTStartSitu=2……先制確定時（敵は行動できない）
- BTStartSitu=3……不意打ち確定時（プレイヤーはコマンド入力できない）

◆標準モジュール＞MainModule＞BT_Mainプロシージャ参照

```
'先制攻撃判定
IsSrprsdEne = BT_SurpriseAttack()

'不意打ち判定
If BattleType <= 17 And Not IsSrprsdEne Then '17以下はランダムエンカウント
    IsSrprsdYou = BT_SurpriseAttack()
End If

If IsSrprsdEne Then
    BTStartSitu = 2
    Call MsgTextDraw(134, , , , EnemyNum) '○○○○は気づいていない！
ElseIf IsSrprsdYou Then
    BTStartSitu = 3
    Call MsgTextDraw(135, , , , EnemyNum) '○○○○はいきなり襲いかかってきた！
Else
    BTStartSitu = 1
End If
```

◆標準モジュール＞MainModule＞BT_SurpriseAttackプロシージャ参照

```
Function BT_SurpriseAttack() As Boolean

    Dim RndV As Long

    RndV = RndNUM_Gene(1, 32) '1から32の乱数を発生させる
    If RndV = 1 Then
        BT_SurpriseAttack = True
```

```
    Else
        BT_SurpriseAttack = False
    End If

End Function
```

9-4-3　先攻後攻の判定

ターン開始時にどちらが先に動くか、つまり先攻後攻の判定はBT_OrderPlyFirstというファンクションプロシージャで行います。判定には主人公と敵の「素早さ」を用いた以下の計算式を利用します。

> **【プレイヤー側の計算式】** ※小数部分は切り捨て
> 主人公の素早さ*(50～100の乱数*0.01)
>
> **【敵側の計算式】** ※小数部分は切り捨て
> 敵の素早さ*(50～100の乱数*0.01)

上記の計算結果でプレイヤー側の数値が大きければ先攻、敵側の数値が大きいか等しい場合はプレイヤーが後攻となります。なお、敵の素早さは「9-4-1 敵の行動決定」で解説したモンスターデータ表に設定されており、BT_Mainプロシージャの初期設定で変数Enemy.Aglに格納しておきます。

■図9.9：敵の素早さはモンスターデータ表に用意しておき変数Enemy.Aglに格納

	1	2	5	6	7	8	9	10	11	12	1
99							n/100		魔法耐性(n/100)		
100	ID	名前	HP	素早さ	攻撃力	守備力	回避率	火	氷	光	闇
101	1	フィールドスライム	8	5	7	6	0	0	0	0	
102	2	ジャングルクロウ	9	6	8	6	0	0	0	0	
103	3	うずまきドール	15	8	11	7	5	0	0	0	
104	4	フォレストエント	17	9	14	8	0	0	0	0	
105	5	モスビースト	19	13	12	8	3	0	0	0	
106	6	エコーバット	21	10	12	9	8	0	0	0	
107	7	マウンテンタイガー	38	14	26	27	4	0	0	0	
108	8	マッシュルーマン	28	10	18	21	5	0	0	0	
109	9	サンドマン	31	9	20	25	3	0	0	0	
110	10	しゃくねつバード	40	12	22	30	3	100	0	0	
111	11	レイジングフレイム	20	20	20	45	3	100	0	0	
112	12	プリンスバット	34	15	27	30	15	20	10	10	

◆標準モジュール＞MainModule＞BT_OrderPlyFirstプロシージャ参照

```
Function BT_OrderPlyFirst() As Boolean

    Dim PlyRndV As Long 'プレイヤー側の50%～100%の乱数
    Dim EneRndV As Long '敵側の50%～100%の乱数
```

```
    Dim PlyActOrderV As Long 'プレイヤー側の計算結果格納用
    Dim EneActOrderV As Long '敵側の計算結果格納用

    PlyRndV = RndNUM_Gene(50, 100)
    EneRndV = RndNUM_Gene(50, 100)

    '行動順決定のための計算式
    PlyActOrderV = Int(Player.Agl * (PlyRndV * 0.01))
    EneActOrderV = Int(Enemy.Agl * (EneRndV * 0.01))

    If PlyActOrderV > EneActOrderV Then
        BT_OrderPlyFirst = True
    Else 'イコールの場合は敵先攻
        BT_OrderPlyFirst = False
    End If

End Function
```

BT_OrderPlyFirstプロシージャの戻り値は、BT_Mainプロシージャの変数IsPlyFirstに格納されます。プレイヤーが先攻のときはIsPlyFirstがTrueです。

9-4-4 アクション発動の制御

プレイヤー側と敵側それぞれのアクション発動を担っているのが以下のプロシージャです。

- BT_PlayerAction……プレイヤー側の行動発動処理を記述
- BT_EnemyAction……敵側の行動発動処理を記述

これら2つのプロシージャは、戦闘のメインルーチンであるBT_Mainプロシージャから適切なタイミングで呼び出されます。適切なタイミングとは、たとえばプレイヤーが後攻であればBT_EnemyAction→BT_PlayerActionの順に呼び出されるということです。また、先制時は敵側が行動できないのでBT_EnemyActionを呼び出す必要はありません。

こうした呼び出しタイミングを概念図として表したのが図9.10になります。

■図9.10：BT_Mainプロシージャにおけるアクション発動制御の概念

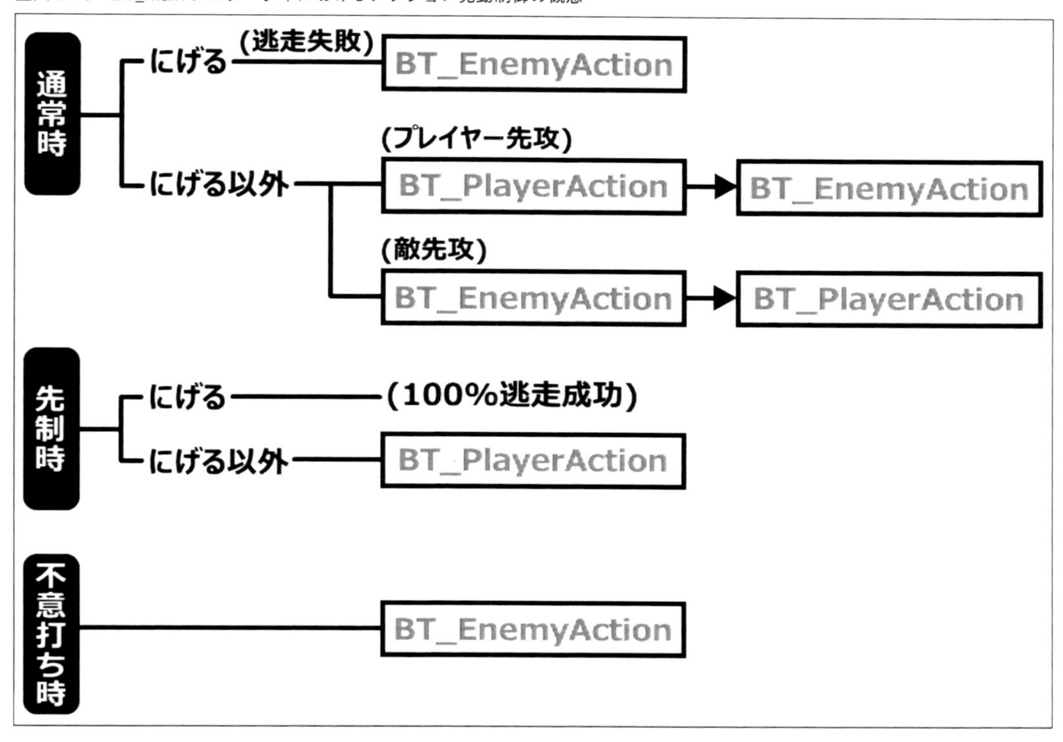

BT_Mainプロシージャでは、「9-4-2 先制と不意打ちの判定」で解説した変数BTStartSituを利用してアクション発動の制御を振り分けています。BT_Mainプロシージャのうち、図9.10を落とし込んだ骨格部分だけを抽出してみましょう。

◆標準モジュール＞MainModule＞BT_Mainプロシージャ参照

```
Select Case BTStartSitu
    Case 1 '●通常時
        If PlyActionA = 2 Then 'にげる
            ～逃走判定～
            If Not IsFailedEsc Then '逃走成功
                ～バトル終了～
            Else '逃走失敗
                Call BT_EnemyAction '敵のみ行動
            End If
        Else 'にげる以外
            ～先攻後攻判定～
            If IsPlyFirst Then 'プレイヤー先攻
                Call BT_PlayerAction
                Call BT_EnemyAction
            Else '敵先攻
```

```
                Call BT_EnemyAction
                Call BT_PlayerAction
            End If
        End If
    Case 2 '●先制時
        If PlyActionA = 2 Then 'にげる
            ～100%逃走成功なのでバトル終了～
        Else 'にげる以外
            Call BT_PlayerAction 'プレイヤーのみ行動
        End If
    Case 3 '●不意打ち時
        Call BT_EnemyAction '敵のみ行動
End Select
```

こうして呼び出されたBT_PlayerActionとBT_EnemyActionプロシージャで、物理攻撃や魔法、アイテムの使用など行動の詳細を記述しています。ただ、プログラムを見てわかるとおりプレイヤーの「にげる」だけはBT_Mainプロシージャに直接記述しています。

「にげる」行動は先制時に限り100％成功で、通常時は以下の条件に基づいて判定を行います（固定敵との戦闘では逃走不可）。

・主人公のレベルが敵のレベル以上であれば確実に逃走可能
・敵が眠っていたら確実に逃走可能
・それ以外のときは70%の確率で逃走可能

この逃走判定をしているのがBT_EscJudgeプロシージャです。

◆標準モジュール＞MainModule＞BT_EscJudgeプロシージャ参照

```
Function BT_EscJudge(BattleType As Long) As Boolean
'戻り値をIsFailedEscに返す⇒True…失敗  False…成功

    Dim RndV As Long

    '固定敵戦は逃走不可
    If BattleType >= 21 Then
        BT_EscJudge = True
        Exit Function
    End If

    If Player.LV >= Enemy.LV Then 'プレイヤーLVが敵LV以上であれば確実に逃走可能
        BT_EscJudge = False
    Else
```

```
        If Enemy.IsSleep Then
            BT_EscJudge = False
        Else
            RndV = RndNUM_Gene(1, 100)
            If RndV <= 70 Then
                BT_EscJudge = False
            Else
                BT_EscJudge = True
            End If
        End If
    End If

End Function
```

「にげる」行動は先制時においては100％成功なので、BT_EscJudgeプロシージャを呼び出す必要はありません。判定が必要なのはあくまで通常時（BTStartSitu=1のとき）だけです。

◆標準モジュール＞MainModule＞BT_Mainプロシージャ参照

```
Select Case BTStartSitu
    Case 1 '通常時
        If PlyActionA = 2 Then 'にげる
            'ここで逃走判定プロシージャを呼び出す
            IsFailedEsc = BT_EscJudge(BattleType)
            '逃走SE再生
            Call mciSendString("play escape from 0", vbNullString, 0, 0)
            Call MsgTextDraw(138) '○○○○は逃げ出した！
            If Not IsFailedEsc Then '逃走成功
                BTEndType = 5 '戦闘終了タイプを5にする
                BTLoopFlag = True
            Else
                Call MsgTextDraw(139) 'しかし転んでしまった！
                'モンスターのみ行動
                Call BT_EnemyAction(BattleType, EnemyNum, EneAction)
            End If
```

9-4-5　プレイヤー側のアクション発動処理

プレイヤー側が1ターンに取れる行動は次の4つです。

1．たたかう
2．にげる

3．まほう
4．どうぐ

このうち「2. にげる」については前項で解説したとおり判定をBT_EscJudgeプロシージャ、発動をBT_Mainプロシージャで行いました。それ以外の3つの処理については、BT_PlayerActionプロシージャに記述しています。

BT_PlayerActionプロシージャは、以下のように5つの引数を受け取ります。

```
Sub BT_PlayerAction(①BattleType As Long, ②EnemyNum As Long, _
③PlyActionA As Long, ④PlyActionB As Long, ⑤ItemListPos As Long)
```

①BattleTypeには、「9-2 エンカウントメカニズム」で解説したエンカウントエリアIDが入っています。エンカウントエリアIDは、1〜17がランダムエンカウント、21〜23が固定敵戦です。

②EnemyNumは、出現している敵のIDです。

③PlyActionAと④PlyActionBには、プレイヤーが選択したコマンドの項目が入っています。「9-3 戦闘コマンドの実装」で解説したとおり、PlyActionAがコマンドの1階層目、PlyActionBがコマンドの2階層目に該当します。

⑤ItemListPosは、所持アイテムリストのポジション値です。これは「どうぐ」コマンドを選んだ場合のみ使われる引数で、使用したアイテムをリストから削除するDelItemListプロシージャを呼び出す際に必要になります。

BT_PlayerActionプロシージャは行動の詳細を記述しているためかなり長いですが、骨格部分だけを見ると構造はいたってシンプルです。図9.11はプロシージャの構造を表した図になります。

■図9.11：BT_PlayerActionプロシージャの構造

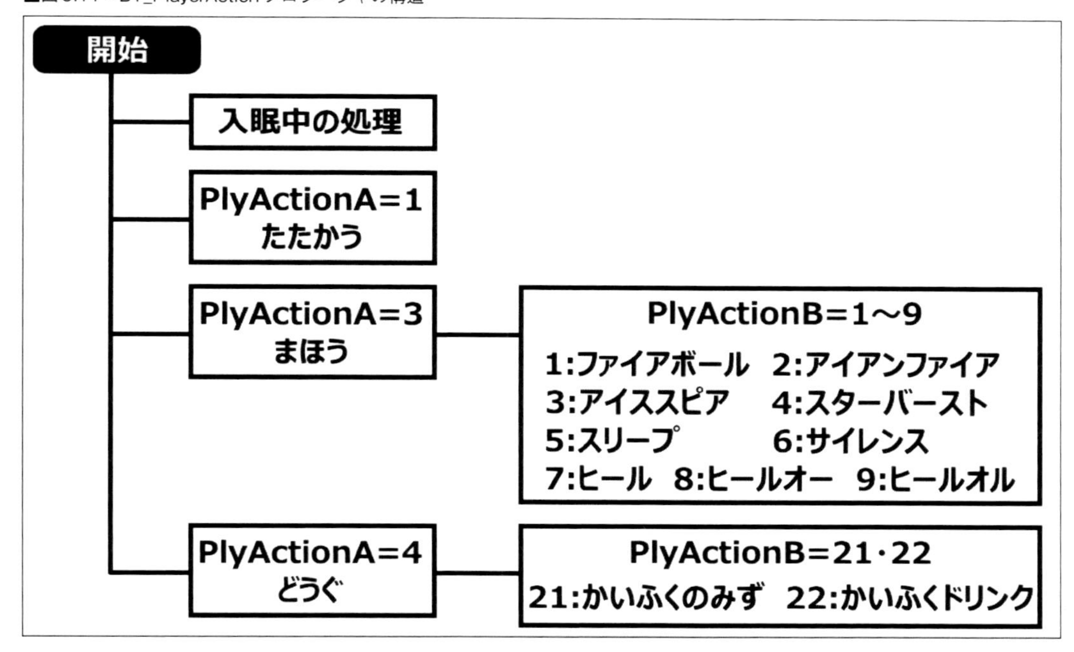

■入眠中の処理

では、順番に処理の詳細を見ていきましょう。まず入眠中の処理ですが、敵に眠らされた状態というのは何も行動することができません。そのためIf文の最初の分岐で除外しています。ここで行っている処理は、主人公の「入眠ターン数（変数Player.SleepTurn）」をカウントダウンすることです。

入眠ターン数は2〜4の乱数で、敵の唱えたスリープの魔法や眠り攻撃がヒットした際に設定されます。入眠ターン数という文字通り2ターンから4ターンの間、主人公は眠ってしまい何もできなくなるわけです。

BT_PlayerActionプロシージャが呼び出されたということは、眠っているとはいえプレイヤーにターンが回ってきたことを意味するので、入眠ターン数Player.SleepTurnを消費させます。この値が0となったときに主人公が目覚めるため、入眠状態を表す変数Player.IsSleepをFalseにして状態異常から解放します。

◆標準モジュール＞MainModule＞BT_PlayerActionプロシージャ参照

```
If Player.IsSleep Then
    Call MsgTextDraw(151) '○○○○は眠っている
    Player.SleepTurn = Player.SleepTurn - 1
    If Player.SleepTurn = 0 Then
        Player.IsSleep = False
    End If
Else
```

■たたかう発動処理

次に「たたかう」ですが、単純な物理攻撃とはいえサンプルゲームの仕様上、以下の条件を処理に組み込んでいます。

- クリティカルが1/32の確率で発生（ただし固定敵戦では発生しない）
- 敵に回避されることがある（入眠中の敵は回避できない）
- ダメージ値の計算結果が0以下だった場合は0か1になる

このうち、クリティカルと回避の判定はダメージ値の計算前に行い、それぞれIsCriticalとIsMissというBoolean型の変数で確定させます。回避判定は、1〜100の乱数を発生させてその乱数値が敵の回避率以下だったら攻撃をかわされるというロジックです。

■図9.12：GameDataシートのモンスターデータ表に用意された回避率

	1	2	5	6	7	8	9	10	11	12	1
99							n/100		魔法耐性(n/100)		
100	ID	名前	HP	素早さ	攻撃力	守備力	回避率	火	氷	光	
101	1	フィールドスライム	8	5	7	6	0	0	0	0	
102	2	ジャングルクロウ	9	6	8	6	0	0	0	0	
103	3	うずまきドール	15	8	11	7	5	0	0	0	
104	4	フォレストエント	17	9	14	8	0	0	0	0	
105	5	モスビースト	19	13	12	8	3	0	0	0	
106	6	エコーバット	21	10	12	9	8	0	0	0	
107	7	マウンテンタイガー	38	14	26	27	4	0	0	0	
108	8	マッシュルーマン	28	10	18	21	5	0	0	0	
109	9	サンドマン	31	9	20	25	3	0	0	0	
110	10	しゃくねつバード	40	12	22	30	3	100	0	0	
111	11	レイジングフレイム	20	20	20	45	3	100	0	0	
112	12	プリンスバット	34	15	27	30	15	20	10	10	

◆標準モジュール＞MainModule＞BT_PlayerActionプロシージャ参照

```
'敵の回避判定
If Not IsCritical Then 'クリティカルが確定していたら回避判定は行わない
    If Enemy.IsSleep Then '敵が入眠中は回避されない
        IsMiss = False
    Else
        TmpNum = RndNUM_Gene(1, 100) '1から100の乱数を発生させる
        If TmpNum <= Enemy.Eva Then '変数Enemy.Evaは敵の回避率
            IsMiss = True '敵の回避が確定
        Else
            IsMiss = False
        End If
    End If
End If
```

クリティカルと回避の発生有無が確定したら、次にダメージ値の計算を行います。ダメージ計算は以下の式で算出します。

【通常】※小数部分は切り捨て
基本値……主人公の攻撃力-(敵の守備力/2)
レベル補正値……主人公のレベル*0以上1未満の乱数
①ダメージ値=基本値+(基本値/8)+レベル補正値
②ダメージ値=基本値+(基本値/8)+レベル補正値/2
上記①②のどちらかが最終的なダメージ値。ただし0以下だった場合は0か1

【クリティカル】※小数部分は切り捨て
レベル補正値①……主人公のレベル*0以上1未満の乱数
レベル補正値②……(1～レベル補正値①+1)の乱数
ダメージ値=主人公の攻撃力*2+レベル補正値②

◆標準モジュール＞MainModule＞BT_PlayerActionプロシージャ参照

```
'ダメージ値の計算
If IsCritical Then 'クリティカルの場合
    LVaddNum = Player.LV * Rnd 'レベル補正値①
    TmpNum = RndNUM_Gene(1, LVaddNum + 1) 'レベル補正値②
    DecidedDamage = Int(Player.Atk * 2 + TmpNum) '最終的なダメージ値
Else
    BasicDamage = Player.Atk - (Enemy.Def / 2) '基本値
    BscDmgAdd = BasicDamage / 8
    LVaddNum = Player.LV * Rnd 'レベル補正値
    LVsubNum = LVaddNum / 2
    ''最終決定ダメージ値の計算
    TmpNum = RndNUM_Gene(1, 2)
```

```
    If TmpNum = 1 Then
        DecidedDamage = Int(BasicDamage + BscDmgAdd + LVaddNum) '最終的なダメージ値
①
    Else
        DecidedDamage = Int(BasicDamage + BscDmgAdd + LVsubNum) '最終的なダメージ値
②
    End If
    ''0以下の場合
    If DecidedDamage <= 0 Then
        TmpNum = RndNUM_Gene(1, 2)
        If TmpNum = 1 Then
            DecidedDamage = 1
        Else
            DecidedDamage = 0
        End If
    End If
End If
'敵の回避が確定の場合
If IsMiss Then
    DecidedDamage = 0 '最終的なダメージ値は0
End If
```

敵に与えるダメージ値が確定したら、最後にテキスト描画やSEの再生、ヒットエフェクトなどの出力処理をまとめて行います。なお、ヒットエフェクトについては「9-6 戦闘中の画面エフェクト」の節で解説しています。

■まほう発動処理

魔法の発動処理にはMPの消費計算と、封じ込められた状態で唱えようとした場合の処理を組み込まなくてはなりません。これら2つの処理をまずは記述してしまいます。

各魔法の消費MPはGameDataシートセル番地R1C1周辺にある魔法データテーブルに入力しておき、VLookup関数で抽出します。

■図9.13：消費MPはGameDataシートの魔法データ表から抽出

	1	2	3	4	5	6
1	▼魔法データ					
2	1	2	3	4	5	
3	魔法ID	名称	ﾃｷｽﾄｺｰﾄﾞ	文字数	消費MP	
4	1	ファイアボール	11714009109016417112	7	2	
5	2	アイアンファイア	09009109013511714009	8	5	
6	3	アイススピア	090091102102166090	6	4	
7	4	スターバースト	10210517116017110210	7	8	
8	5	スリープ	102126171167	4	4	
9	6	サイレンス	100091128135102	5	4	
10	7	ヒール	116171127	3	3	
11	8	ヒールオー	116171127094171	5	5	

主人公の魔法が封じ込められているかどうかは、変数Player.IsSilenceによって管理されているのでこれを利用します。

◆標準モジュール＞MainModule＞BT_PlayerActionプロシージャ参照

```
With Sheets("GameData")
    Set EneDataTbl = .Range(.Cells(101, 1), .Cells(135, 25))
    Set MgcDataTbl = .Range(.Cells(4, 1), .Cells(15, 5)) '魔法データテーブルを格納
End With
～中略～
Case 3 'まほう
    MPCost = WorksheetFunction.VLookup _
    (PlyActionB, MgcDataTbl, 5, False) '消費MPをテーブルから抽出
    Player.MP = Player.MP -  MPCost 'MP消費計算
    If Player.MP <= 0 Then
        Player.MP = 0
    End If
    Call WindowDraw(1)
    Call MsgTextDraw(145, , , PlyActionB) '○○○○の魔法をとなえた！
    Call ScreenAllflash(3, 1) '魔法発動演出
    If Player.IsSilence Then '主人公の魔法が封じ込まれているなら
        Call MsgTextDraw(146) 'しかしかき消されてしまった！
        Exit Sub
    End If
```

MPの消費計算と封じ込められた状態の処理が終わったら、いよいよ各魔法の発動処理です。サンプルゲームで主人公が戦闘中に唱える魔法は、以下の3種類に分類されます。

1．攻撃魔法（ファイアボール、アイアンファイア、アイススピア、スターバースト）
2．補助魔法（スリープ、サイレンス）
3．回復魔法（ヒール、ヒールオー、ヒールオル）

これら魔法のうちプレイヤーがどれを選択したかは、図9.11で示したとおり引数PlyActionBに格納されています。したがって、Select Caseステートメントで振り分けながら処理を記述することが可能です。

このうち、1の攻撃魔法については属性の違いはあれど、敵にダメージを与えるという性質はどれも同じなので、4つの魔法をまとめて記述しています。

各攻撃魔法の属性と与えるダメージは次のとおりです。

・ファイアボール……火属性、15～25ダメージ
・アイアンファイア……火属性、68～77ダメージ
・アイススピア……氷属性、38～45ダメージ
・スターバースト……光属性、147～158ダメージ

また、敵1体1体には魔法耐性が設定されており、0から100の数値で表されます（100が完全耐性持ち）。サンプルゲームにおける魔法耐性は、効く/効かないの二択判定であり、ダメージを軽減させるものではありません。

■図9.14：敵が持つ魔法耐性（GameDataシートのモンスターデータテーブル）

	1	2	10	11	12	13	14	15
99			魔法耐性(n/100)					
100	ID	名前	火	氷	光	眠	黙	行動1
110	10	しゃくねつバード	100	0	0	10	100	12
111	11	レイジングフレイム	100	0	0	60	0	5
112	12	プリンスバット	20	10	10	100	30	9
113	13	かけだしダイナソー	10	0	0	10	100	2
114	14	キャノンリザード	100	0	0	10	100	12
115	15	シャドウスパイダー	10	10	0	30	100	3
116	16	アースロックマン	10	10	0	10	100	1
117	17	プチデーモン	100	0	0	40	10	6
118	18	こおりのきょじん	0	100	0	30	100	2
119	19	アイシクルビースト	0	100	0	10	100	15

出現敵の魔法耐性値は、変数MgcResistに格納されます。魔法が効く/効かないの二択判定は「たたかう」の回避とまったく同じロジックです。つまり、1～100の乱数を発生させて、その乱数値が魔法耐性値以下だったら効かないと判定されます。

◆標準モジュール＞MainModule＞BT_PlayerActionプロシージャ参照

```
Select Case PlyActionB
    Case 1 To 4 '攻撃魔法
    '1:ファイアボール  2:アイアンファイア  3:アイススピア  4:スターバースト
    '魔法ごとにモンスターデータ表から魔法耐性値を抽出＆ダメージ値の設定
```

```
    If PlyActionB = 1 Then
        MgcResist = WorksheetFunction.VLookup _
        (EnemyNum, EneDataTbl, 10, False)
        DecidedDamage = RndNUM_Gene(15, 25)
    ElseIf PlyActionB = 2 Then
        MgcResist = WorksheetFunction.VLookup _
        (EnemyNum, EneDataTbl, 10, False)
        DecidedDamage = RndNUM_Gene(68, 77)
    ElseIf PlyActionB = 3 Then
        MgcResist = WorksheetFunction.VLookup _
        (EnemyNum, EneDataTbl, 11, False)
        DecidedDamage = RndNUM_Gene(38, 45)
    Else
        MgcResist = WorksheetFunction.VLookup _
        (EnemyNum, EneDataTbl, 12, False)
        DecidedDamage = RndNUM_Gene(147, 158)
    End If
    '魔法耐性による効く/効かないの二択判定
    If MgcResist = 0 Then
        IsMiss = False
    Else
        TmpNum = RndNUM_Gene(1, 100) '1～100の乱数を発生
        If TmpNum <= MgcResist Then '効かなかった場合
            IsMiss = True
            DecidedDamage = 0
        Else '効いた場合
            IsMiss = False
        End If
    End If
```

補助魔法であるスリープとサイレンスは、数値ダメージを与えないぶん攻撃魔法よりも記述はシンプルです。魔法耐性に基づいて効く/効かないの判定をするだけですが、スリープでは敵の入眠ターン数を設定する必要があります。

◆標準モジュール＞MainModule＞BT_PlayerActionプロシージャ参照

```
Case 5 'スリープ
～中略～
    If IsMiss Then '効かなかった場合
        Call MsgTextDraw(147, , , , EnemyNum) '魔法は効かなかった！
    Else
        Call MsgTextDraw(148, , , , EnemyNum) '○○○○を眠らせた！
```

```
        Enemy.IsSleep = True '敵の入眠フラグをONにする
        '敵の入眠ターン数を2～4ターンに設定
        Enemy.SleepTurn = RndNUM_Gene(2, 4)
    End If
```

最後に回復魔法ですが、「7-5-2 アイテムの使用処理の実装」で解説したRecoveryプロシージャにHPの回復処理をまとめてあるためCallで呼び出します。

◆標準モジュール＞MainModule＞BT_PlayerActionプロシージャ参照

```
Case 7 'ヒール
    Call Recovery(1)
Case 8 'ヒールオー
    Call Recovery(2)
Case 9 'ヒールオル
    Call Recovery(5)
```

■どうぐ発動処理

サンプルゲームにおいて、戦闘中に使える道具は「かいふくのみず」と「かいふくドリンク」だけです。いずれもHPを回復するアイテムなので、すでに説明した回復魔法と同じくRecoveryプロシージャを呼び出しています。

また、消耗品であるため道具欄から削除するDelItemListプロシージャを呼び出していることもポイントです。DelItemListプロシージャについては、「7-4-1 アイテムの追加や削除などの操作方法」を参照してください。

◆標準モジュール＞MainModule＞BT_PlayerActionプロシージャ参照

```
Case 4 'どうぐ
    Call MsgTextDraw(171, PlyActionB) '○○を使った
    Call DelItemList(ItemListPos) '道具欄から削除する

    If PlyActionB = 21 Then 'かいふくのみず
        Call Recovery(3)
    ElseIf PlyActionB = 22 Then 'かいふくドリンク
        Call Recovery(4)
    End If
```

たたかう、まほう、どうぐのうち、いずれかの行動が発動したら、最後に敵のHPを減算します。敵に与えたダメージは変数DecidedDamageに格納されているので、敵のHPを表すEnemy.HPから引けばいいわけです。

◆標準モジュール＞MainModule＞BT_PlayerActionプロシージャ参照

```
'敵のＨＰ更新
Enemy.HP = Enemy.HP - DecidedDamage
If Enemy.HP <= 0 Then
    Enemy.IsDead = True
End If
```

9-4-6　敵側のアクション発動処理

敵側の行動処理は、BT_EnemyActionプロシージャが担っています。プログラムを見るとわかりますが、全体の構成はプレイヤー側のBT_PlayerActionプロシージャとほぼ同じです。入眠中の処理を初めに記述し、後は下記の表にあるそれぞれのアクションをSelect Caseステートメントで記述していきます。

ID	行動	説明
1	通常物理攻撃	ミス率は1/32
2	クリティカル	発動確率は3/8
3	毒攻撃	成功率は3/8
4	眠り攻撃	成功率は3/8
5	ファイアボール	5〜10ダメージ
6	アイアンファイア	20〜28ダメージ
7	アイススピア	11〜16ダメージ
8	スリープ	成功率は2/8
9	サイレンス	成功率は3/8

ID	行動	説明
10	ヒール	10〜18回復
11	ヒールオー	32〜40回復
12	ファイアブレス(小)	8〜12ダメージ
13	ファイアブレス(中)	23〜33ダメージ
14	ファイアブレス(大)	26〜40ダメージ
15	アイスブレス(小)	8〜12ダメージ
16	アイスブレス(中)	24〜32ダメージ
17	アイスブレス(大)	22〜43ダメージ

プレイヤー側のBT_PlayerActionプロシージャと異なる部分は次のとおりです。

- 物理攻撃のダメージ計算式
- 主人公には属性による魔法耐性がない

■物理攻撃のダメージ計算式

物理攻撃のダメージ計算式（行動ID1、3、4）とクリティカル（行動ID2）のダメージ計算式は次のとおりです。

【物理攻撃】※小数部分は切り捨て
・基本値…敵の攻撃力-(主人公の守備力/2)
・乱数補正値…50〜100の乱数
・ダメージ値=基本値*(乱数補正値*0.01)
※ただし０以下だった場合は０か１

【クリティカル】※小数部分は切り捨て
・レベル補正値…(1～敵のレベル/4)の乱数
・ダメージ値=敵の攻撃力＋レベル補正値
※クリティカルが発動しなかった場合は物理攻撃の計算式を採用

物理攻撃のダメージ計算は複数の行動で利用されるため、プロシージャ最下部にあるPhysicalAtkCalcというサブルーチンにまとめました。

◆標準モジュール＞MainModule＞BT_EnemyActionプロシージャ参照

```
PhysicalAtkCalc:
    BasicDamage = Enemy.Atk - (Player.Def / 2) '基本値
    TmpNum = RndNUM_Gene(50, 100) '50～100の乱数補正値
    DecidedDamage = Int(BasicDamage * (TmpNum * 0.01)) '最終的なダメージ値
    ''0以下の場合
    If DecidedDamage <= 0 Then
        TmpNum = RndNUM_Gene(1, 2)
        If TmpNum = 1 Then
            DecidedDamage = 1
        Else
            DecidedDamage = 0
        End If
    End If
    If IsMiss Then
        DecidedDamage = 0
    End If
Return
```

◆標準モジュール＞MainModule＞BT_EnemyActionプロシージャ参照

```
Case 2 'クリティカル
～中略～
    'ダメージ値の計算
    If IsExe Then
        TmpNum = RndNUM_Gene(1, Enemy.LV / 4) 'レベル補正値
        DecidedDamage = Int(Enemy.Atk + TmpNum) '最終的なダメージ値
    Else
        GoSub PhysicalAtkCalc 'クリティカルが発動しない場合は通常物理攻撃と同じ
    End If
```

■主人公には属性による魔法耐性がない

続いて魔法耐性ですが、主人公には魔法の属性による耐性は存在しません。また、防具による耐性付加などもありません。

判定は、効く/効かないの二択であり魔法ごとに成功率が設定してあります。たとえば、敵の唱えるスリープの成功率は2/8（25%）であり、乱数を利用して判定しています。

◆標準モジュール＞MainModule＞BT_EnemyActionプロシージャ参照

```
'くらい判定
TmpNum = RndNUM_Gene(1, 8) '1～8の乱数を発生
If TmpNum <= 2 Then
    IsExe = True '効く
Else
    IsExe = False '効かない
End If
```

いずれかの行動が発動したら、最後に主人公のHPを減算するのもBT_PlayerActionプロシージャと同じです。

9-5　戦闘終了後の処理

バトルが終わった直後の処理はきわめて重要です。ここがしっかり設計されていないと、マップ画面に戻った際にさまざまな不具合が生じてしまいます。この節では、戦闘終了後の事後処理について解説します。

9-5-1　戦闘の終了条件

RPGにおいて戦闘はいろいろな形で終了しますが、サンプルゲームでの戦闘の終わり方（終了条件）は次のとおりです。

1．ランダムエンカウント戦で勝利
2．固定敵ラヴァジャイアント戦で勝利
3．固定敵スノーセンチネル戦で勝利
4．固定敵ヴァルドラ戦で勝利
5．逃走成功
6．主人公が死亡

上記終了条件のいずれかを満たした場合を変数BTEndTypeで分類することで、バトル終了後の事後処理を設計しています。戦闘のメインルーチンであるBT_Mainプロシージャでは、1ターンが終了したタイミングで、以下のように変数BTEndTypeを設定しています。

◆標準モジュール＞MainModule＞BT_Mainプロシージャ参照

```
'1ターン終了後の処理
If Player.IsDead Then '主人公が死亡していたら
    BTEndType = 6
```

```
    BTLoopFlag = True
ElseIf Enemy.IsDead Then '敵が死亡していたら
    If BattleType = 21 Then 'ラヴァジャイアント戦
        BTEndType = 2
        BTLoopFlag = True
    ElseIf BattleType = 22 Then 'スノーセンチネル戦
        BTEndType = 3
        BTLoopFlag = True
    ElseIf BattleType = 23 Then 'ヴァルドラ戦
        BTEndType = 4
        BTLoopFlag = True
    Else 'ランダムエンカウント戦
        BTEndType = 1
        BTLoopFlag = True
    End If
Else '主人公も敵も死亡していないなら
    BTStartSitu = 1 'コマンド入力に戻って次のターンへ
    ActCmdFlag = False
End If
```

「5. 逃走成功」については、にげる発動処理の部分で変数BTEndTypeを設定しています。

◆標準モジュール＞MainModule＞BT_Mainプロシージャ参照

```
If PlyActionA = 2 Then 'にげる
    IsFailedEsc = BT_EscJudge(BattleType)
    Call mciSendString("play escape from 0", vbNullString, 0, 0) '逃走SE再生
    Call MsgTextDraw(138) '○○○○は逃げ出した！
    If Not IsFailedEsc Then '逃走成功
        BTEndType = 5 'ここで5に設定
        BTLoopFlag = True
```

こうして終了条件が満たされるとメインループを抜け、変数BTEndTypeを引数として渡しながらBT_EndRoutineへと処理が引き継がれます。

9-5-2　経験値とレベルアップの管理

BT_EndRoutineは、戦闘終了後の処理を記述したプロシージャです。戦闘終了後の処理と聞いていちばんに思い付くのは、経験値とゴールドの獲得ではないでしょうか。ただし、これは戦闘に勝利した時のみです。この判定で生きてくるのが、引数として受け取ったBTEndTypeの値です。

勝利で終わった場合のBTEndTypeは、前項のバトル終了条件に照らし合わせると1から4になるので、以下のように記述することができます。

◆標準モジュール＞MainModule＞BT_EndRoutineプロシージャ参照

```
Sub BT_EndRoutine(BTEndType As Long)

'引数BTEndTypeは以下のとおり
'1:ランダムエンカウント戦で勝利　2:[固]ラヴァジャイアントに勝利　3:[固]スノーセンチネルに勝利
4:[固]ヴァルドラに勝利　5:逃走　6:敗北
～中略～
    '経験値とゴールドの獲得
    If BTEndType >= 1 And BTEndType <= 4 Then '勝利で終了するケースは1から4
        Player.Exp = Player.Exp + Enemy.Exp '経験値の加算
        If Player.Exp >= 65535 Then
            Player.Exp = 65535
        End If
        Player.Gold = Player.Gold + Enemy.Gold 'ゴールドの加算
        If Player.Gold >= 999999 Then
            Player.Gold = 999999
        End If
```

さて、経験値が一定の値以上になればレベルアップとなりますが、次のレベルに必要な経験値や増加するステータスを設定しているのがGameDataシートのセル番地R1C11周辺にあるプレイヤー成長表です。

■図9.15：レベルアップを管理しているプレイヤー成長表

	11	12	13	14	15	16	17	18	19
2	1	2	3	4	5	6	7	8	9
3	LV	ちから	すばやさ	まもり	最大HP	最大MP	習得魔法	魔法名	経験値
4	1	5	8	4	15	0			7
5	2	6	9	5	17	0			21
6	3	7	10	5	20	5	7	ヒール	40
7	4	10	12	6	21	8			65
8	5	13	14	8	26	16	1	ファイアボ	135
9	6	16	15	10	30	19			210
10	7	18	16	11	32	24	10	クレンズ	290
11	8	22	20	12	39	30			380
12	9	23	20	12	43	32	5	スリープ	580
13	10	24	21	13	46	35	11	エスケープ	800
14	11	26	22	13	52	38			1050

そしてレベルアップの判定と処理を司っているのがLevelUpプロシージャです。

LevelUpプロシージャでは、まずレベルが上がる条件を満たしているか、つまり必要経験値に達しているかを判定します。必要経験値は図9.15に示したプレイヤー成長表の19列に設定されているので、この値と現在の経験値を比較します。現在の経験値が必要経験値以上であれば条件を満たしているため、各ステータスを増加させます。

◆標準モジュール＞MainModule＞LevelUpプロシージャ参照

```
With Sheets("GameData")
    'プレイヤー成長表を格納
    Set PlyGrowthTbl = .Range(.Cells(4, 11), .Cells(33, 19))
End With

With Player
    If .LV <= 29 Then
        NextEXP = WorksheetFunction.VLookup _
        (.LV, PlyGrowthTbl, 9, False) '必要経験値を抽出
        If .Exp >= NextEXP Then
            .LV = .LV + 1 'ここで変数Player.LVを加算する
～中略～
            Call MsgTextDraw(177) '○○○○はレベルが上がった！
            '新しいレベルのステータス値をプレイヤーの変数に代入
            .Str = WorksheetFunction.VLookup _
            (.LV, PlyGrowthTbl, 2, False) 'ちから
            .Agl = WorksheetFunction.VLookup _
            (.LV, PlyGrowthTbl, 3, False) '素早さ
            .Prt = WorksheetFunction.VLookup _
            (.LV, PlyGrowthTbl, 4, False) 'まもり
            .MaxHP = WorksheetFunction.VLookup _
            (.LV, PlyGrowthTbl, 5, False) '最大HP
            .MaxMP = WorksheetFunction.VLookup _
            (.LV, PlyGrowthTbl, 6, False) '最大MP

            Call AtkDefCalc '攻撃力と守備力の再計算
```

　さらに、SaveDataシートのセル番地R3C6～R10C6（リアルタイム列のレベルからゴールドの欄）にも各値を書き込んでおきます。特に、セル番地R3C6のレベル値を書き込むことで習得魔法が自動的に更新されるため非常に重要です。

◆標準モジュール＞MainModule＞LevelUpプロシージャ参照

```
'SaveDataシートに書き込み
With Sheets("SaveData")
    .Cells(3, RealTimeCol) = Player.LV
    .Cells(4, RealTimeCol) = Player.Str
    .Cells(5, RealTimeCol) = Player.Agl
    .Cells(6, RealTimeCol) = Player.Prt
    .Cells(7, RealTimeCol) = Player.MaxHP
```

```
    .Cells(8, RealTimeCol) = Player.MaxMP
    .Cells(9, RealTimeCol) = Player.Exp
    .Cells(10, RealTimeCol) = Player.Gold
End With

Call WindowStatusDraw(5) '移動時魔法リスト更新
Call WindowStatusDraw(9) '戦闘時魔法リスト更新
```

9-5-3　固定敵戦後の処理

固定敵との戦闘は通常のランダムエンカウントとは違い、何かしらのイベントが絡みます。イベントが発生した後はNPCのセリフやマップを変化させたり、イベント終了のフラグをONにしたりなどさまざまな設定変更が必要です。

こうした固定敵戦で勝利した場合の処理もBT_EndRoutineプロシージャに記述しています。以下のプログラムは、ラヴァジャイアントに勝利した際の設定変更です。マップ中のラヴァジャイアントのアイコンを消去して会話ができないようにしたり、修道院フレイムハートにいるNPCのセリフを変化させたりしています。

また、バトル後はフレイムハートの修道女長の前に自動で場面転換するため、主人公の座標を変化させています。

◆標準モジュール＞MainModule＞BT_EndRoutineプロシージャ参照

```
Select Case BTEndType
    Case 1 'ランダムエンカウント戦で勝利
        Call ScreenCache_Return(1) '戦闘突入前のマップ画面を表示
        GameMode = 4 '移動モードに変更するだけでよい

    Case 2 '[固]ラヴァジャイアントに勝利
        Sheets("SaveData").Cells(61, 6) = 1 'セーブデータのフラグON
        '修道女長に話しかけない状態(＝溶岩無効化OFF)で直接倒した場合の対処
        Sheets("SaveData").Cells(60, 6) = 1 '溶岩床無効化フラグON
        IsLavaNullify = True 'マグマリア溶岩床無効化ステータスON
        '再出現防止処理
        MapChipData(291, 125) = 140 'マップデータ変更：モンスターのアイコン⇒床
        ConversationMap(290, 125) = 0 '会話用マップデータ変更：消去(元32)
        ConversationMap(291, 126) = 0 '会話用マップデータ変更：消去(元32)
        ConversationMap(292, 125) = 0 '会話用マップデータ変更：消去(元32)
        ConversationMap(291, 124) = 0 '会話用マップデータ変更：消去(元32)

        'フレイムハート変更処理
        MapChipData(140, 28) = 110 'マップデータ変更：道を塞いでいる修道女⇒床
```

```
        ConversationMap(141, 28) = 0 '会話用マップデータ変更：道を塞いでいる修道女消去(元
29)
        ConversationMap(140, 22) = 28 '会話用マップデータ変更：修道女長(元57)
        ConversationMap(141, 23) = 28 '会話用マップデータ変更：修道女長(元57)

        ConversationMap(148, 26) = 24 '会話用マップデータ変更：修道女(元23)
        ConversationMap(149, 27) = 24 '会話用マップデータ変更：修道女(元23)
        ConversationMap(150, 26) = 24 '会話用マップデータ変更：修道女(元23)
        ConversationMap(149, 25) = 24 '会話用マップデータ変更：修道女(元23)

        ConversationMap(145, 30) = 26 '会話用マップデータ変更：修道女(元25)
        ConversationMap(146, 31) = 26 '会話用マップデータ変更：修道女(元25)

    'フレイムハートの修道女長の前に場面転換
    With Player
        .HP = .MaxHP
        .MP = .MaxMP
        .MapY = 141 '主人公のY座標変更
        .MapX = 23 '主人公のX座標変更
        .Direction = 2
        FloorVal = 3
        CanTeleport = True
        CanEscape = False
        PlaceVal = 6
    End With

    Call mciSendString("play zaza from 0", vbNullString, 0, 0) 'ザザ(階段音)SE再生
    Call BlackFill(3)
    Call BGMChange

    Call MapDraw '場面転換後のマップを描画
    Call MsgTextDraw(59) '修道女長のイベントセリフ開始
    Call EquipChange(9) 'レオンのよろい入手処理
```

なお、ラスボスであるヴァルドラに勝利した場合は、強制的にエンディングへと突入するため変数GameModeを10に変化させています。変数GameModeは、ゲーム中の状況を管理するための変数です。プログラムの流れが主要ルーチンであるMainプロシージャに戻ったときにエンディング開始と判断されます。

◆標準モジュール＞MainModule＞BT_EndRoutineプロシージャ参照

```
Select Case BTEndType
～中略～
    Case 4 '[固]ヴァルドラに勝利
        'CかXキーが押されるまで待機
        Do
            If CXkey_Wait(1) Then
                Exit Do
            End If
            Call Sleep(1)
            Call ResetMes
        Loop
        GameMode = 10 'エンディングフラグON
```

9-5-4 プレイヤー敗北時の処理

主人公がやられた場合、バトルが強制的に終了となるためこの処理もきちんと入れなくてはいけません。サンプルゲームでは、戦闘に負けた状況をGameMode=9として管理しています。

◆標準モジュール＞MainModule＞BT_EndRoutineプロシージャ参照

```
Case 6 '敗北
～中略～
    Call MsgTextDraw(174) '○○○○はその場に崩れ落ちた
    'CかXキーが押されるまで待機
    Do
        If CXkey_Wait(1) Then
            Exit Do
        End If
        Call Sleep(1)
        Call ResetMes
    Loop
    GameMode = 9 'プレイヤー敗北フラグON
```

変数GameModeが9の状態でプログラムの流れがMainプロシージャに戻ると、敗北したときの処理を記述したPlayerDefeatプロシージャが呼び出されます。サンプルゲームでは、ゴールドが半分になるペナルティを受けたのち、最後にセーブした場所から再開する仕様となっています。

なお、セーブポイントのデータは、「8-4-2 コンティニュー機能の実装」で解説した旅の記録所データテーブル（GameDataシートのセル番地R138C1周辺）にまとめてあります。

◆標準モジュール＞MainModule＞PlayerDefeatプロシージャ参照

```
Sub PlayerDefeat()

    Dim SavePlaceVal As Long
    Dim SvPlcDataTbl As Range
    Dim SavePlaceR As Long: SavePlaceR = 58
    Dim RealTimeCol As Long: RealTimeCol = 6

    '旅の記録所（セーブポイント）テーブルの格納
    With Sheets("GameData")
        Set SvPlcDataTbl = .Range(.Cells(141, 1), .Cells(152, 9))
    End With

    '最後にセーブした記録所に場面遷移
    SavePlaceVal = Sheets("SaveData").Cells(SavePlaceR, RealTimeCol)

    '各種パラメータ設定
    With Player
        .MapY = WorksheetFunction.VLookup _
        (SavePlaceVal, SvPlcDataTbl, 4, False)
        .MapX = WorksheetFunction.VLookup _
        (SavePlaceVal, SvPlcDataTbl, 5, False)
        .HP = .MaxHP
        .MP = .MaxMP
        .Gold = Int(.Gold / 2) 'ペナルティで所持金を半額に
        .IsPoison = False
        .IsSleep = False
        .IsSilence = False
        .IsDead = False
        .Direction = 0
        .StepPtn = 0
    End With

    PlaceVal = SavePlaceVal
    FloorVal = WorksheetFunction.VLookup _
    (SavePlaceVal, SvPlcDataTbl, 6, False)
    If WorksheetFunction.VLookup _
    (SavePlaceVal, SvPlcDataTbl, 7, False) = 1 Then
        CanTeleport = True
    Else
        CanTeleport = False
```

```
    End If
    If WorksheetFunction.VLookup _
    (SavePlaceVal, SvPlcDataTbl, 8, False) = 1 Then
        CanEscape = True
    Else
        CanEscape = False
    End If
    '場面転換処理
    Call BlackFill(3)
    Call BGMChange
    Call MapDraw
    Call MsgTextDraw(130) '復活のセリフ
    GameMode = 4

End Sub
```

【コラム】ワークシートのありがたみ

ワークシートをデータの格納場所として利用できることは、ゲーム作成の大きな強みです。さまざまな設定値が一覧でわかりやすく管理できることに加え、バランス調整もセルの値を変更するだけで済むからです。

また、所持している道具リストや重要イベントのフラグなど、ゲームの進行で変化する値を管理できることも魅力です。こうしたセルはいつでもどこからでも参照できるグローバル変数と考えることもできます。

さらに、特定のセルに数式や関数を組み込んでおけば自動計算も可能。わざわざマクロを記述する必要もありません。

こうしたワークシートの利便性は、Excelでゲームを作成する強力なメリットといえます。

9-6　戦闘中の画面エフェクト

ゲーム作成において何かと制限の多いセルドット方式ですが、工夫次第で雰囲気を盛り上げる演出は可能です。サンプルゲームでは、戦闘中の画面エフェクトとして次の3つを実装しました。

1．敵グラフィックの点滅
2．画面揺れ
3．魔法発動のフラッシュ

1. 敵グラフィックの点滅

敵にダメージを与えたときに起こるエフェクトです。処理を記述しているのは、プレイヤー側のアクション発動を担っているBT_PlayerActionですが、プロシージャ最下部にDamagedEnemyというラベル名でサブルーチン化しています。これは、物理攻撃だけでなく魔法によるヒットでも使い回したいからです。

点滅のロジックですが、敵IDの0番に黒い背景だけのセルドットを用意しておき、出現中の敵グラフィックと交互に描画することで点滅効果を得ています。

■図9.16：敵IDの0番に黒い背景だけのセルドットを用意しておく

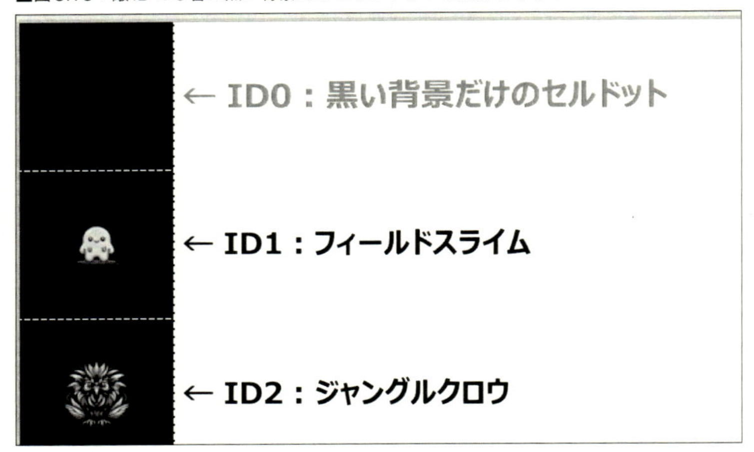

■図9.17：出現中の敵グラフィックと0番の黒背景を交互に描画することで点滅効果を得る

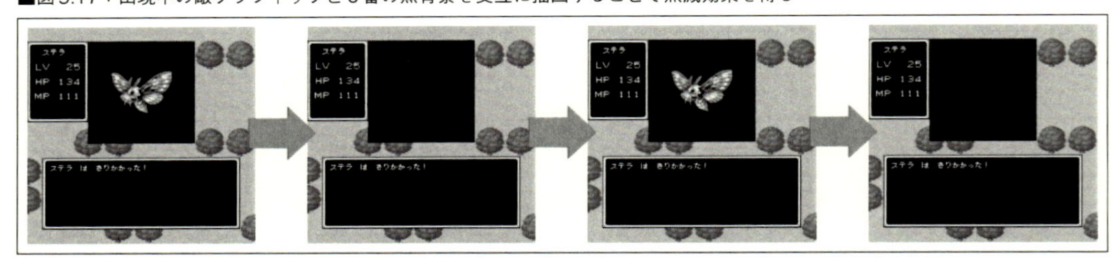

◆標準モジュール＞MainModule＞BT_PlayerActionプロシージャ参照

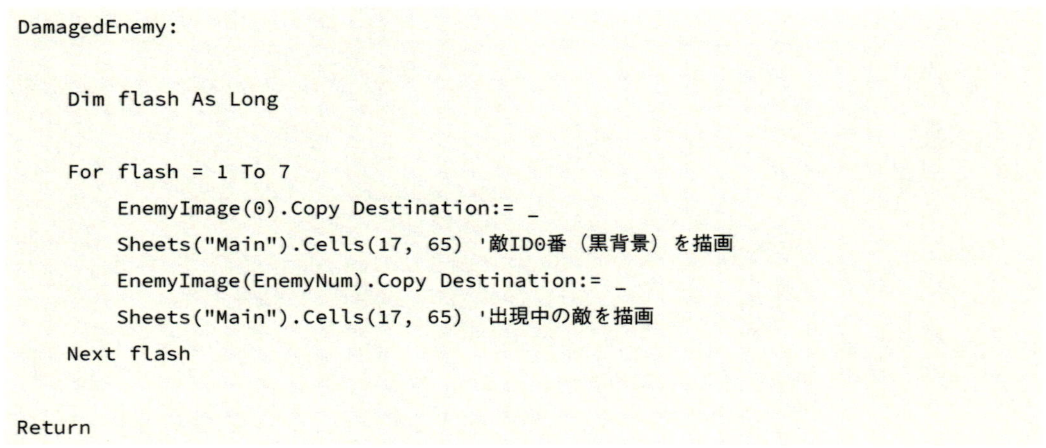

```
DamagedEnemy:

    Dim flash As Long

    For flash = 1 To 7
        EnemyImage(0).Copy Destination:= _
        Sheets("Main").Cells(17, 65) '敵ID0番（黒背景）を描画
        EnemyImage(EnemyNum).Copy Destination:= _
        Sheets("Main").Cells(17, 65) '出現中の敵を描画
    Next flash

Return
```

変数EnemyImageは敵のセルドットを格納するための変数で、Settingプロシージャにて各モンス

ターのセル範囲を設定しています。敵1体1体は黒い背景込みの112×112セルサイズです。

◆標準モジュール＞MainModule＞Settingプロシージャ参照

```
'モンスターのセルドットを格納
For i = 0 To 35
    With Sheets("EnemyDot")
        Set EnemyImage(i) = .Range(.Cells(i * 112 + 1, 1), _
        .Cells(i * 112 + 112, 112))
    End With
Next i
```

2. 画面揺れ

プレイヤー側がダメージを受けたとき、ゲーム画面が揺れるエフェクトです。処理を記述しているのはScreenShakeReadyとScreenShakeExeプロシージャです。

ゲーム画面が揺れる仕組みは、ゲーム表示エリア全体を横方向と縦方向に2セル幅ずらしたものを用意し、それを交互に描画することで実現しています。ずらしてできた2セル幅のすき間は黒で塗りつぶしておきます。

■図9.18：ゲーム表示エリア全体を縦方向に2セル幅ずらしたものを用意

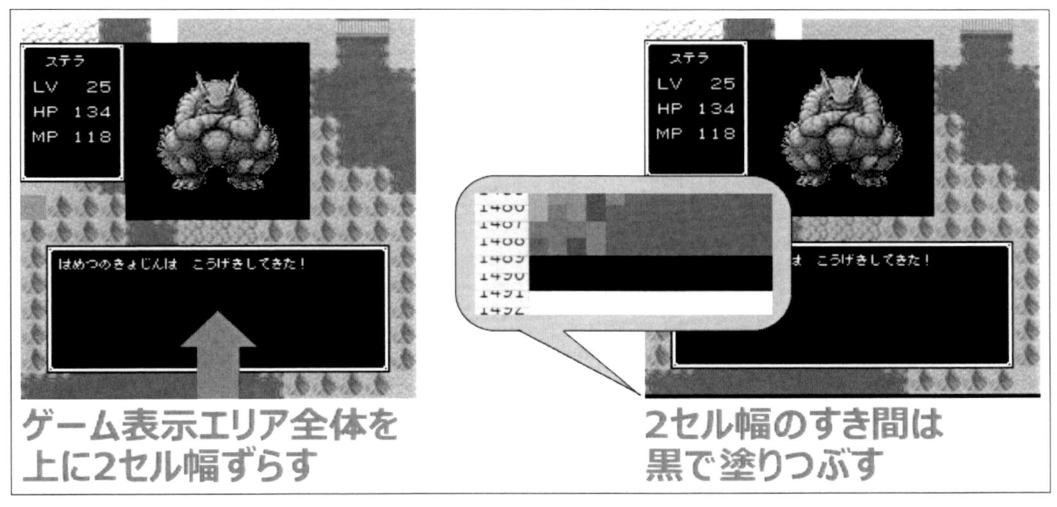

■図9.19：横方向も同じように2セル幅ずらしたものを用意

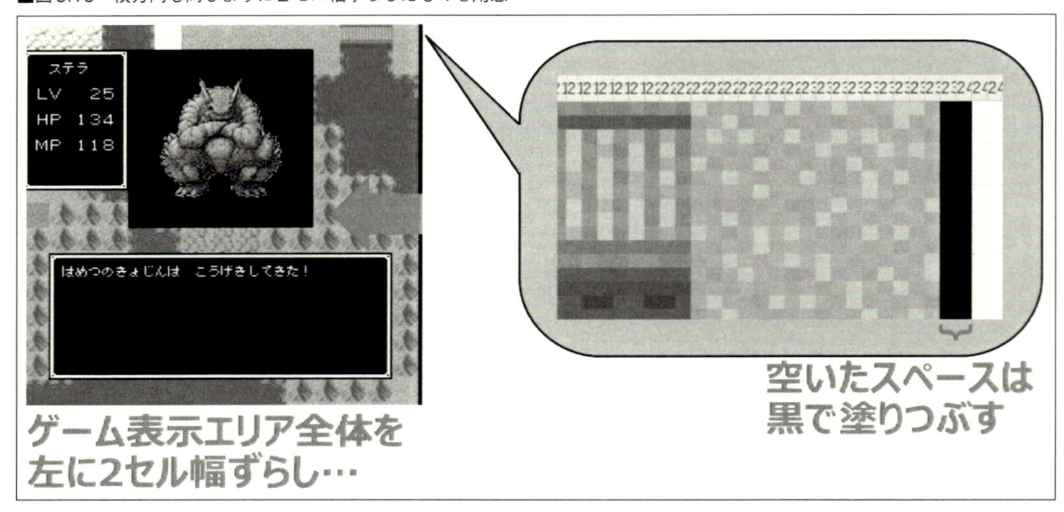

このずらした画面を用意するのがScreenShakeReadyプロシージャです。作成はMainシート下部のプレイヤーに見えない領域で行います。

まず、プレイヤー側がダメージを受けることが確定したら、直前の画面をセル番地R1001C1（画面保持エリア4）にコピーします。この画面保持エリア4を素材として利用しながら、上に2セル幅ずらしたものをセル番地R1251C1（画面保持エリア5）に、左に2セル幅ずらしたものをセル番地R1501C1（画面保持エリア6）にそれぞれ用意します。

◆標準モジュール＞MainModule＞ScreenShakeReadyプロシージャ参照

```
Sub ScreenShakeReady()

    Dim ScrnLeft As Long: ScrnLeft = 1
    Dim ScrnRight As Long: ScrnRight = 240
    Dim Scrn4Top As Long: Scrn4Top = 1001
    Dim Scrn4Btm As Long: Scrn4Btm = 1240
    Dim Scrn5Top As Long: Scrn5Top = 1251
    Dim Scrn5Btm As Long: Scrn5Btm = 1490
    Dim Scrn6Top As Long: Scrn6Top = 1501
    Dim Scrn6Btm As Long: Scrn6Btm = 1740

    Call ScreenCache_Copy(4) 'その時点での画面を保持エリア４にコピーしておく

    Application.ScreenUpdating = False

    With Sheets("Main")
        '縦方向に2セル幅ずらしたものを作成
        ''画面保持エリア４の上２ドット(行)欠けた画面を画面保持エリア５に作成
```

```
        .Range(.Cells(Scrn4Top, ScrnLeft).Offset(2, 0), _
        .Cells(Scrn4Btm, ScrnRight)) _
        .Copy Destination:=.Cells(Scrn5Top, ScrnLeft)
        ''画面保持エリア５の下２ドット(行)を黒く塗りつぶす
        .Range(.Cells(Scrn5Btm, ScrnLeft).Offset(-1, 0), _
        .Cells(Scrn5Btm, ScrnRight)) _
        .Interior.color = RGB(0, 0, 0)

        '横方向に2セル幅ずらしたものを作成
        ''画面保持エリア４の左２ドット(列)欠けた画面を画面保持エリア６に作成
        .Range(.Cells(Scrn4Top, ScrnLeft).Offset(0, 2), _
        .Cells(Scrn4Btm, ScrnRight)) _
        .Copy Destination:=.Cells(Scrn6Top, ScrnLeft)
        ''画面保持エリア６の右２ドット(列)を黒く塗りつぶす
        .Range(.Cells(Scrn6Top, ScrnRight).Offset(0, -1), _
        .Cells(Scrn6Btm, ScrnRight)) _
        .Interior.color = RGB(0, 0, 0)
    End With

    Application.ScreenUpdating = True

End Sub
```

2種類のずらした画面を使って、実際に揺らす処理を記述したのがScreenShakeExeプロシージャです。仕組みはきわめて単純で、揺らす回数分ScreenCache_Returnプロシージャを呼び出しているだけです。

◆標準モジュール＞MainModule＞ScreenShakeExeプロシージャ参照

```
Sub ScreenShakeExe(Optional Scene As Long = 0)
'引数Scene…1を受け取ったときは戦闘時

    If Scene = 1 Then
        'ヒットSE再生
        Call mciSendString("play damage from 0", vbNullString, 0, 0)
    End If

    Call ScreenCache_Return(5) '縦方向に2セル幅ずらしたもの
    Call ScreenCache_Return(4)
    Call ScreenCache_Return(6) '横方向に2セル幅ずらしたもの
    Call ScreenCache_Return(4)
```

```
End Sub
```

ScreenCache_Returnプロシージャは、Mainシート下部の作業領域（画面保持エリア）に作成したものを、プレイヤーが見える領域に貼り付ける処理をまとめたものです。今回の画面揺れ処理だけでなく、スクロールルーチンなどさまざまな場面で利用するため、引数によって領域を選択できるようにしています。

◆標準モジュール＞MainModule＞ScreenCache_Returnプロシージャ参照

```
Sub ScreenCache_Return(AreaV As Long)

    Application.ScreenUpdating = True

    With Sheets("Main")
        Select Case AreaV
～中略～
        Case 5 '画面保持エリア5：画面揺らし用①
            .Range(.Cells(1251, 1), .Cells(1490, 240)) _
            .Copy Destination:=.Cells(1, 1)
        Case 6 '画面保持エリア6：画面揺らし用②
            .Range(.Cells(1501, 1), .Cells(1740, 240)) _
            .Copy Destination:=.Cells(1, 1)
```

ScreenShakeReadyとScreenShakeExeプロシージャが呼び出されるタイミングは、プレイヤー側がダメージを受けることが確定したときです。そのため、敵側の行動処理を記述したBT_EnemyActionプロシージャの中から、しかるべきタイミングで呼び出しを行っています。

3. 魔法発動のフラッシュ

処理の記述はScreenAllflashプロシージャで行っています。「ゲーム表示エリア全体のColorIndexプロパティを2（白）にする→元の画面に戻す」という処理を複数回繰り返すことで画面全体がフラッシュしているように見せています。

魔法の発動演出はプレイヤーと敵で共通なので、BT_PlayerActionとBT_EnemyActionのしかるべき場所から、しかるべきタイミングで呼び出しを行っています。

◆標準モジュール＞MainModule＞ScreenAllflashプロシージャ参照

```
Sub ScreenAllflash(Times As Long, Optional Scene As Long = 0)
'引数Times…フラッシュの回数
'引数Scene…1を受け取ったときは魔法詠唱時

    Dim RngMainArea As Range
    Dim i As Long
```

```
    With Sheets("Main")
        Set RngMainArea = .Range(.Cells(1, 1), .Cells(240, 240))
    End With

    Call ScreenCache_Copy(4) 'その時点での画面を保持エリア4にコピーしておく

    '魔法詠唱時のみSE再生
    If Scene = 1 Then
        Call mciSendString("play magic from 0", vbNullString, 0, 0)
    End If

    For i = 1 To Times '引数で受け取ったTimesの分だけ繰り返す
        RngMainArea.Interior.ColorIndex = 2 'ゲーム表示エリア全体を白くする
        Call ScreenCache_Return(4) '元の画面に戻す
    Next i

End Sub
```

第10章　タイトル画面とエンディング、名前入力システムの実装

ゲームにおいてタイトル画面やエンディングは、必ずしも必要ではありません。もしなかったとしても、ゲーム本編は遊ぶことができるからです。しかし、これらが存在することでゲームの雰囲気はより高まり、プレイヤーの興奮もいっそう増すことでしょう。

この章では、タイトル画面とエンディングの実装方法について解説しています。サンプルゲームにおける両者はとてもシンプルなものですが、セルドットによる演出の基本をぜひ学んでください。

加えて、名前入力システムの仕組みについても解説しています。名前入力はInputBoxなどを利用して、文字をキーボードから直接入力する仕組みのほうが実装は簡単です。しかし、せっかくExcelを用いて、さらにセルドット方式でゲームを作っているのです。名前入力もセルドットの文字盤から選ぶシステムにすれば統一感が出ますし、見栄えの面でもここはこだわりたいところです。

10-1　タイトル画面の実装

サンプルゲームのタイトル画面は非常にシンプルで、あらかじめ用意した一枚絵をゲーム表示エリアに貼り付けているだけです（後掲するマクロ内①）。一枚絵は、Partsシートのセル番地R2051C1周辺に作成しておきます。

■図10.1：ゲーム表示エリアサイズの一枚絵を用意しておく

画面の描画ができたら次に「はじめから/つづきから」の選択処理ですが、第7章～第9章で何度も利用しているCmdSelectプロシージャをここでも使います。

CmdSelectプロシージャは、引数を13にすることでタイトル画面のメニューとして処理を行います。この戻り値を変数TitleMenuNumに格納し（マクロ内②）、1の場合は「はじめから」、2の場合はコンティニューである「つづきから」に振り分けます。

◆標準モジュール＞MainModule＞TitleRoutineプロシージャ参照

```
Sub TitleRoutine()

    Dim TitleMenuNum As Long
```

```
    Dim RngScnAll As Range 'タイトル画面全体の格納用
    Dim StartFlag As Boolean: StartFlag = False

    With Sheets("Parts")
        'タイトル画面の一枚絵を格納
        Set RngScnAll = .Range(.Cells(2051, 1), .Cells(2290, 240))
    End With

    'タイトル画面の描画
    RngScnAll.Copy Destination:=Sheets("Main").Cells(1, 1)  …①

    DoEvents '※これを入れないと画面が更新されない

    Do Until StartFlag
        Call WindowDraw(19)
        TitleMenuNum = CmdSelect(13)  …②
        If TitleMenuNum = 1 Then
            GameMode = 2 'はじめから
            StartFlag = True
        ElseIf TitleMenuNum = 2 Then
            GameMode = 3 'つづきから
            StartFlag = True
        End If

        Call Sleep(1)
        Call ResetMes
    Loop

End Sub
```

タイトル画面はゲームを起動して最初に目にする処理なので、変数GameModeの初期値は1にしておきます。GameModeはゲーム中の状況を管理する変数で、メインルーチンであるMainプロシージャが制御します。

◆標準モジュール＞MainModule＞Mainプロシージャ参照

```
Do Until GameMode = 4
    Sheets("Main").CommandButton1.Activate 'セルへの誤入力防止のためボタンにフォーカス
    Select Case GameMode
        Case 1
            Call TitleRoutine
        Case 2
```

```
            Call StartRoutine
        Case 3
            Call ContRoutine
    End Select

    Call Sleep(1)
    Call KeyRelease
    Call ResetMes
Loop
```

10-2　エンディングの実装

サンプルゲームでは、ラスボスであるヴァルドラを倒すと強制的にエンディングへと突入します。「9-5-3 固定敵戦後の処理」で解説しましたが、ヴァルドラに勝利した場合は変数GameModeに10を格納しています。この状態でプログラムの流れがMainプロシージャに戻ったとき、エンディング処理を記述しているEndingプロシージャが呼び出されるわけです（マクロ内①）。

◆標準モジュール＞MainModule＞Mainプロシージャ参照

```
Do Until GameFlag
    Sheets("Main").CommandButton1.Activate 'セルへの誤入力防止のためボタンにフォーカス
    Select Case GameMode
        Case 4 '移動中
            Call KeyInput
        Case 5 '移動時コマンドモード
            Call MoveCmd
        Case 9 'プレイヤー敗北時
            Call PlayerDefeat
        Case 10 'エンディング
            Call Ending  …①
    End Select
```

サンプルゲームのエンディングは、時の迷宮でレオンの魂が語った後に消滅、最後にメタ的なメッセージが流れるという内容です。この内容を記述しているのがEndingプロシージャになります。

■図10.2：時の迷宮でレオンの魂が語り出すエンディング

ヴァルドラ戦勝利後は自動で時の迷宮に場面転換する必要があるため、まずは主人公の座標を変更します。その座標を元に周辺のマップをゲーム画面に描画してからレオンの魂のセリフが始まります。

◆標準モジュール＞MainModule＞Endingプロシージャ参照

```
'レオンの魂が話す演出
Call BlackFill(3)
With Player
    .MapY = 497 '主人公のY座標を変更
    .MapX = 15 '主人公のX座標を変更
    .Direction = 2 '主人公の向きを上（背面）に変更
End With
Call MapDraw 'マップを描画
Call MsgTextDraw(185) 'レオンの魂のセリフを開始
```

レオンの魂が消滅する演出は、マップチップ番号140の床とマップチップ番号98のレオンを交互に描画することで実現しています。Windows APIのSleep関数で少しだけ間を取っているのもポイントです。

◆標準モジュール＞MainModule＞Endingプロシージャ参照

```
'レオンの魂消去
For i = 1 To 5
    MapTile(140).Copy Destination:=Sheets("Main").Cells(97, 113) '床の描画
    Call Sleep(250)
    MapTile(98).Copy Destination:=Sheets("Main").Cells(97, 113) 'レオンの魂描画
    Call Sleep(250)
Next i
MapTile(140).Copy Destination:=Sheets("Main").Cells(97, 113) '最後は床の描画でレオン
の魂が完全に消滅
```

10-3　名前入力システムの設計

サンプルゲームにおける名前入力は、セルドットで用意された文字盤から1文字ずつ選んで決めていくシステムです。文字の選択はカーソルキーで行い、Cキー押下で決定、名前の最大文字数は4文字です。

■図10.3：セルドットで用意された文字盤から選んでいく

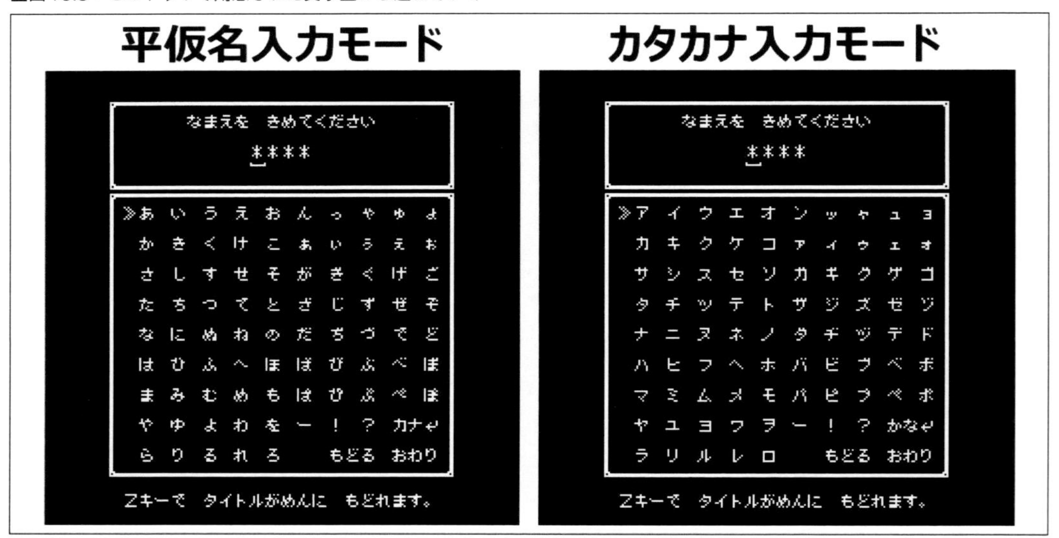

このシステムで肝となるのは、文字盤に対応した文字IDテーブルをワークシートに作成しておくことです。

「7-2-1 セルドット文字の管理方法」にて、ゲーム中で使用する文字をインデックス番号（文字ID）で管理していることを解説しました。

■図10.4：ゲーム中に出てくるセルドット文字はID番号で管理されている

たとえば「あ」は10番、「つ」は27番、「？」は173番といった具合です。逆に考えれば、ID番号を拾うことで文字の選択が可能とも言えます。

サンプルゲームにおける名前入力システムでは、画面上の文字盤に対応した文字IDテーブルをワークシートに用意しておきます。GameDataシートのセル番地R11C31〜R19C40が平仮名用テーブル、セル番地R11C41〜R19C50がカタカナ用テーブルです。

なお、文字IDテーブルは［セルの書式設定］で［表示形式］を［文字列］にしておきます。

■図10.5：文字盤と同じ並びで文字IDを配置したテーブル

平仮名文字盤用テーブル

010	011	012	013	014	055	056	057	058	059
015	016	017	018	019	060	061	062	063	064
020	021	022	023	024	065	066	067	068	069
025	026	027	028	029	070	071	072	073	074
030	031	032	033	034	075	076	077	078	079
035	036	037	038	039	080	081	082	083	084
040	041	042	043	044	085	086	087	088	089
050	051	052	053	054	171	172	173	198	192
045	046	047	048	049	191	199	191	200	193

カタカナ文字盤用テーブル

090	091	092	093	094	135	136	137	138	139
095	096	097	098	099	140	141	142	143	144
100	101	102	103	104	145	146	147	148	149
105	106	107	108	109	150	151	152	153	154
110	111	112	113	114	155	156	157	158	159
115	116	117	118	119	160	161	162	163	164
120	121	122	123	124	165	166	167	168	169
130	131	132	133	134	171	172	173	198	192
125	126	127	128	129	191	199	191	200	193

プレイヤーは画面上の文字盤を見ながら文字を選択するわけですが、その裏でGameDataシートの文字IDテーブルの上をカーソルが動いていくイメージです（厳密に言うとテーブルは変数に格納されたうえで操作されますのであくまでイメージの話です）。

■図10.6：文字IDテーブル上でもカーソルが動いているイメージ

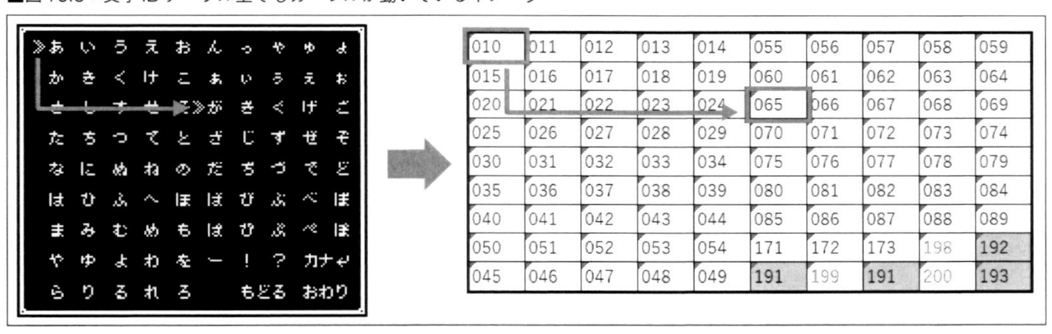

このロジックをプログラムで記述しているのがStartRoutineプロシージャです。StartRoutineプロシージャは、タイトル画面で「はじめから」を選んだ際に呼び出されるプロシージャです。

プログラムの流れとしては、まず平仮名用のIDテーブルをVariant型の変数MojiIDTableに格納します。Variant型の変数にセル範囲を格納すると、その変数は2次元の配列変数になるためインデックス番号による指定が可能になります。

ここでIDテーブル上の仮想カーソルの座標をそれぞれTableY/TableXと設定することにより、特定の文字IDはMojiIDTable(TableY,TableX)で拾うことができます。たとえば、MojiIDTable(1,1)には010、MojiIDTable(3,6)には065が格納されているわけです。このTableY/TableXをキー操作と連動させることにより、まるで2次元配列の中を仮想カーソルが動き回るような処理を実現できます。

◆標準モジュール＞MainModule＞StartRoutineプロシージャ参照

```
Dim MojiIDTable As Variant '文字選択用仮想テーブル格納
Dim OneMoji As String: OneMoji = "010" '文字ID格納用。初期値は左上角の010(あ)
Dim TableY As Long: TableY = 1 '文字選択用仮想テーブル上のＹ座標
Dim TableX As Long: TableX = 1 '文字選択用仮想テーブル上のＸ座標
～中略～
'文字選択用仮想テーブルを格納
With Sheets("GameData")
    '初めは平仮名用テーブルを格納
    MojiIDTable = .Range(.Cells(11, 31), .Cells(19, 40))
End With
～中略～
    If GetAsyncKeyState(Left_Key) <> 0 Then '左キー
        'まず先読みして仮想テーブル上の文字IDを拾う
        TableX = TableX - 1
        If TableX <= 1 Then '仮想テーブル左端のストップ処理
            TableX = 1
        End If
        OneMoji = MojiIDTable(TableY, TableX) '選択中の文字IDを格納
～中略～
    ElseIf GetAsyncKeyState(Right_Key) <> 0 Then '右キー
        'まず先読みして仮想テーブル上の文字IDを拾う
        TableX = TableX + 1
        If TableX >= 10 Then '仮想テーブル右端のストップ処理
            TableX = 10
        End If
        OneMoji = MojiIDTable(TableY, TableX) '選択中の文字IDを格納
```

ここまでは仮想テーブル上における文字IDの選択です。しかし、プレイヤーが見ているのはゲーム画面の文字盤ですので、画面上のカーソルも連動させなければいけません。

画面上のカーソル座標は、変数MoveCsrY/MoveCsrXで管理します。セルドットでできた文字盤において1文字分の移動量は16セルです。

◆標準モジュール＞MainModule＞StartRoutineプロシージャ参照

```
Dim RngBlank As Range 'セルドットで作成した空白の格納用（カーソル消去用）
Dim RngMoveCsr As Range 'セルドットで作成したカーソルの格納用
～中略～
With Sheets("Chip")
    'セルドット空白を格納
```

```
    Set RngBlank = .Range(.Cells(181, 217), .Cells(188, 224))
    'セルドットカーソルを格納
    Set RngMoveCsr = .Range(.Cells(181, 225), .Cells(188, 232))
End With
～中略～
    ElseIf GetAsyncKeyState(Up_Key) <> 0 Then '上キー
        'まず先読みして仮想テーブル上の文字IDを拾う
        TableY = TableY - 1
        If TableY <= 1 Then
            TableY = 1
        End If
        OneMoji = MojiIDTable(TableY, TableX)

        '画面上のセルドットカーソルの描画処理
        RngBlank.Copy Destination:= _
        Sheets("Main").Cells(MoveCsrY, MoveCsrX) '元々あったカーソルを空白で消去
        MoveCsrY = MoveCsrY -  16 '一文字分の移動量は16
        If MoveCsrY <= 73 Then 'カーソルが上端に行った場合のストップ処理
            MoveCsrY = 73
        End If
        RngMoveCsr.Copy Destination:= _
        Sheets("Main").Cells(MoveCsrY, MoveCsrX) '移動後のカーソルを描画
```

これで画面上のカーソル移動と裏側での文字ID選択の処理ができました。しかし問題が1つあります。それは文字盤右下周辺にある「もどる」「おわり」「カナ/かな」といった制御系項目と、「ろ」の右にある空白です。

これらはカーソルが進入してきた方向によっては1文字分ジャンプさせたり、斜めに移動させる必要があります。

■図10.7：カーソルが特殊な動きをする箇所がある

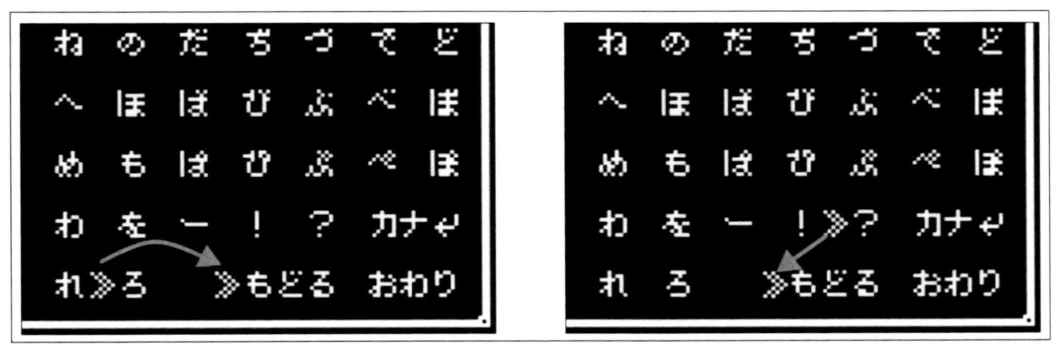

この処理を実装するには「カーソルが止まってはいけない場所」をIDテーブルに設定しておかな

くてはなりません。具体的には「191」「192」「193」が該当し、いずれも文字IDとして使われていない数値を割り当てています。

- 191……「ろ」の右隣の空白、「もどる」の「ど」部分
- 192……「カナ/かな」の「ナ/な」部分
- 193……「おわり」の「わ」部分

■図10.8：191〜193はカーソルが止まってはいけないIDとして設定する

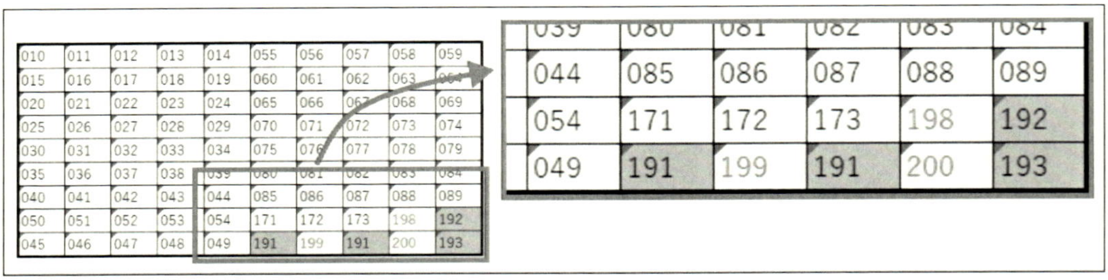

010	011	012	013	014	055	056	057	058	059
015	016	017	018	019	060	061	062	063	064
020	021	022	023	024	065	066	067	068	069
025	026	027	028	029	070	071	072	073	074
030	031	032	033	034	075	076	077	078	079
035	036	037	038	039	080	081	082	083	084
040	041	042	043	044	085	086	087	088	089
050	051	052	053	054	171	172	173	198	192
045	046	047	048	049	191	199	191	200	193

039	080	081	082	083	084
044	085	086	087	088	089
054	171	172	173	198	192
049	191	199	191	200	193

このように、「画面上のカーソルが止まってはいけない場所」をIDテーブルに設定しておけば、仮想カーソルだけを先読みさせることで判定ができます。先読みさせた仮想カーソルが191〜193を踏んだ場合は、画面上のカーソルに特殊な動きをさせればいいのです。

以下は、下キーを押して191と192を踏んだときの処理を記述した部分です。画面上のカーソルが上方向から降りてきたことをイメージしてください。

◆標準モジュール＞MainModule＞StartRoutineプロシージャ参照

```
ElseIf GetAsyncKeyState(Down_Key) <> 0 Then '下キー
    'まず先読みして仮想テーブル上の文字IDを拾う
    TableY = TableY + 1
    If TableY >= 9 Then
        TableY = 9
    End If
    OneMoji = MojiIDTable(TableY, TableX)

    Select Case OneMoji
        Case "191", "192"
            TableX = TableX - 1 'ここが特殊な動きで、1マス左に強制移動させている
            OneMoji = MojiIDTable(TableY, TableX)
            RngBlank.Copy Destination:= _
            Sheets("Main").Cells(MoveCsrY, MoveCsrX) '元々あったカーソルを空白で消去
            MoveCsrY = MoveCsrY + 16
            If MoveCsrY >= 201 Then
                MoveCsrY = 201
            End If
```

```
            MoveCsrX = MoveCsrX - 16 'ここが特殊な動きで、1マス左に強制移動させている
            RngMoveCsr.Copy Destination:= _
            Sheets("Main").Cells(MoveCsrY, MoveCsrX) '移動後のカーソルを描画
        Case Else '通常文字
            RngBlank.Copy Destination:= _
            Sheets("Main").Cells(MoveCsrY, MoveCsrX)
            MoveCsrY = MoveCsrY + 16
            If MoveCsrY >= 201 Then
                MoveCsrY = 201
            End If
            RngMoveCsr.Copy Destination:= _
            Sheets("Main").Cells(MoveCsrY, MoveCsrX)
    End Select
```

続いて文字の決定処理ですが、名前の最大文字数は4文字なのでこれを1文字ずつ格納する配列変数NameStr(3)を用意します。文字が決定するタイミングはCキーを押した瞬間で、文字数をカウントする変数MojiNumでインデックス番号を指示しながら、文字IDを格納していきます。

■図10.9：配列変数に1文字ずつIDを格納していく

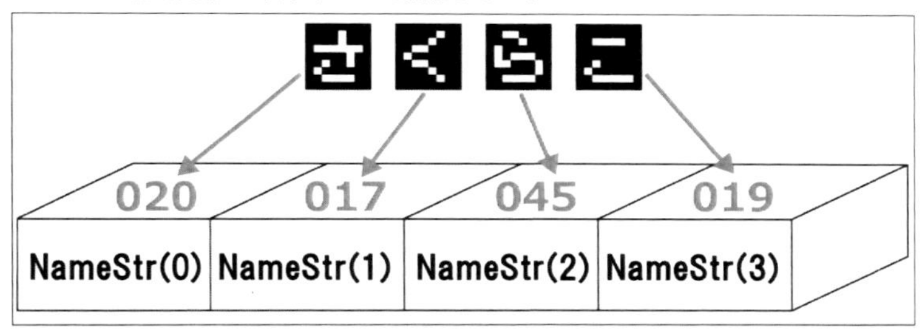

それと同時に、「今、何文字目まで名前を入力したか？」をプレイヤーにも教えてあげなくてはいけません。ですから、文字IDを配列変数に格納しながら、ゲーム画面にもセルドット文字を描画していきます。

■図10.10：これから4文字目を決めようとしている状態

このとき注意しなければならないのが4文字目です。すでに4文字入力した状態で、4文字目を変更した場合は（たとえば「さくらい」→「さくらこ」）、文字数カウントを増やしてはいけませんし、下線カーソルを動かしてはいけません。なぜなら、5文字目は存在しないからです。

こうした条件を考慮しながら記述したプログラムが以下になります。

◆標準モジュール＞MainModule＞StartRoutineプロシージャ参照

```
If GetAsyncKeyState(C_Key) <> 0 Then
    'ピッ！(決定音)SE再生
    Call mciSendString("play pi from 0", vbNullString, 0, 0)

    Select Case OneMoji
～中略～
        Case Else '通常の文字
            If MojiNum <= 2 Then '入力した文字数が2文字以下の場合
                '新たな一文字の描画
                MojiTile(OneMoji).Copy Destination:= _
                Sheets("Main").Cells(41, 105 + (MojiNum * 8))
                '下線カーソルの消去
                RngBlank.Copy Destination:= _
                Sheets("Main").Cells(49, UnderCsrX)
                UnderCsrX = UnderCsrX + 8 '下線カーソルのX座標を加算
                '次の文字位置に下線カーソルを描画
                RngUnderCsr.Copy Destination:= _
                Sheets("Main").Cells(49, UnderCsrX)
                '名前の文字列(配列変数)に新たな一文字IDを格納
                NameStr(MojiNum) = OneMoji
                MojiNum = MojiNum + 1 '文字数を1加算

            Else '入力した文字数が3文字以上の場合
                If MojiNum >= 4 Then 'すでに4文字入力しきっている場合
                    MojiNum = 4 '文字数は4のまま加算しない
                    '新たな一文字の描画
                    MojiTile(OneMoji).Copy Destination:= _
                    Sheets("Main").Cells(41, 105 + ((MojiNum - 1) * 8))
                    '名前の文字列(配列変数)に新たな一文字IDを格納
                    NameStr(MojiNum - 1) = OneMoji
                Else '初めて4文字目を入力する場合
                    '新たな一文字の描画
                    MojiTile(OneMoji).Copy Destination:= _
                    Sheets("Main").Cells(41, 105 + (MojiNum * 8))
                    '名前の文字列(配列変数)に新たな一文字IDを格納
```

```
                NameStr(MojiNum) = OneMoji
                MojiNum = MojiNum + 1 '文字数を1加算
            End If
        End If
```

最後に「もどる」「おわり」「カナ/かな切り替え」の制御系項目です。これらも通常文字の決定処理と同様、Cキー入力の箇所に記述します。加えて、GameDataシートの文字IDテーブルに以下の番号を割り当てておきます。

・もどる……199
・おわり……200
・カナ/かな切り替え……198

■図10.11：制御系項目のIDは198～200

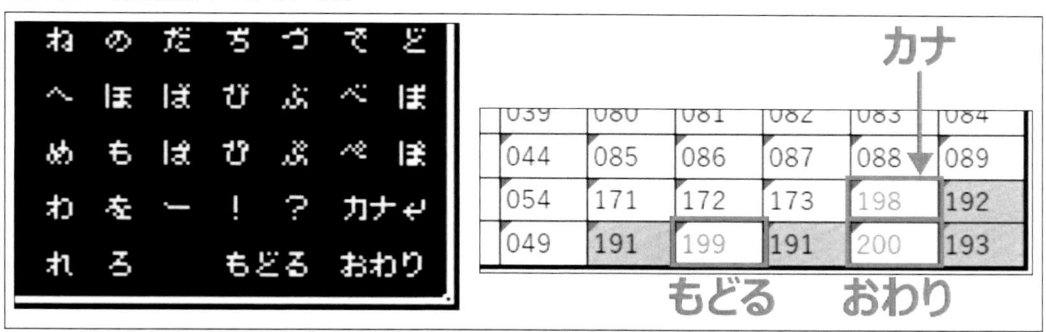

まず「もどる」ですが、StartRoutineプロシージャ最下部にMojiBackというサブルーチンを用意し、ここに処理を記述しています。これは、キャンセルの役割を持つXキーでも「もどる」操作をしたかったためです。

もどるの挙動は、直前に入力した文字を「＊（アスタリスク）」で消去→下線カーソルが1文字前に戻る、という動作です。これも注意点は4文字目で、すでに4文字目が入力されている状態で「もどる」を選択した場合は、下線カーソルを動かしてはいけません。

■図10.12：「もどる」の画面挙動

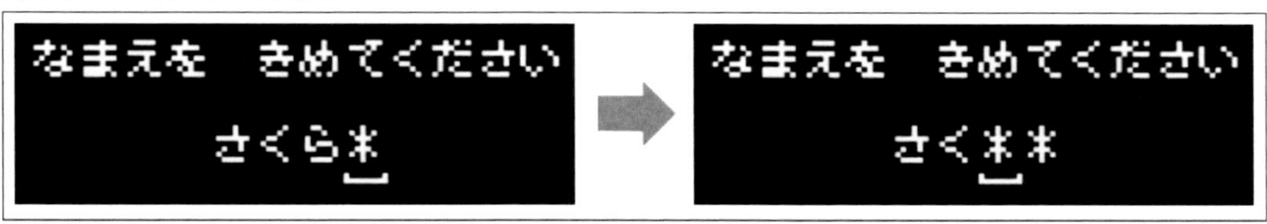

■図10.13：4文字目で「もどる」を選択した場合の画面挙動

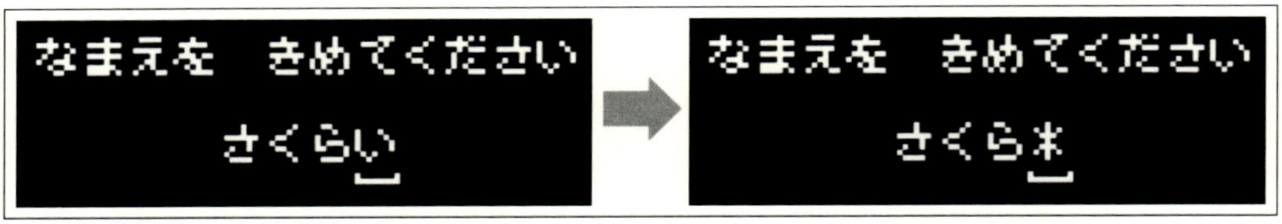

なまえを　きめてください
さくらい
→
なまえを　きめてください
さくら＊

◆標準モジュール＞MainModule＞StartRoutineプロシージャ参照

```
MojiBack:

    If MojiNum >= 1 And MojiNum <= 3 Then '入力した文字数が3文字以下の場合
        '＊で入力した一文字を消去
        RngAsterisk.Copy Destination:= _
        Sheets("Main").Cells(41, 105 + ((MojiNum - 1) * 8))
        '元々あった下線カーソルを消去
        RngBlank.Copy Destination:= _
        Sheets("Main").Cells(49, UnderCsrX)
        UnderCsrX = UnderCsrX - 8 '下線カーソルのX座標を減算
        If UnderCsrX <= 105 Then
            UnderCsrX = 105
        End If
        '新たな位置に下線カーソルを描画
        RngUnderCsr.Copy Destination:= _
        Sheets("Main").Cells(49, UnderCsrX)
        NameStr(MojiNum) = "" '名前の文字列(配列変数)から一文字を削除
        MojiNum = MojiNum - 1 '文字数カウントを1減らす
        If MojiNum <= 0 Then
            MojiNum = 0
        End If
    ElseIf MojiNum = 4 Then '4文字目でもどるを選択した場合
        '＊で入力した一文字を消去
        RngAsterisk.Copy Destination:= _
        Sheets("Main").Cells(41, 105 + ((MojiNum - 1) * 8))
        NameStr(MojiNum - 1) = "" '名前の文字列(配列変数)から一文字を削除
        MojiNum = MojiNum - 1 '文字数カウントを1減らす
    End If

Return
```

続いて「おわり」ですが、処理の流れは以下のとおりです。

・4文字未満の空白埋め
・変数Player.Nameに文字IDを格納
・ループを抜けるフラグ立て

サンプルゲームでは名前の文字数が4文字に満たない場合、残りの文字は自動的に空白で埋められます。たとえば、プレイヤーが「あや」と入力したら「あや＋空白2文字」で合計4文字扱いとなるわけです。

セルドットで作成した文字のうち空白のIDは180ですので、配列変数NameStr(3)の空いている箇所に180を格納します。

■図10.14：空白のIDである180を格納する

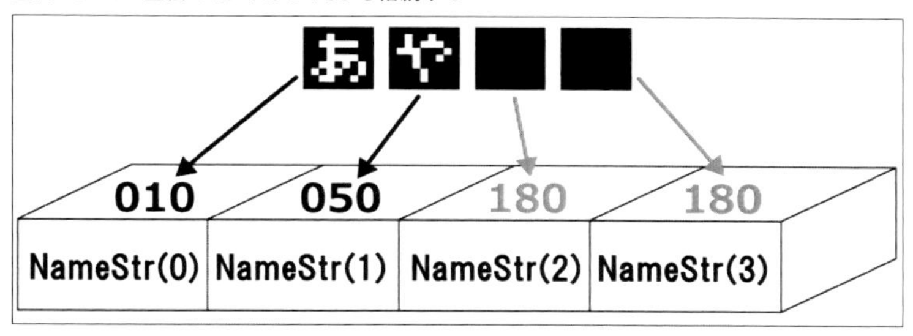

4文字すべてが埋まったら、名前を表す変数Player.Nameを確定させます。各文字のIDが入っているNameStr(3)は文字列型の配列変数なので、&演算子で結合することができます。

最後に、名前入力のループを抜けるためDecisionFlgをTrueにしてフラグを立てておきます。

◆標準モジュール＞MainModule＞StartRoutineプロシージャ参照

```
Case "200" 'おわり
    '文字数が0の場合は無効
    If MojiNum > 0 Then
        If MojiNum = 1 Then
            NameStr(1) = "180"
            NameStr(2) = "180"
            NameStr(3) = "180"
        ElseIf MojiNum = 2 Then
            NameStr(2) = "180"
            NameStr(3) = "180"
        ElseIf MojiNum = 3 Then
            NameStr(3) = "180"
        End If
        Player.Name = NameStr(0) & NameStr(1) & NameStr(2) & NameStr(3)
        DecisionFlg = True
    End If
```

「カナ/かな切り替え」は、現在の入力モードを表す変数MojiTypeを用意し、0の時は平仮名入力モード、1の時はカタカナ入力モードとして管理します。「カナ/かな切り替え」が選択されたらMojiTypeの値を反転させると同時に、画面上の文字盤も切り替えなくてはいけません。

加えて、GameDataシートの文字IDテーブルを、変数MojiIDTableに再格納します。これを忘れると、画面上の文字盤は切り替わっているのに実際の文字が切り替わっていないという不一致が起こってしまいます。

◆標準モジュール＞MainModule＞StartRoutineプロシージャ参照

```
Case "198" '平仮名/カタカナの切り替え
    If MojiType = 0 Then
        MojiType = 1 'カタカナ入力モードに切り替え
        RngKataArea.Copy Destination:= _
        Sheets("Main").Cells(65, 33) 'カタカナ文字盤の貼り付け
        With Sheets("GameData")
            'カタカナIDテーブルを格納
            MojiIDTable = .Range(.Cells(11, 41), .Cells(19, 50))
        End With
        OneMoji = "090" '初期位置の「ア」のIDを格納
    Else
        MojiType = 0 '平仮名入力モードに切り替え
        RngHiraArea.Copy Destination:= _
        Sheets("Main").Cells(65, 33) '平仮名文字盤の貼り付け
        With Sheets("GameData")
```

```
        '平仮名IDテーブルを格納
        MojiIDTable = .Range(.Cells(11, 31), .Cells(19, 40))
    End With
    OneMoji = "010" '初期位置の「あ」のIDを格納
End If
'カーソルを初期位置に設定
TableY = 1: TableX = 1
MoveCsrY = 73: MoveCsrX = 41
```

第11章　ゲームの完成、テスト

プログラミングにおいて、デバッグ作業を避けて通ることはできません。ゲーム作成開始から完成まで1個もバグが出なかった、なんてことはまずないでしょう。それほどプログラムにバグは付きものなのです。

この章では、Excelでゲームを作る際の効率的なデバッグ方法について解説しています。VBAにはデバッグを助けてくれる便利な機能が備わっているので、まずはそれを学んでください。

ゲームがあらかた完成したら、次にテストプレイが待っています。このテストプレイの段階でも、まだまだバグは見つかるはずです。すべてのバグをなくすために、テストプレイで意識したいポイントをまとめました。

デバッグとテストプレイをクリアし、会心のゲームが完成したら、ぜひインターネット上に公開しましょう。公開することでいろんな意見を聞くことができ、それはあなたにとって大切な糧となるはずです。

11-1　ゲームのデバッグ方法

デバッグとは、プログラムの不具合や欠陥（バグ：bug）を探し出し、取り除く作業をいいます。バグには、システム側がエラーとして教えてくれるものと教えてくれないものがありますが、ゲーム作成で圧倒的に多いのは後者です。

エラー表示が出ないということは、まがりなりにもプログラムは動いています。ただし、自分が思い描いたとおりの挙動はしていないわけです。しかも、エラー表示がないため自分で不具合の箇所を探し出さなければなりません。これはとても大変な作業です。

この節では、大変なデバッグ作業を効率的に行う方法を解説していきます。Excel VBAが備えている便利な機能を活用したデバッグ方法をぜひ学んでください。

11-1-1　ステップ実行

ステップ実行とは、プログラムを自動で一気に実行するのではなく、1行ずつ実行させる機能です。やり方は、実行したいプロシージャの中にカーソルを置き、ファンクションキーのF8を押します。繰り返しF8キーを押すことで、順次プログラムが実行されます。

■図 11.1：ステップ実行でプログラムを一行ずつ実行することができる

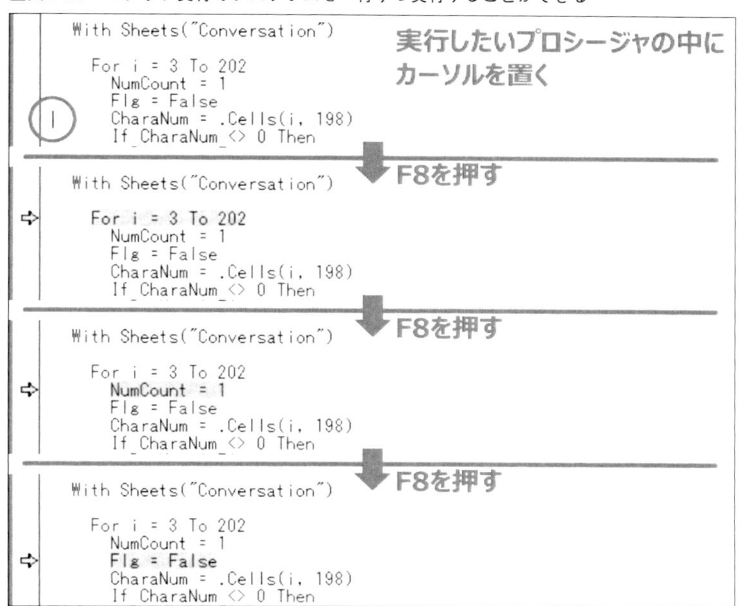

このステップ実行は、1行ごとに動作を確かめながら、少しずつプログラムの動きを見たい場合に役立ちます。

ただ、プロシージャの数が増えてプログラム全体の規模が大きくなってしまうと、確認したい箇所にたどり着くまで時間がかかってしまいます。また、If文の条件分岐次第ではプログラムの流れが該当箇所に来ない可能性もあります。

11-1-2　ブレークポイントとStopステートメント

不具合の箇所を探し出す際に、プログラムを意図的に中断させたいことがあります。そんなときに役立つのがブレークポイントです。

ブレークポイントは、コードを記述するエリアの左端にあるインジケータバーをクリックすることで設定できます。プログラムの実行を止めたい行にあわせてインジケータバーをクリックすると、その部分に茶色い丸印が付きます。

■図11.2：プログラムを意図的に中断させることができるブレークポイント

(General)
With Sheets("Conversation")
For i = 3 To 202
NumCount = 1
Flg = False
CharaNum = .Cells(i, 198)
If CharaNum <> 0 Then
Do Until Flg
CutOne = Mid(.Cells(i, 197), NumCount, 1)
If CutOne = "　" Then
CutOneID = 180
Else
CutOneID = WorksheetFunction.VLookup _
(CutOne, .Range(.Cells(3, 211), .Cells(223, 212)), 2, Fals
If CutOneID = 205 Then
インジケータバー
クリック

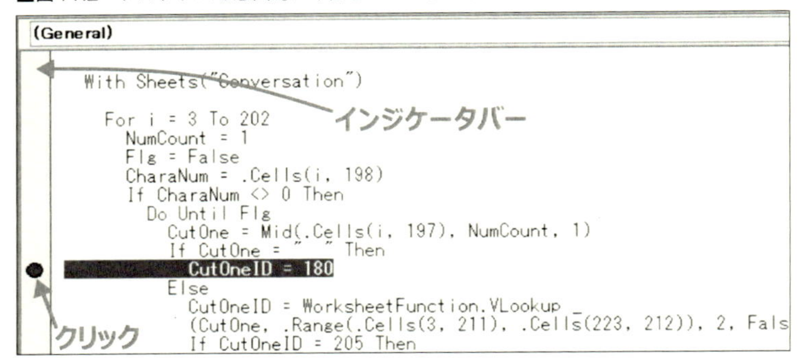

プログラムの実行がブレークポイントを設定した行に差し掛かると、処理が必ず中断します。ただ、図11.2のようにIf文の条件分岐次第では、ブレークポイントを設定した行を通過しないことがあり、そのときは中断することはありません。

なお、ブレークポイントを解除したい場合は、もう一度インジケータバーの丸印をクリックします。

プログラムを意図的に中断させる方法としてもう1つ、Stopステートメントがあります。機能はブレークポイントとまったく同じで、プログラムの実行がStopステートメント自身に差し掛かると、処理が必ず中断します。

■図11.3：プログラムを中断したい箇所にStopと記述する

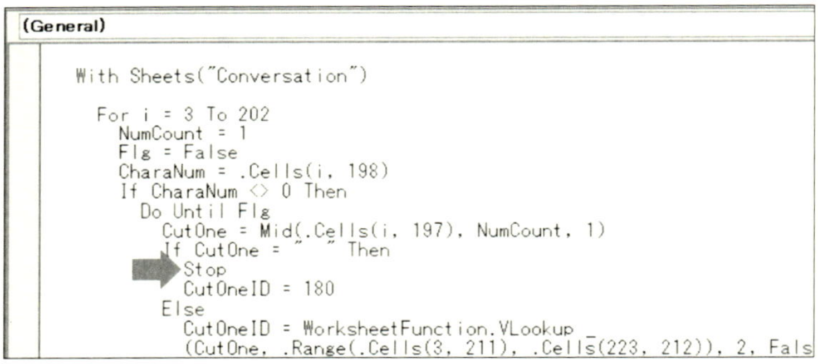

(General)
With Sheets("Conversation")
For i = 3 To 202
NumCount = 1
Flg = False
CharaNum = .Cells(i, 198)
If CharaNum <> 0 Then
Do Until Flg
CutOne = Mid(.Cells(i, 197), NumCount, 1)
If CutOne = "　" Then
Stop
CutOneID = 180
Else
CutOneID = WorksheetFunction.VLookup _
(CutOne, .Range(.Cells(3, 211), .Cells(223, 212)), 2, Fals

Stopステートメントは VBA の命令なので、If文などと組み合わせればStop自身に条件を付けることができます。たとえば、主人公のHPが10以下になったら止めるといったように中断の条件を指示できるわけです。先のブレークポイントと使い分けることで効率的なデバッグが可能となります。

11-1-3　イミディエイトウィンドウ

「2-1-3　VBEの画面構成」で解説したイミディエイトウィンドウは、デバッグにとても重宝する機能です。イミディエイト（immediate）には「即座の、即時の」という意味があり、知りたいことや確認したいことをすぐに知ることができるウィンドウといえます。

では、イミディエイトウィンドウを表示してみましょう。VBE上部にあるメニューから、［表示］→［イミディエイトウィンドウ］の順にクリックします。

■図 11.4：VBE のメニューから［表示］→［イミディエイトウィンドウ］を選択する

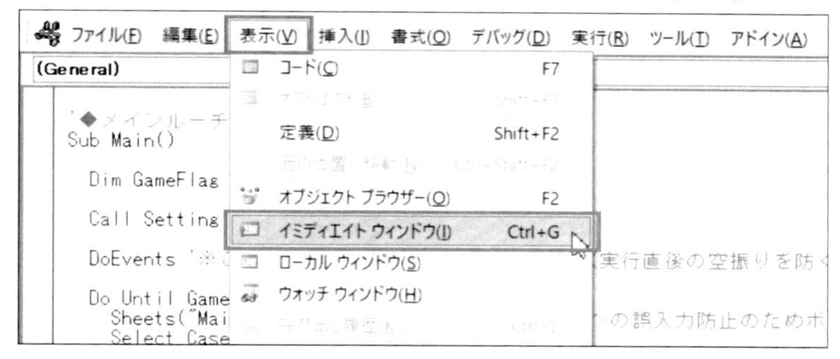

イミディエイトウィンドウのもっとも有効な使い方は、Debug.Printメソッドで変数の状態をリアルタイムに確認できることです。プログラム内で変数の状態を出力したい箇所に、「Debug.Print 変数名」と記述することで、ゲームを動かしながら変数の状態を見ることができます。

たとえば、エンカウントするまでの歩数を確認したい場合、図 11.5 の位置に Debug.Print EncStepsVal と記述します。変数 EncStepsVal は、「9-2 エンカウントメカニズム」で解説したとおり、敵に遭遇するまでの歩数を格納しています。

■図 11.5：エンカウントするまでの歩数を減算した直後に Debug.Print を記述している

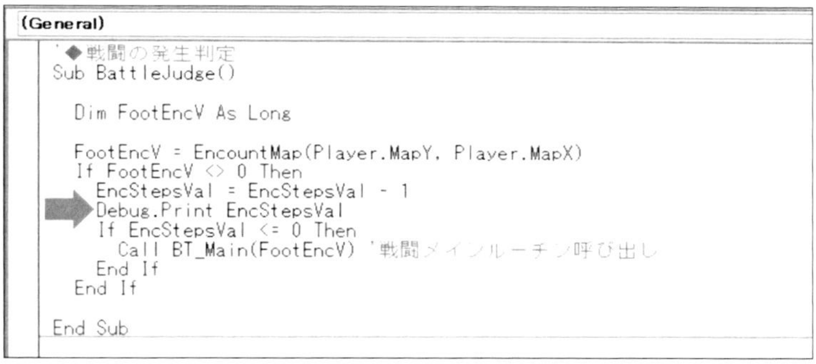

```
(General)
'◆戦闘の発生判定
Sub BattleJudge()

  Dim FootEncV As Long

  FootEncV = EncountMap(Player.MapY, Player.MapX)
  If FootEncV <> 0 Then
    EncStepsVal = EncStepsVal - 1
    Debug.Print EncStepsVal
    If EncStepsVal <= 0 Then
      Call BT_Main(FootEncV) '戦闘メインルーチン呼び出し
    End If
  End If

End Sub
```

■図11.6：ゲームを動かしながら変数EncStepsValの状態を出力できた

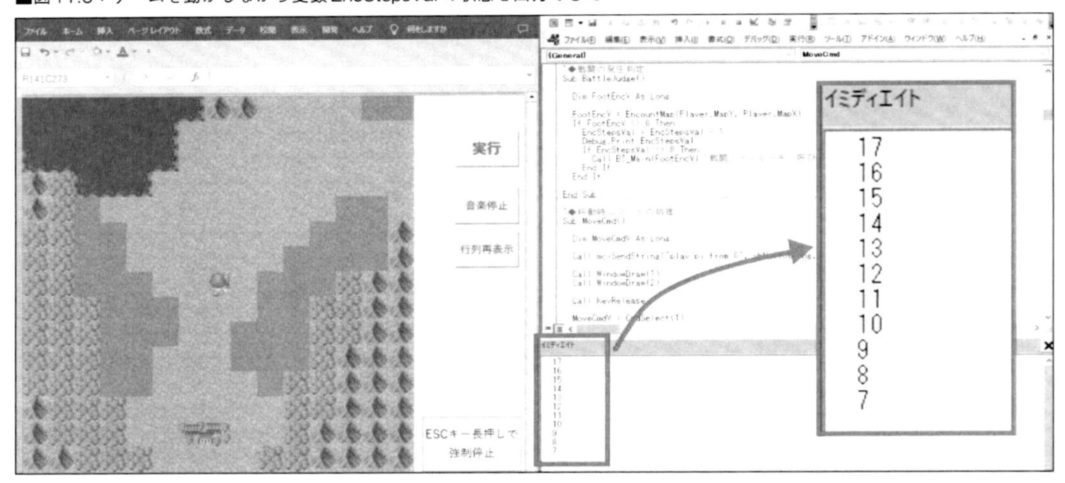

このように、プログラムを動かしながら変数の状態を確認できるため、特に開発途中でのデバッグにおいて重宝する機能です。

11-1-4　ローカルウィンドウ

ローカルウィンドウは、プログラムを中断してデバッグモードに入った際に活躍する機能です。「11-1-2 ブレークポイントとStopステートメント」で解説した中断や、Escキーによる強制中断を行うと、VBEはデバッグモードとなります。このとき、中断した瞬間に実行していたプロシージャの変数情報がローカルウィンドウに表示されます。

たとえばメインコマンドを開き、メニューの選択中にEscキーで中断したとしましょう。このときプログラムは、コマンドメニューの選択処理をするCmdSelectプロシージャで止まっています。したがって、ローカルウィンドウにはCmdSelectプロシージャで宣言されている変数が表示されるのです。

■図 11.7：コマンドメニューの選択中に Esc キーで中断する

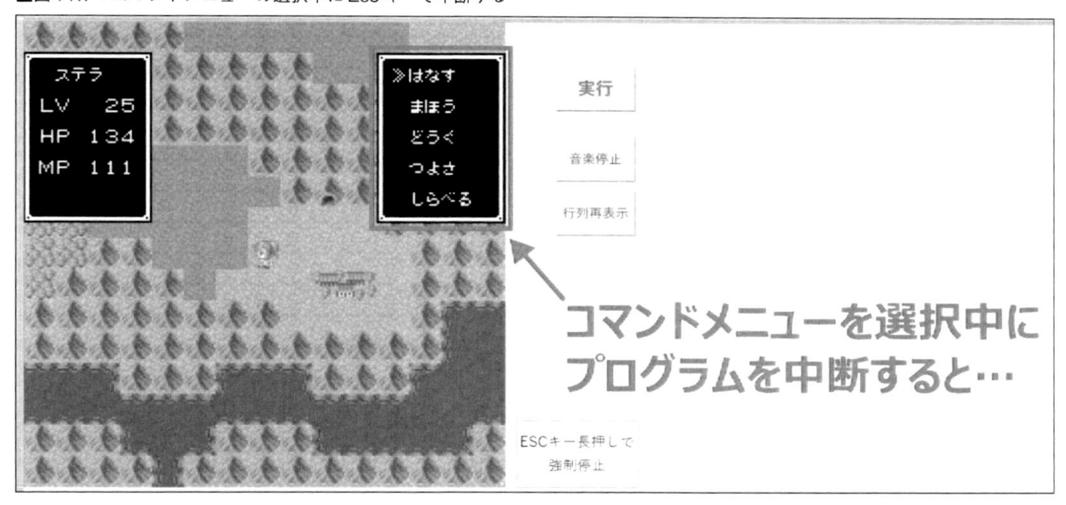

■図 11.8：CmdSelect プロシージャで宣言している変数情報が表示された

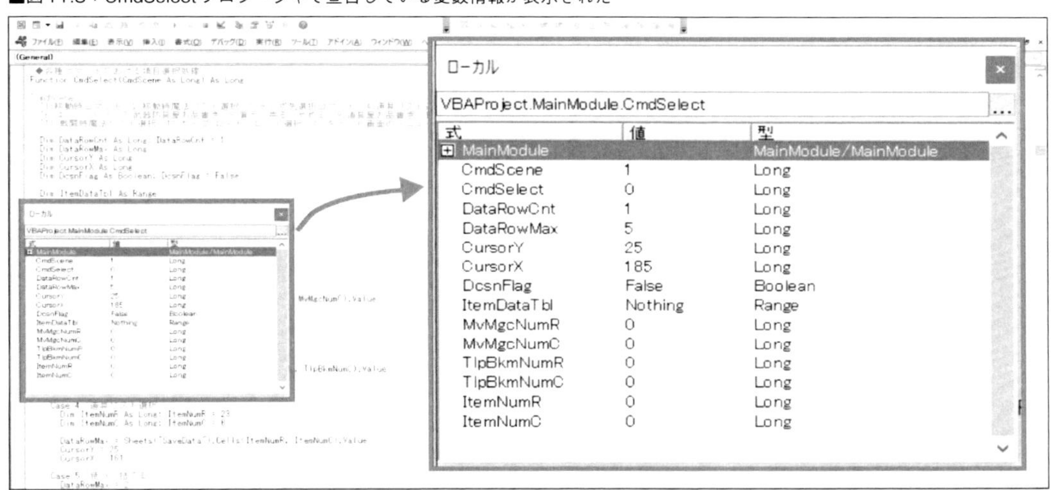

変数の状態を確認できるこの機能は、不具合の箇所を探し出すのにとても役立ちます。ローカルウィンドウに表示された変数の値を注意深く観察することで、大抵のバグは絞り込むことができるからです。

ローカルウィンドウの表示はイミディエイトウィンドウと同様、VBE上部にあるメニューから、［表示］→［ローカルウィンドウ］の順にクリックします。

■図11.9：VBEのメニューから［表示］→［ローカルウィンドウ］を選択する

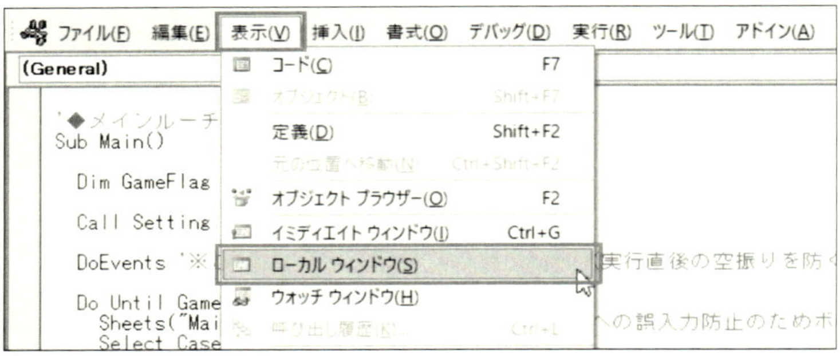

11-2　テストプレイの実施

　ゲームがおおむねできあがったら、テストプレイで不具合やミスがないかをチェックします。このテストプレイは1度ではなく、何度も繰り返し行うのが理想です。

　また、可能であれば知り合いや親類にテストプレイをお願いしましょう。作成者では気づかないミスや、発想が及ばない行動をしてくれることがあるからです。

　ではここで、テストプレイを行う際に意識したいポイントをご紹介します。

■パターンはすべて網羅する

　イベントでのセリフによる選択肢、ショップ店員とのやり取りによる会話分岐、アイテムの全使用や全装備など、ゲーム中に起こる現象のパターンはすべて網羅して確認しましょう。特に重要イベント直前では、複数のセーブスロットに保存しておけばやり直しができます。

　もしセーブスロットが足りない場合は、SaveDataシートのセーブデータをメモしておけばいつでも再現可能です。

■発生確率が低い現象はコードやデータに手を加える

　サンプルゲームでは取り入れていませんが、レアアイテムやレアモンスターの存在はゲームを面白くする要素です。しかし、こうした発生確率の低い現象は、確認しようとしてもなかなか難しいのが現実でしょう。

　もちろん理想は仕様にのっとったプレイで確認することですが、時間的な制約があって難しいケースもあるはずです。そんなときは、プログラムやデータに手を加えて、一時的に発生確率を上げてもいいでしょう。

　戦闘中の状態異常などもなかなか被弾しない場合は、一時的に確率を上げることで容易に確認できます。ただし、テストプレイが終了したら必ず元に戻すことを忘れないようにしてください。

■戦闘バランス

　RPGにおいて戦闘バランスは、ゲーム全体の印象を決めかねない重要な要素です。そのため、じっくり時間をかけて調整してください。

もし戦闘の難易度が極端だった場合は、プログラムの計算式を変えるよりもステータスデータを調整するほうが簡単です。敵の攻撃力や守備力を微調整しながら、ちょうどよいバランスに仕上げましょう。

町やダンジョンへの到達レベルを先に決めてしまうことも有効です。この場合は、プレイヤー側のステータスを軸にしながら、敵の強さを決めていく形になります。

11-3 フィードバックの取得方法

インターネットの環境が充実した現在は、個人が自由に情報発信することが可能となりました。Excelで作ったゲームも多くの人に見てもらうことで、さまざまな反応が得られます。

こうした反応は、ゲーム作成のモチベーションを高めてくれたり、自分になかった気づきを与えてくれます。場合によっては、新たな人との繋がりをもたらしてくれる可能性もあるでしょう。

時には厳しい意見をいただくこともあるかもしれません。しかし、それもまた公開しなければ得られない貴重な体験です。

Excelで作ったゲームを公開するにあたって、最適なメディアは動画でしょう。

■図11.10：YouTube　https://www.youtube.com/

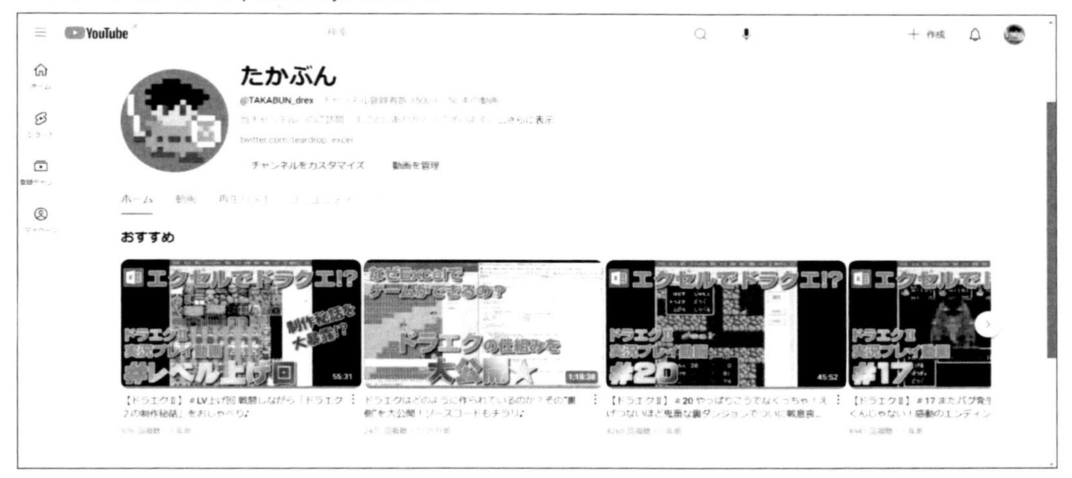

ゲームの動きやBGM、全体の雰囲気を伝えるには、やはり動画として公開するのがいちばんです。YouTube[1]にはコメント投稿機能がありますので、視聴者からの感想をダイレクトに受け取ることができます。

また、国内の動画共有サービスであるニコニコ動画[2]も、ゲーム関連のコンテンツが豊富なのでおすすめです。

どちらも無料で動画投稿できますが、ニコニコ動画は一般会員だと初めは投稿可能な動画数に制限があることに留意してください（ユーザーレベルが18以上になると無制限）。

1.https://www.youtube.com/
2.https://www.nicovideo.jp/

動画投稿とあわせてSNSやブログなどの媒体も利用すれば、より多くのフィードバックを得ることができます。

- X（旧Twitter）[3]
- アメーバブログ[4]
- はてなブログ[5]

X（旧Twitter）は気軽に投稿しやすく、またレスポンスも得やすいという利点はありますが、詳しい解説には不向きです。反面、ブログは多数の画像を使った詳細な記事を書きたい場合に向いています。

また、動画サイトと同様、ブログにもコメント投稿機能がありますので、コメント欄を開放しておけば読者からの感想を受け取ることができるでしょう。上に挙げたアメーバブログやはてなブログは、どちらも無料で始めることができます。

これらの媒体を複数展開することで、より多くのフィードバックが得られる可能性が高まります。

3.https://x.com/?lang=ja

4.https://ameblo.jp

5.https://hatena.blog/

著者紹介

たかぶん

ドラゴンクエストⅠとⅡをExcelに移植した「ドラエク」の作者。高校時代は数学とは無縁の文系に進み、20代は肉体労働をしながらロックバンドでギターを弾いていたという超アナログ人間。Excelを仕事で活用したのはシフト作成くらいであり、当然ゲーム開発の仕事も未経験。ドラエク作成時は親の介護が始まった時期でもあり、睡眠時間を削ってドット打ちやコーディングをしていた。現在も認知症である親の介護に奮闘中。私のような不器用で泥臭い人間でも、情熱を持ってコツコツと続ければ作品を作ることができる。そんな思いを伝えたいアラフィフの男。

近田 伸矢（ちかだ のぶや）

Excelをこよなく愛する会社員。Excelゲーム開発の先駆者としてマイクロソフトMVPアワードを10年連続で受賞。VBAと最先端技術を組み合わせ、Officeアプリの可能性を最大限に引き出すことをライフワークとしている。最新刊『生成AIをWord&Excel&PowerPoint&Outlookで自在に操る超実用VBAプログラミング術』（インプレス）はAmazonベストセラーを獲得。勤務先のMS&ADホールディングスでは主席スペシャリストとして、生成AIをローカル環境で活用できる技術をグループに導入し、各社のDXを推進している。好きな言葉は「Excelで動かすことに意義がある！」

運営サイト　VBAブログ（vbavb.com）　Excelドラクエウォーク（dqw.xlsgm.net）

◎本書スタッフ
アートディレクター/装丁：　岡田 章志＋GY
編集：　向井 領治
ディレクター：　栗原 翔

●お断り
掲載したURLは2025年3月1日現在のものです。サイトの都合で変更されることがあります。また、電子版ではURLにハイパーリンクを設定していますが、端末やビューアー、リンク先のファイルタイプによっては表示されないことがあります。あらかじめご了承ください。

●本書の内容についてのお問い合わせ先
株式会社インプレス
インプレス NextPublishing　メール窓口
np-info@impress.co.jp
お問い合わせの際は、書名、ISBN、お名前、お電話番号、メールアドレス に加えて、「該当するページ」と「具体的なご質問内容」「お使いの動作環境」を必ずご明記ください。なお、本書の範囲を超えるご質問にはお答えできないのでご了承ください。
電話やFAXでのご質問には対応しておりません。また、封書でのお問い合わせは回答までに日数をいただく場合があります。あらかじめご了承ください。

●落丁・乱丁本はお手数ですが、インプレスカスタマーセンターまでお送りください。送料弊社負担にてお取り替えさせていただきます。但し、古書店で購入されたものについてはお取り替えできません。
■読者の窓口
インプレスカスタマーセンター
〒 101-0051
東京都千代田区神田神保町一丁目 105番地
info@impress.co.jp

OnDeck Books

生成AIとExcel VBAで作成する ロールプレイングゲーム

2025年4月25日　初版発行Ver.1.0（PDF版）

著　者　たかぶん, 近田 伸矢
編集人　桜井 徹
発行人　高橋 隆志
発　行　インプレス NextPublishing
〒101-0051
東京都千代田区神田神保町一丁目105番地
https://nextpublishing.jp/
販　売　株式会社インプレス
〒101-0051　東京都千代田区神田神保町一丁目105番地

印刷・製本　京葉流通倉庫株式会社
Printed in Japan

ISBN978-4-295-60378-8